江苏古黄河三角洲地区地质演化

刘建东　姚维军　梁兴江　张洋洋　等　著

科学出版社

北　京

内 容 简 介

本书是在 1:5 万区域地质调查工作基础上进行研究编写的,利用了岩心及其相关测试分析、地面调查、地球物理勘查等资料,以第四纪地质学、沉积学、层序地层学、岩石学、构造地质学等为理论指导,阐述了废黄河口区域第四系分布范围、物质组成、堆(沉)积厚度、空间变化、形成环境,建立了区域第四纪地层层序,分析了古地理环境及演变规律;探索了基岩面埋深与起伏变化和隐伏基岩的地层、岩石、构造特征,评价了区域地壳稳定性。本书以岩石地层单位为基础,开展第四纪多重地层划分对比研究,在建立江苏古黄河三角洲地区第四纪地层层序结构的基础上,研究了第四纪岩相古地理、海岸线变迁和沉积环境变化特征,揭示了基岩面的起伏变化和隐伏基岩的地层、岩石、构造特征,以岩石地层为基础研究了新构造运动特征。

本书可为在该区域开展水文地质、工程地质、环境地质、城市地质、农业地质、地质灾害等工作的人员提供基础资料,可供相关地质科研工作者、高等院校师生阅读和参考。

图书在版编目(CIP)数据

江苏古黄河三角洲地区地质演化/刘建东等著. —北京:科学出版社,2021.1

ISBN 978-7-03-066413-6

Ⅰ. ①江⋯　Ⅱ. ①刘⋯　Ⅲ. ①黄河–三角洲第四纪地质–地质演化–研究–江苏　Ⅳ. ①P534.63

中国版本图书馆 CIP 数据核字(2020)第 208652 号

责任编辑:沈　旭/责任校对:杨聪敏
责任印制:师艳茹/封面设计:许　瑞

科学出版社 出版

北京东黄城根北街 16 号
邮政编码:100717
http://www.sciencep.com

北京九天鸿程印刷有限责任公司 印刷

科学出版社发行　各地新华书店经销
*
2021 年 1 月第 一 版　开本:787×1092　1/16
2021 年 1 月第一次印刷　印张:13 1/4
字数:315 000

定价:168.00 元
(如有印装质量问题,我社负责调换)

《江苏古黄河三角洲地区地质演化》
作者名单

刘建东　　姚维军　　梁兴江　　张洋洋　　潘　　刚

张　　珣　　崔源远　　黄辰辰　　朱　　鹏　　薛文敏

刘　　峰　　任海涛　　康　　涛　　高振强　　曾勇杰

王　　丹

序

  江苏古黄河三角洲又称废黄河三角洲，该区是中国东部第四纪研究较薄弱地区，其第四纪地层涉及海平面变化、海岸线变迁、古气候变化、古地貌环境及古生态演变等众多内容，还有全新世晚期黄河南迁事件在区域发育三角洲的地质演变史。前期在项目负责人刘建东的主导下，区域地质调查项目组利用对钻孔地层的研究，重塑了第四纪以来特别是晚更新世以来的地质环境变迁过程；在建立时间标尺的基础上，横向对比了环境变迁机制、沉积物特征、物源供给变化、海-陆和陆-海相互作用对古环境演变的影响，探索了区域第四纪地层演变规律、资源环境分布规律，继而为现代资源环境合理开发与利用提供了基础数据。

  本书以区调工作作为基础，从河流进积、湖泊沉积与海洋作用（陆-海相互作用）的关系，恢复区域全新世及更新世成陆过程，查明了区域全新世、更新世地质环境演变及其动力机制。通过沉积地层、事件地层、年代地层、沉积相与地质环境、微体生物、宏体贝类生物与古环境、孢粉与古生态、年代地层和地球化学等多学科综合研究，查明了早更新世以来地层结构和相对深海氧同位素5阶段（MIS5）以来古河道、古湖泊的分布和海岸线、潮间带的位置及变化，查明了古地貌、现代地貌的类型及其成因，还查明了全新世和更新世地质环境变化的时空特征及原因，总结了生态地质环境演变与现代地貌、沉积物和土壤类型及工程地质条件的关系，编制了全新世—更新世时期11幅岩相古地理图。

  本书在前第四纪地质研究中取得了以下新进展：系统总结了区域前第四纪地层、区域构造及其演化史，尽可能搜集前人资料（地质、煤炭、石油部门的钻孔、构造资料等），结合本书依托项目中开展的钻探、浅层地震及重力剖面测量工作，阐述了前第四纪地层、构造地质特征、深部岩浆活动等基础地质问题。

  本书是编写组共同努力的成果。在前期项目调查及本书的编写过程中，中国地质调查局的领导及南京地质调查中心的领导和专家多次给予关心及支持；南京地质调查中心杨祝良研究员、程光华研究员、张彦杰教授级高工，天津地质调查中心王强研究员，江苏省地质调查研究院陈火根教授级高工、潘明宝教授级高工、宗开红教授级高工，南京大学李永祥教授，中山大学黄康有教授，中国地质大学肖国桥教授等专家在项目进行过程中都提出了宝贵的建议和意见。样品分析分别由江苏省地质调查研究院、中国科学院南京地质古生物研究所、南京地质调查中心、青岛海洋地质研究所、南京大学、中山大学、河北省区域地质矿产调查研究所等单位完成，在此一并表示感谢！

作 者

2020 年 7 月于南京

目 录

第1章 自然地理概况

1.1 位置及特征

研究区位于江苏省东北部,东临黄海,地理坐标范围为东经119°30′～120°30′、北纬34°10′～34°40′,行政区划上隶属于连云港市连云区、灌南县、灌云县,盐城市响水县、滨海县,四县一区。

该区域地势平坦,绿原广袤,水网密布。全区由滨海平原、黄泛平原组成,其中最高点东陬山位于滨海平原,最高海拔为86.4 m。

1.2 气 候

该区域位于我国暖温带与亚热带过渡地带,受海洋的调节作用影响,气候类型为湿润的季风气候,略有海洋性气候特征;年平均日照总时数2456.2 h,年平均日照百分率为55%,在作物生长季内为62%;年平均气温在13～15℃;雨量充沛,年降水量800～900 mm;常年无霜期为220 d,主导风向为东南风。该区域四季分明,冬季寒冷干燥,夏季高温多雨。

1.3 水 系

该区域水系基本属于淮河流域沂沭泗水系,主要河流为灌河、古泊善后河、新沂河、中山河、废黄河,流向自西南向东北,并流入黄海,其中灌河流量最大,是苏北境内唯一一条没有建闸的天然潮汐河道,素有"苏北的黄浦江"之称。

古泊善后河:自区域北东陬山以西进入该区域,至埒子口汇入黄海。原为古涟、泊阳、善后三条河,1952年相互连通取直,以三条河首字命名,其较大支流为烧香河、车轴河,分别于东陬山西侧和南侧汇入。

灌河:自该区域西经响水县北东流向汇入黄海,河床宽300～500 m,河流弯曲系数为1.42,属高弯度型河流。唐响河、黄响河、通榆河等多条支流在响水县城汇入。灌河入海口因未修建河坝,已成为重要的潮汐通道。

新沂河:位于灌河以北,在该区域中北部,北东走向,末端汇入灌河,宽3000 m左右,河床略低于两侧农田,高程差约0.5 m,河床枯水期作为农田耕种,洪水期则作为泄洪通道。

中山河:又名新淮河,为1934年利用废黄河下游河槽和中山河河道开挖的淮河入海新河道,河道笔直,反映受强烈人工改造的特点,该区域内为其入海尾段,北东流向,承泄洪泽湖来水，起排涝作用。

水库：滨海低洼地由北向南共分布 11 处水库，主要集中于灌河入海口以北，灌河南仅有 3 处（八一水库、九一水库、高压水库），形状规则，以矩形为主，面积在 0.5～5 km²，枯水期水底有大量淤泥出露。

1.4 地 形 地 貌

该区域所在的苏北地区位于中国第三级地貌阶梯的东部沿海平原，地势低平，自西北至东南缓慢倾斜。区域地貌主要划分为沂沭丘陵平原区、徐淮黄泛平原区和苏北滨海平原区三大区域。区域北部属苏北滨海平原区、南部属徐淮黄泛平原区，东部和北部紧邻黄海，西临沂沭丘陵平原区，区域地貌分区如图 1-4-1 所示。

图 1-4-1 区域地貌分区略图

红色框为主要研究区域

该区域南部为废黄河故道及高漫滩，地势略高，地面标高一般为 2～5 m；废黄河故道、高漫滩以北地势平坦，地面标高多在 3 m 以下，无明显高差，微地貌不发育；西北部东陬山山顶标高为 86.4 m，为区域最高点。

苏北海岸原属障壁岛体系，自 11 世纪黄河夺淮之后，黄河所携带的泥沙在河口淤积，海岸线持续性推进（图 1-4-2），逐渐演变为淤泥质平原海岸，同时形成以云梯关为顶点，前缘跨于埒子口和射阳河口之间的陆上黄河三角洲。废黄河三角洲从形态上看属典型扇三角洲,其上分流河道以树枝状为主。在黄河北归之前的三角洲形成过程中,浪控作用和河控作用均较强烈,属建设性三角洲阶段;近代以来,因黄河北归,浪控作用成为三角洲改造的主导力量,三角洲前缘较大部分再次沉入海域之中。

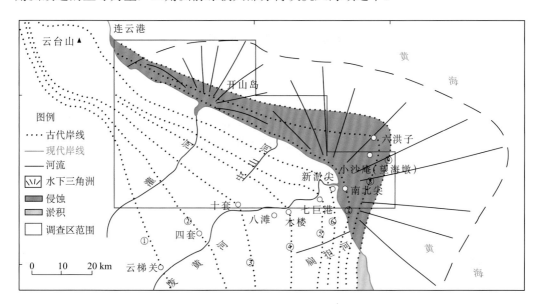

图 1-4-2 废黄河三角洲岸线变化图(据叶青超,1986;张忍顺,1984;张林等,2014 改绘)

①~⑨分别为 1194 年、1578 年、1591 年、1660 年、1747 年、1776 年、1804 年、1810 年和 1855 年的岸线;侵蚀和淤积是现代废三角洲相对于 1855 年时期三角洲的变化

依据三角洲形成过程中河流冲积和海积的强弱,区域整体地貌单元划分如表 1-4-1 所示,区域地貌分布特征如图 1-4-3 所示。

表 1-4-1 区域地貌单元划分

地貌分区	地貌类型	成因类型及代号	岩性特征
徐淮黄泛平原区	黄泛冲积平地(I$_1$)	冲积相 Qh$_3^{al}$	粉砂质黏土夹粉砂薄层、淤泥质黏土
	废黄河决口扇(I$_2$)		粉砂
	废黄河故道及高漫滩(I$_3$)		粉砂、细砂、黏土
	埋藏古河道(I$_4$)		粉砂、黏土质粉砂
苏北滨海平原区	滨海平原(II$_1$)	海积相 Qh$_2^m$、Qh$_3^m$	黏土
	滨海低地(II$_2$)		黏土、夹薄层粉砂淤泥质黏土
	粉砂淤泥质海岸(滩涂)(II$_3$)		粉砂、细砂、淤泥质黏土、贝壳碎屑
	埋藏潟湖(II$_4$)	潟湖相 Qh$_3^{mcl}$	互层状黏土和粉砂
	灌河河床及河漫滩(II$_5$)		
	剥蚀残丘与岛屿(II$_6$)	冲积相 Qh$_3^{al}$	黏土夹薄层粉砂、粉砂、细砂

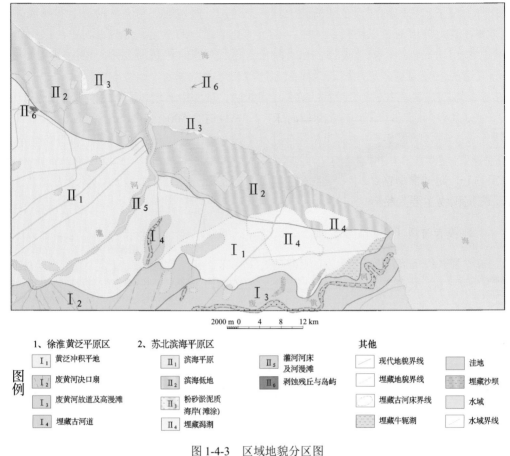

图 1-4-3　区域地貌分区图

1.4.1　徐淮黄泛平原

该地貌区岩性为一套粉砂-黏土质粉砂-黏土的组合，沿废黄河故道呈近平行带状分布。以内动力河流冲积作用为主，地貌特征为黄泛冲积平地、废黄河决口扇、废黄河故道及高漫滩、古河道。

1. 黄泛冲积平地（I_1）

该地貌区由一连串的埋藏洼地、潟湖、沙洲组成。前期是黄河携带的大量泥沙在河口堆积，形成大面积的水下沙脊群，并逐渐出露海面形成平行沙洲。这些沙洲进一步影响三角洲各股汊道的水动力，引起汊道淤塞，并最终夷平成陆。沉积物以粉砂质黏土夹粉砂薄层、淤泥质黏土为主，沉积层中较常见薄层泥炭和植物残茎。

2. 废黄河决口扇（I_2）

该地貌区整体呈扇状，扇长 22.5 km，扇宽 35 km，坡降 2.5‰，分布于二套村和六套村之间，区域出露仅在其北部外缘，地势较平坦，南部地表标高 4～5 m，北部地表标高 2~3 m。表层以粉砂为主，覆盖厚度 4~5 m，下部为黏土，部分泥砂互层也显示了多次决口的特点。

3. 废黄河故道及高漫滩（I₃）

该区域内废黄河故道分布于大有镇、滨淮镇、滨海镇一线以南，古河道北东走向，河床弯曲系数为 1.35，属于高弯度型河床。埋藏故道宽 500~1000 m，自西向东宽窄变化较明显，地势略低于两侧的高漫滩。两侧高漫滩宽度一般在 1~5 km，面积较大，向两侧缓降，逐渐过渡成较平坦的黄泛冲积平原。西部地面标高为 4~5 m，自西向东缓降为 2~3 m。通过槽型钻钻孔资料揭露，埋藏故道沉积物多为粉砂、细砂，水平层理发育；高漫滩沉积物主要为粉砂。

4. 埋藏古河道（I₄）

该地貌区位于灌河南，主要由槽型钻控制揭露，河床北北东向，宽度未知，河漫滩宽 3.5 km 左右。河道沉积物为粉砂、黏土质粉砂，河漫滩沉积物为黏土夹薄层粉砂（粉砂质黏土）。疑为古南潮河河道，后被黄河泥沙淤塞成陆。

1.4.2　苏北滨海平原

该地貌区岩性由一套较均质的黏土、粉砂质黏土组成，属废黄河三角洲的浪控沉积部分。内外动力结合，但以外动力作用为主，地貌特征为滨海平原、滨海低地、粉砂淤泥质海岸（滩涂）、潟湖、灌河河床及河漫滩、剥蚀残丘与岛屿。

1. 滨海平原（II₁）

该地貌区分布于废黄河决口扇与黄泛冲积平地以北，与黄泛冲积平地呈渐变过渡关系；主要由海浪作用搬运废黄河河口泥沙堆积形成，地表标高 1~3 m。1~2 m 以浅沉积物以黏土为主，以深为淤泥质黏土，区域西部黏土质地较纯，未见或较少见粉砂薄层，东部粉砂含量较高，部分区域为粉砂质黏土。

2. 滨海低地（II₂）

该地貌区分布于海堤内侧，是滨海平原近海带状分布的低洼地带，地面标高 2 m 左右（地面标高与人工堆筑盐田有较大关系）。人工改造严重，现多为盐田或废弃盐田改造的鱼塘。1 m 以浅沉积物以黏土为主，含大量盐渍，部分槽型钻岩心可见成段的盐层，1 m 以深以夹薄层粉砂淤泥质黏土为主；部分低洼地带水位较浅，地表或地表下 10 cm 左右即见水，0.5 m 以深即为淤泥质黏土或夹薄层粉砂淤泥质黏土。

3. 粉砂淤泥质海岸（滩涂）（II₃）

废黄河口以北为无障壁岛海岸，以南属障壁型海岸，即有淮河等入海河流带来的泥沙在河口和岸外形成沙洲阻隔波浪，在沙洲和陆地之间形成海岸潟湖，组成障壁岛-潟湖体系。海岸线曲折，呈锯齿状。黄河夺淮以后，所携带的大量泥沙在河口淤积，海岸线迅速外推,原海岸障壁消失,演变为平直型粉砂淤泥质海岸。该类沉积分布于海堤外侧,区域南侧分布范围较小,区域自埒子口以北较为宽广。整体以侵蚀为主,海岸线较平直,自海堤微向海倾斜,倾斜度 1‰~2‰。沉积物组成为粉砂、细砂、淤泥质黏土、贝壳碎屑等。

4. 埋藏潟湖（Ⅱ₄）

该地貌区分布于滨淮镇北部,基底岩性为海相沉积,海退以后,在持续性潮进潮退作用下形成了一套黏土和粉砂呈互层状的组合,富含有机质,后期海潮作用减弱,逐渐转变为以黄河为主导作用的黏土沉积。地貌特征为古潟湖或洼地,现已夷平成陆,与周围环境几乎没有高差,地貌界线不明显。

5. 灌河河床及河漫滩（Ⅱ₅）

灌河自区域西经响水县北东流向汇入黄海,河床宽 300~500 m,河流弯曲系数为 1.42,属高弯度型河流。唐响河、黄响河、通榆河等多条支流在响水县城汇入。其河漫滩包括现代河漫滩及古河漫滩,现代河漫滩指河堤以内洪水期覆盖、枯水期出露部分,沉积物以黏土夹薄层粉砂为主,其上芦苇密布;古河漫滩指河堤以外埋藏河漫滩,岩性主要以黏土为主,夹少量粉砂薄层或芦苇茎、叶残体。灌河入海口因未修建河坝,已成为重要的潮汐通道。

6. 剥蚀残丘与岛屿（Ⅱ₆）

1）孤山残丘——东陬山

东陬山位于徐圩镇北部,古泊善后河北岸。山体呈北西西向,周长约 3.5 km,占地面积约 0.7 km²,山体最宽处为 0.7 km,最高海拔 86.4 m。原为山地-丘陵港湾,临海面受海浪侵蚀,海岸线后退后形成陆上孤山残丘。山体较大部分为松散沉积物覆盖,植被繁茂,山北侧为海蚀崖,崖高 10~20 m,较陡峭,部分段几近直立。

2）海域孤岛——开山岛

开山岛位于灌河口外 9.5 km,外形呈馒头状,整体呈北东—南西向,北东窄,南西宽,长约 200 m,宽约 100 m,面积 0.0138 km²,岛上最高点高程约 36.4 m。岛上南、北、东三岸为岩石陡岸,西南为水泥岸壁码头,高潮时可靠船登岛。岛东 80 m 处有砚台石,西 200 m 处有大狮、小狮二礁和船山。

岛上松散沉积物覆盖少,基岩裸露,海蚀地貌发育,四周为海蚀崖,崖高 10~20 m,十分陡峭,几乎直立,整体岸滩稳定,崖前发育岩滩,滩宽 5~15 m,分布于海岛四周。岛内地形陡峭,但修有大量房屋和阶梯,交通状况一般。

第 2 章　第四纪地质

2.1　地　层　划　分

2.1.1　第四纪划分沿革及地层划分方案

第四纪划分方案包括第四纪下限确定与第四纪分期。国际上，第四纪下限的确定依据主要有气候变冷、冰川活动、动物化石、人类的出现、沉积地层、构造事件。气候变冷为重要标志，其他标志大多为气候变冷的联动因素，有的甚至会反作用于气候变化本身，如冰川覆盖面积增加会使全球气候加速变冷。全球范围内，新近系以来出现过五次显著的气候时期，大约时间分别是 3.4 Ma B.P.、2.5 Ma B.P.、1.8 Ma B.P.、1.1 Ma B.P.和 0.78 Ma B.P.。

1. 国际第四纪下限的确定

1982 年，第 11 届国际第四纪联合会（INQUA）N/Q 界线工作小组建议以意大利卡拉布里亚地区弗利卡剖面为海相地层 N/Q 界线剖面，据该剖面火山灰测年，结合古地磁测试，以海相介形类爬行异花介 *Cytheropteron testudo* 首次出现作为晚新生代气候变冷的标志，定年为 1.76 Ma B.P.。在这次会议上，我国学者提出以黄土出现时间为界线，与古地磁 M/G 界线一致，按当时的极性年表，该界线为 2.48 Ma B.P.。

1987 年，地中海地区发现 N/Q 界线附近的地层间断，据古地磁学研究，Acquatraversa 侵蚀期发生在 2.48～2.20 Ma B.P.，造成真马演化过程的间断。欧洲地质界对陆相第四系的连续性又提出质疑。

在 2008 年出版的国际地层表中，依据第 34 届国际地质大会决定第四纪下限为 2.58 Ma B.P.，但是先前的国际地层委员会并不承认该界线。这个划分方案的主要依据是：全球范围发生大幅度降温，北极冰盖发生明显扩张，北大西洋沉积物中的冰筏数量明显增多，欧亚地区出现大量针叶树和草本植被，真马、真象、真牛出现，青藏高原隆起加速，黄土堆积开始。在古地磁年表上为高斯正极性时与松山反极性时的分界，即 2.58 Ma B.P.（田明中和程捷，2009）。

受国际第四系下限探讨过程中各种观点的影响，30 余年来，在河北东部平原，乃至整个华北地区也出现了对第四纪下限年代确定的不同见解，山东（陈孝燕等，1988）以 1.80 Ma B.P.为第四纪下限；河北平原以 3.06 Ma B.P.为第四纪下限（邵时雄等，1989）；北京（李鼎容等，1982）、河南（李广坤等，1985）、天津以 2.48 Ma B.P.（即相当于现在的 2.58 Ma B.P.）为第四纪下限；上海第四纪下限年龄为距今 2.60 Ma（邱金波，2005）。

目前，关于第四纪下限问题的讨论已逐渐平息，通过大量的地层资料研究与先进的测年技术的支持，学术界一致认为该时间线为距今约 2.58 Ma。

2. 区域第四纪下限的划分

该区域第四纪地层属华北新构造区—东部地层区—华北地层分区，中国的第四纪下限定于 2.58 Ma B.P.，因为自此时以来我国环境发生了重大变化，新近纪—第四纪气候转型大致发生在 M/G 极性时转换前后（刘东生和安芷生，1992），大范围黄土普遍出现，相应地在湖泊地层也出现气候转型状况。20 世纪 60 年代建立的介形类青海金星介 *Qinghaicypris* 在柴达木盆地 2.58 Ma B.P.前后出现，且标志冷水环境（杨藩等，1997）。北方第四纪下限的典型剖面在泥河湾村附近，以泥河湾组的底界作为第四纪下界，年代在 2.6～2.5 Ma B.P.，该界线以上开始出现亚热带植被组合被北温带植被组合替代的情况（袁宝印等，1996）；另外一个重要标志是真马、真象、真牛的出现，河北阳原泥河湾层古湖泊中心剖面的研究工作（龙天才，1991）确定"红泥河湾层"顶部 4.90 m 厚富铝化棕红色粉砂质黏土最高层位在古地磁 M/G 界线下。从气候地层学看，棕红色黏土反映湿热气候状况，即土壤学的富铝化；地球化学分析表明，此类沉积物显示元素散失。选厚层棕红色黏土的末次出现层位为上新世末期沉积，表明湿热气候终结。故在华北平原以厚层（＞5 m）棕红色黏土出现的最高层位为 N/Q 界线（王强等，2007）。在黄土高原，午城黄土开始堆积的时间为 2.60 Ma B.P.左右，并以此作为第四纪下限。在中国南方，将云南元谋盆地的元谋组与沙沟组的分界线作为第四纪下限，年代为 2.60 Ma B.P.，且在元谋组中发现了真马——云南马（田明中和程捷，2009）。

新近纪到第四纪气候突然由暖转冷，全球气候变化非常明显，反映在地层上也极为明显。区域新近纪地层上部普遍覆盖 20～30 m 棕红色黏土，沉积较为稳定，东南部滨淮镇附近由于地势较低，河流相沉积物较为发育，该标志层为棕色黏土夹粉砂，而在灌南县田楼镇附近受后期还原作用的影响，富铝化沉积的棕红色黏土层因深水封闭环境发生潜育化而转变成淡绿灰色，三种同期异相沉积与局部水文地质条件及古地貌有关。第四系底界普遍发育含砾中粗砂，部分区域为浅灰色细粉砂。

《中国区域年代地层（地质年代）表说明书》（全国地层委员会，2002）规定，采用 2.58 Ma B.P.作为第四纪下限年代（即原定为 2.48 Ma B.P.的古地磁松山-高斯极性时界线，简称古地磁 M/G 界线），以 0.78 Ma B.P.（即原定为 0.69 Ma B.P.或 0.73 Ma B.P.的古地磁布容-松山极性时界线，简称古地磁 B/M 界线）为中更新世开始的时间，以相当深海氧同位素（marine isotope stage, MIS）5 阶段开始的 0.128 Ma B.P.为晚更新世开始的时间，以大体相当深海氧同位素 MIS1 阶段开始的 11 ka B.P.为全新世开始的时间。

3. 第四纪分期

依据第四纪气候与生物特征，将其划分为两大时期，即全新世与更新世，更新世进一步分为早更新世、中更新世、晚更新世三个时期。其中，早更新世、全新世各自三分，分为早、中、晚三个时期，中更新世、晚更新世各自二分，分为早期和晚期。

4. 第四纪下限确定及划分沿革

该区域第四纪地质研究工作起步较晚。1955 年，杨钟健等在研究淮河流域泗洪下草湾一带新生界剖面时，第四系下界未确定（杨钟健等，1955a）。另曾有研究者根据区域岩性、岩相及水文地质特征，认为苏北平原第四系最大厚度在 1000 m 以上，但是这个当中包括了相当一部分新近纪地层。20 世纪 70 年代，江苏省地质矿产局第五地质大队在宿迁、新沂一带进行了新生界砂砾层的研究，将王圩组底部定为该区第四系下界。随后，江苏省地质矿产局区域地质调查队在盱眙、泗洪一带又建立了下更新统豆冲组。1988年，陈希祥详细研究了徐淮地区的第四纪地层，应用岩石地层学、生物地层学方法初步确定了该区域第四系下界，再以磁性地层学方法对比确定了第四纪下限为 2.48 Ma B.P.，同时初步建立了第四纪地层层序，并沿用至今（陈希祥，1988）。20 世纪 90 年代，江苏省地质矿产局地质矿产调查研究所进行了江苏省第四纪地层清理，整理并确立了该区域第四系各时期地层分组名称。2008 年前后，江苏省地质调查研究院相继完成了连云港幅、盐城幅、滨淮农场幅 1∶25 万区域地质调查报告。2015 年，江苏省地质勘查技术院完成《江苏 1∶5 万丁三圩、开山岛、洋桥镇、陈家港、新淮河口、响水口、大有镇、小街、大淤尖幅区域地质调查报告》。

5. 第四纪地层划分方案

本书第四纪地层分组与划分如表 2-1-1 所示，采用了《江苏 1∶5 万丁三圩、开山岛、洋桥镇、陈家港、新淮河口、响水口、大有镇、小街、大淤尖幅区域地质调查报告》的划分方案。依据第四纪多重地层划分，自上而下分为全新世连云港组和淤尖组、更新世晚期灌南组、中期小腰庄组、早期五队镇组，其中连云港组沿用连云港幅 1∶25 万区调命名，淤尖组沿用盐城幅 1∶25 万区调命名，其分组界线为老舍—平建—黄海农场一线。

表 2-1-1　区域第四纪地层划分方案表

岩石地层单位			主要岩性特征		厚度/m
淤尖组	连云港组	上段 Qhy³ / 上段 Qhl³	黄棕色粉砂质黏土、黄色粉砂灰色细砂，平行层理、块状层理	棕色粉砂质黏土，平行层理、波状层理	0.5～2.5
		中段 Qhy² / 中段 Qhl²	深灰色黏土夹粉砂，平行层理	深灰色淤泥质黏土，水平层理、平行层理	8～18
		下段 Qhy¹ / 下段 Qhl¹	深灰色黏土，平行层理，底部为含贝壳砾质砂	深灰色黏土，平行层理、块状层理，底部为含贝壳砾质砂	0.15～3
灌南组		上段 Qp₃g²	灰绿色粉砂夹黏土、黄棕色粉砂质黏土，以平行层理为主，见潜育化条带，含钙质、铁锰质斑点		8～13
			深灰色粉砂质黏土，局部深灰色粉砂，平行层理，含海生贝壳碎片		2～8
			绿灰色、深灰色粉砂夹黏土，绿灰色粗砂，粒序层理、平行层理		6～12
		下段 Qp₃g¹	深灰色、灰绿色粉砂质黏土，平行层理、块状层理，含钙质结核		3～8
			深灰色、绿灰色粉砂夹黏土，平行层理，见砾质砂层，含海生贝壳碎片		5～12

续表

岩石地层单位		主要岩性特征	厚度/m
小腰庄组	上段 Qp$_2$x^2	绿灰色、棕黄色黏土，潜育化、潴育化发育，含钙质及铁锰质结核	12~23
	下段 Qp$_2$x^1	深灰色、黄棕色粉砂质黏土，灰色细砂，水平层理、斜层理、交错层理，含钙质及铁锰质结核	14~20
		黄灰色砾质砂、粉砂质黏土，水平层理，分选差，砾石次棱角状，以石英为主，具河流"二元"结构	15~22
五队镇组	上段 Qp$_1$w^3	黄灰色黏土夹粉砂，潜育化、潴育化发育，含大量钙质结核	13~25
	中段 Qp$_1$w^2	浅灰色粉砂质黏土，含砾粗砂，潜育化、潴育化发育，含钙质及铁锰质结核，见碳质斑点	15~30
	下段 Qp$_1$w^1	灰色、浅灰色细砂，中粗砂，粉砂质黏土，水平层理、斜层理	10~27

2.1.2 全新统淤尖组、连云港组（Qhy、Qhl）

区域全新统的确定主要依据碳同位素测年（以下简称 [14]C 测年）数据，且地层厚度与前人资料相符。区域全新统下限为一层 5~15 cm 厚含贝壳砾质砂，砾石以钙质结核为主，泥砂混基，分选极差，见滨岸海生双纹须蚶 *Barbatia bistrigata*、中华青蛤 *Cyclina sinensis*、线纹芋螺 *Conus striatus* 等完整贝壳与碎片，指示强弱混合水动力环境，成因推断为早全新世海侵发生初期，潮下带沉积单元向陆地的推进所堆积；该层广泛覆盖于陆相沉积物之上，下伏地层 [14]C 测年数据中最新为约 13 ka B.P.，上覆地层 [14]C 测年数据中最老为约 7.2 ka B.P.。全新世全球气候变暖，该区域发生大面积海侵，结合 [14]C 测年数据判断，区域全新统确定为包括含贝壳砾质砂层与以上地层，厚度 12.6~22.0 m。在 7~13 ka B.P.沉积较薄或缺失，原因推测为两种：①全新世中期大范围强烈海侵侵蚀下伏早期沉积物；②区域全新世海侵事件滞后于全球气候变暖，全球气候开始变暖之后四千年左右海平面逐渐升高才到达该区域。该观点的主要依据来自 [14]C 测年数据，区域南部长江以北启东南阳钻孔 Bg73 孔在 36.1 m 处 [14]C 测年为（9680±520）a B.P.（张玉兰，2004），南通 TZ7 孔 43.86 m 淤泥质亚黏土 [14]C 测年为（11810±180）a B.P.（冯小铭等，1990），通州西亭钻孔 NB5 在 42.2 m 处灰黑色黏土 [14]C 测年为（10457±50）a B.P.（缪卫东，2009）。依各地测年数据来看，本书更倾向第二种推测。根据微体古生物测试分析结果与沉积相判断，全新统底部 2~5 m 为大范围滨岸浅海沉积，且具有全区一致性的特点。沿用 1∶25 万连云港幅、盐城幅和滨淮农场幅区调报告，并结合岩性特征与沉积相将老舍—平建—黄海农场一线往南划为淤尖组，往北划为连云港组。

全新统淤尖组，命名地点为江苏省盐城市滨海县大淤尖 HZ23-2 孔，由江苏省地质矿产局第二水文地质工程地质大队于 1985 年建立。底界年龄为 1 万年左右，平均厚度 17 m 左右，且由北西向南东逐渐变厚。该组从界线向南砂层逐渐增厚，砂层为三角洲平原与三角洲前缘沉积，有孔虫与介形虫缺乏，上覆地层为深灰色淤泥质黏土、淤泥质粉砂与黏土互层、棕色含粉砂黏土，属潮间带与潮上带沉积。整体框架由下而上为动态海侵—滨岸浅海—三角洲—潮坪，早期地层局部缺失。以 3 ka B.P.为界，分为中期与晚期，中段与上段的沉积环境没有发生变化，故未见明显分界线。受入海河流与植物根系带入影响，部分 ^{14}C 测年数据出现偏差。

陈希祥（1988）在研究徐淮地区第四纪地质时，根据连云港锦屏酒店剖面特征将全新统创名为"连云港组"。该组分布于滨海平原区，由于海陆环境的变迁，沉积比较复杂，自西向东沉积厚度增大，陆相减弱，海相增强，至灌河口海陆相多次交互叠置。连云港组的古地磁极性段位于布容正向极性期当中的哥德堡反向事件之上。该区河流影响不明显，岩性以深灰色淤泥质含粉砂黏土为主，顶部为棕色含粉砂黏土，以潮上带沉积为主，整体框架由下而上为海侵—滨岸浅海—潮坪，早期地层局部缺失，西南部晚期未发生沉积。

2.1.3　上更新统灌南组（Qp₃g）

灌南组（Qp₃g）是江苏省地质矿产局第二水文地质工程地质大队于 1985 年命名的，命名地点为灌南县新安镇 GK5 孔，底界大致位于古地磁 Blake 亚时附近，顶界据 ^{14}C 测年为 10 ka B.P.前后，时代为晚更新世。

区域上更新统确定依据主要为 ^{14}C 测年数据、古地磁测试数据、微体古生物鉴定、地层岩性特征。滨海地带三次大海侵始自深海氧同位素 5 阶段（MIS5）的 0.128 Ma B.P.，三次海侵层岩石地层特点明显，皆呈灰色，且三个海侵层底几乎皆可见基底泥炭或相近的富有机质黏土（王强等，2007）。一般在第三海侵层下是自上而下垂向地层中潴育化的杂色黏土或较大钙质结核、棕红色黏土的首次出现层位，可以较容易确定。上更新统一般分为上下两段，晚更新世两期大海侵与全球气候变化相当，区域乃至整个黄海西岸完全可依据深海氧同位素曲线反映的气候变化解释区域响应。本次工作可依据多重测试结果按照海进海退分为四期地层，并借用深海氧同位素阶段命名，灌南组下段对应 MIS5，灌南组上段对应 MIS4、MIS3、MIS2。其中，MIS5 与 MIS3 为北半球间冰期，本区发生不同程度的海侵，MIS4、MIS2 时期本区发育网状水系，出现浅水域泛滥平原沉积；MIS5 时期海侵涉及整个区域，出现三角洲与潮坪相沉积，但是灌河一线附近局部受到后期河流侵蚀作用而缺失。MIS3 时期海侵范围较小，区域西部部分钻孔未见该期海侵地层，该时期沿海出现三角洲相、潮坪相、潟湖相沉积，整体框架由下而上为三角洲—潮坪—泛滥平原—潮坪—三角洲—泛滥平原。

2.1.4　中更新统小腰庄组（Qp₂x）

1993 年，江苏省地质矿产局地质矿产调查研究所将假整合于五队镇组之上以棕黄色含钙质结核和铁锰结核粉砂质黏土为主，夹有灰绿、黄绿色粉砂质黏土，底部为中粗砂的韵律层命名为小腰庄组，时代相当于中更新世。

区域中更新统的确定主要依据古地磁测试数据、孢粉数据、地层岩性特征及前人资料中界线的划分。中更新世的开始时间为 B/M 界线，依同样方法处理，可以利用区域钻孔的古地磁数据确定中更新统开始的大致位置。由于界线往上多为河流相的细砂、粉砂等沉积物，再加上地层容易缺失，造成古地磁对比定年存在不确定性，再参考前人资料概略地确定该界线，北部大致出现在 80～100 m 深度，南部大致出现在 120～140 m 深度。这一状况与早更新世基底起伏逐渐被填平有关，整体趋势较接近基岩埋深趋势。中更新世内部出现过多次冰期与间冰期的交替，地层没有明显岩性界线，区域在此深度之上出现河流砂层增多迹象。中更新统内部以湖相沉积为主，部分钻孔揭露连续黏土层厚达 40 m，该时期出现多个冷暖气候变迁，地层中局部见富营养湖沉积，尤以中更新统上段出现较多。全区中更新统可分为两段三层，下段下层（0.78～0.6 Ma B.P.）为冰期沉积物，有机质含量较少，多见河流相含砾砂，砂层中长石与石英较均匀，分选较差；下段上层（0.6～0.3 Ma B.P.）为间冰期沉积物，有机质含量较高，以湖相沉积为主，地层中含有钙质及铁锰质结核，铁锰质结核见同心环，为淋滤作用所致，也可能伴有生物作用；上段（0.3～0.13 Ma B.P.）沉积地层较薄，北部有缺失，河网较为稀疏，新沂河一线往东南部主要为湖相沉积，较为封闭，沉积物斑杂状，见潜育化现象，气候较干冷。

2.1.5　下更新统五队镇组（Qp₁w）

1993 年，江苏省地质矿产调查研究所在进行全省第四纪地层清理时，将位于五队公社 GK8 孔中假整合于盐城组之上的一套灰绿、灰白色以砂层为主、黏土与粉砂质黏土为次的韵律沉积命名为五队镇组，顶部和底部分别位于古地磁 B/M 和 M/G 界线附近，时代为早更新世。区域下更新统的确定主要是第四系界线的确定，以华北地层区第四系界线为背景，依据古地磁数据、化学分析测试、地层岩性、孢粉测试，结合前人资料确定第四系下界以及下更新统地层。早期许多古地磁工作因采样密度过稀，测试结果无法使用，有些钻孔甚至不足以列入已研究钻孔的数量之中；由于仪器、操作等众多原因，测试结果参差不齐，甚至不发表原始测试曲线，可信度很低。本次测试的采样密度相对较高，尤其在疑似界线的层位进行了加密采样，虽然地层可能间断，但大极性时转换界线可以确定，因此区域钻孔古地磁曲线中 M/G 界线特征明显。区域下更新统继承基岩起伏的特征，由北向南深度逐渐增加，厚度也逐渐增大，第四系下限北部在 100～130 m，南部在 160～210 m。岩性上，下更新统河流相沉积地层较厚，上部出现湖相沉积物，由于长期的气候环境作用，黏土中富含钙质及铁锰质结核，下伏沉积物主要为连续达 30 m 左右厚黏土层，该黏土层在区域东南部为红棕色，西北部为浅绿灰色，黏土层中钙质与铁锰质结核含量稀少，是识别第四系界线的标志层。同时，该沉积特征符合进入第四纪气候突然转型的古气候背景，故采用厚层棕红色黏土最高出现层位为区域、邻区乃至整个华北平原上新统顶板标志。下更新统全区分为三个沉积阶段，下段（2.5～1.6 Ma B.P.）沉积物以砂为主，局部为含砾粗砂；中段（1.6～1.2 Ma B.P.）沉积物以较厚的黏土为主，有机物含量较高，局部见碳质残体，指示较温暖的气候特征，黏土中常见钙质结核，干湿变化频繁，北部东陬山附近该层也较为明显；上段（1.2～0.78 Ma B.P.）沉积黏土夹粉砂，有机物含量低，气候干冷，该段顶部见灰绿色黏土层，湖相沉积物，形成于较强烈的还原环境。

2.1.6　海侵层确定、深海氧同位素 1～5 阶段

该区位于季风气候变化的敏感区域，晚更新世以来区域发生了三次大规模海侵，从大区域研究看，中国东部沿海平原晚更新世发生大规模面状海侵，是青藏高原隆升的结

果。150 ka B.P.以来青藏高原隆升加快，必然造成亚洲大陆东部及近海海域应力场发生变化。为维持应力场的平衡，日本-琉球岛弧弧后盆地、东海-黄海海盆加快拉张断陷，继而导致我国沿海平原沉降加快，伴随北半球间冰期气候转暖，海平面上升而发生三期大海侵（王强等，2007）。我国东部沿海平原三期海侵及其间地层已经纳入全球变化范畴，海侵事件与区域气候背景相对应，同时也对应于深海氧同位素 1～5 阶段。由于三期大海侵与全球气候变化相当，则表明区域乃至整个黄海西岸完全可以依据深海氧同位素曲线反映的气候变化解释区域响应。

由上而下的三次海侵分别为 I 期海侵、II 期海侵、III 期海侵，对应 MIS1、MIS3、MIS5 阶段。

I 期海侵发生于全新世，海侵起始时间未确定，^{14}C 测年得到该层最早为（7280±30）a B.P.。海侵覆盖整个区域，地层绝大部分位于约 20 m 以浅深度内，沉积物岩性主要为深灰色淤泥质黏土局部夹粉砂。地层底部为约 10 cm 厚的砾质砂，该层富集贝壳碎片，分选极差，可作为海侵开始的标准层，沉积相以潮坪相、滨岸浅海相、河口三角洲沉积为主，浅海相沉积物贯通整个区域，埋藏于全新统底部，厚度约 3 m，岩性为深灰色淤泥质黏土，夹粉砂薄层，富含海相介形虫、有孔虫，河口三角洲沉积位于区域东南部，沉积最厚约 15 m，向北逐渐尖灭，岩性为灰色细砂、粉砂、黏土质粉砂，微体古生物贫乏。潮间带沉积为 I 期海侵的沉积主体，^{14}C 测年得到最早为 13 ka B.P.，岩性为深灰色淤泥质黏土夹粉砂，见透镜体，波状层理，局部呈"千层饼"状构造。

II 期海侵发生于晚更新世晚期间冰期，相当于 MIS3，该时期海侵有 ^{14}C 测年数据控制，灌河一线区域沉积较厚，海侵范围最远至田楼镇与五队村之间，区域整体表现为中间厚向南北变薄且西南角未沉积，早期海水入侵，形成潮坪相沉积，地层岩性以深灰色黏土夹粉砂为主，波状层理，透镜体发育，含粉砂团块，见海相贝壳碎片、介形类、有孔虫，后期河流入海，形成三角洲沉积，岩性以深灰色粉砂、细砂为主，局部潮汐通道见深灰色含砾砂，含贝壳碎片，北部发育小范围短期潟湖相沉积，以黏土为主，富有机质。

III 期海侵发生于晚更新世早期，相当于 MIS5。本次海侵规模与范围较大，海岸线超出区域之外，由于受到后期河流下切的影响，位于灌河一线附近 MIS5 阶段地层缺失，海侵早期河流入海，发育三角洲，三角洲主体出现在区域南部，岩性以深绿灰色细砂为主，南部钻孔显示河流早期下切中更新统，随着海侵强度增加，同时河流作用变弱，区域出现大范围滨海相沉积，以深灰色黏土为主，有机质含量高，局部为泥炭。由地势来看，III 期海侵的方向是从东南向西北。

2.2　浅表地层论述

由于区域位于沿海平原区，地形坡度非常小，根据地表沉积物的岩性、结构、构造等基本岩石学特征可将区域主要划分为南部废黄河沉积区及北部潮坪沉积区。

区域浅表地层包括地表沉积与地表以下 20 m 以浅地层，其中地表沉积在 1.4 节地形地貌中已描述，本节主要介绍槽型钻与基坑剖面揭露地层。

2.2.1 废黄河沉积区分布范围及沉积物特征

1. 分布范围

废黄河沉积区分布于响水县城—南河镇—中山河口一线以南。其中，以响水县城—南河镇—大有镇—滨淮镇—滨淮港一线为界，以南区域岩性为粉砂、黏土质粉砂，沉积类型为决口扇、废黄河故道、高漫滩、牛轭湖等；以北岩性为粉砂质黏土，沉积类型为受黄河沉积物强烈干扰的潮坪、潟湖沉积（冲海积三角洲平原沉积）。

2. 沉积物特征

基坑剖面及槽型钻岩心显示，废黄河故道-高漫滩-决口扇-牛轭湖沉积岩性以粉砂、黏土质粉砂或黏土与粉砂互层为主，层状构造，水平层理、波状层理、粒序层理，见铁锰质斑点，手捻沙感明显，粉砂含量＞60%，局部夹少量黏土层或团块，其中牛轭湖沉积有机质含量丰富。该套沉积在垂直废黄河河道方向上表现为近废黄河故道粉砂层厚，远离废黄河故道则粉砂层变薄的特征（图2-2-1）。

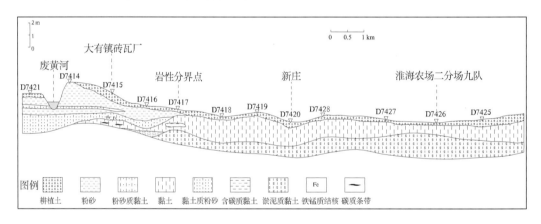

图 2-2-1 大有镇废黄河—淮海农场信手剖面示意图

冲海积三角洲平原地表以粉砂质黏土沉积为主，1.5 m 以深表现出较典型的砂黏互层的潮坪沉积特征，其上潟湖沉积有机质含量丰富，在颜色上较明显区别于冲海积三角洲平原潮坪沉积。

2.2.2 潮坪沉积区分布范围及沉积物特征

1. 分布范围

潮坪沉积区分布于响水县城—南河镇—中山河口一线以北。岩性以黏土或含粉砂黏土为主，沉积类型主要为潮上带、潮间带、洼地、灌河河漫滩沉积等。

2. 沉积物特征

该沉积区自左至右分别为灌河河漫滩、洼地、潮坪。灌河河漫滩沉积呈细条带状分布于灌河两侧，河湾处较为发育，其沉积物与洼地沉积较为相似（图 2-2-2），区别在于灌河河漫滩沉积有机质含量更为丰富，较常见垂直状炭化芦苇残体，而沉积物岩性差别较小。洼地沉积分布范围较小，多呈不规则状散布于该区各处，沉积物以黏土为主，粉砂含量较少，富含碳质，颜色偏灰。潮坪沉积为该区的主要沉积，分布区大多地势平坦，起伏较小，岩性以黏土为主，有机质含量少，1.8 m 以深可见较明显的砂黏互层现象。

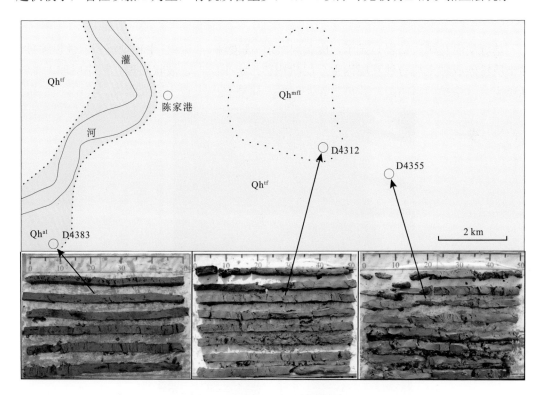

图 2-2-2　潮坪沉积区槽型钻岩心

2.2.3　废黄河沉积区和潮坪沉积区综合对比

1. 形成时代及接触关系

剖面底部 0～2 m 为以淤泥质黏土-粉砂互层为主的潮坪沉积，2～2.5 m 为以粉砂为主的废黄河决口扇沉积（图 2-2-3）。^{14}C 测年结果表明该层潮坪沉积形成早于（5400±30）a B.P.，因此潮坪沉积区应形成于废黄河沉积之前，同时黄河水流的侵蚀作用可能是造成上部潮坪沉积层缺失的主导因素。

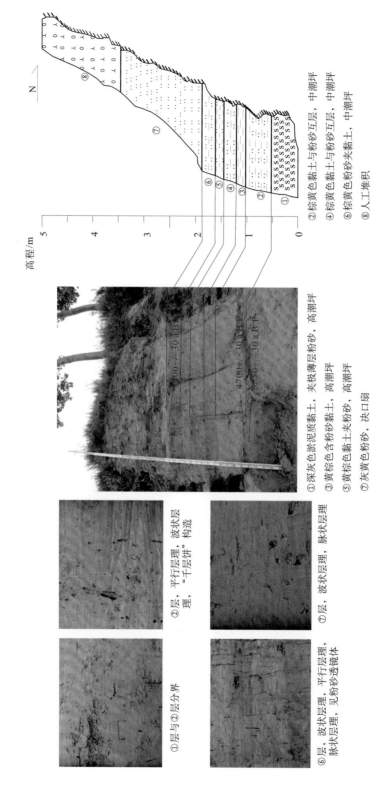

图 2-2-3　大有砖瓦厂基坑剖面

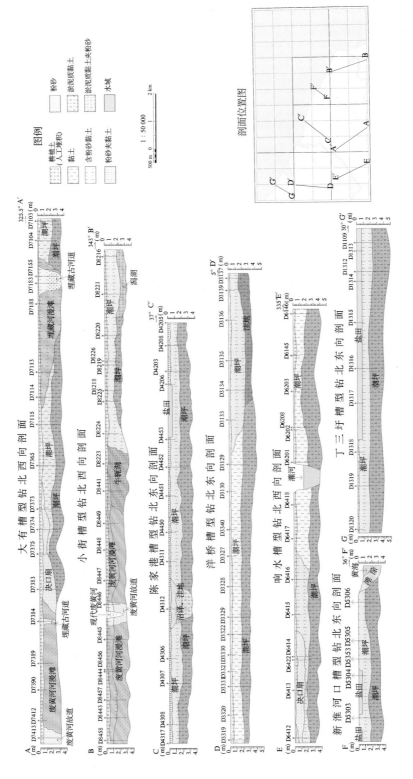

图 2-2-4 区域典型槽型钻型剖面

2. 沉积物沉积环境及沉积特征对比

废黄河区域以南以粉砂-黏土质粉砂沉积为主，沉积环境为废黄河故道、高漫滩、决口扇、牛轭湖沉积等；废黄河区域以北为黏土-含粉砂黏土-淤泥质黏土沉积为主，沉积环境为潮坪、潟湖、洼地沉积等（图2-2-4）。

废黄河区域以北西向槽型钻剖面为例：剖面自南向北依次为废黄河故道-高漫滩、牛轭湖、潮坪、潟湖沉积。废黄河-高漫滩沉积分为三层：0~0.5 m为耕植土；0.5~1.2 m为含粉砂黏土，此层可能为黄河河道淤塞以后水量变小、水流变缓的条件下形成的沉积，并可能受到潮道作用影响；1.2 m以深为粉砂或含黏土粉砂，此层应为黄河水量充足期的沉积，区域内高漫滩、决口扇等河流泛滥作用沉积应主要形成于该时期。

潮坪沉积区以陈家港北东向槽型钻剖面为例：沉积类型以潮坪沉积为主，0~2 m为黏土，2 m以深为淤泥质黏土；局部洼地、沼泽沉积分布范围较小，底部为含有机质黏土沉积，黏土层上覆含黏土粉砂沉积；地表人工改造强烈，为大片盐田区。

2.2.4　废黄河三角洲沉积模式

发生 I 期海侵以前，区域以泛滥平原-支流河道沉积为主；I 期海侵以后，区域形成了以海洋作用为主导的潮坪-浅海相沉积，后期海水作用减弱，逐渐转变为由海洋和河流共同作用形成的前水下三角洲沉积；自黄河改道以来，黄河所携带的泥沙在河口淤积，造成海岸线持续性后退，原潮坪区和海水覆盖区逐渐远离海洋成为陆地，同时部分原潮坪区及前水下三角洲沉积区受河水侵蚀作用消失。三角洲上层为废黄河高漫滩、故道、泛滥平原、潟湖、潮上带等冲积-海积三角洲平原沉积（图2-2-5）。下伏地层为前三角洲、前河口砂坝沉积，该层沉积物为粉砂、含黏土粉砂，^{14}C测年结果表明该层年代早于（3700±30）a B.P.。前三角洲、前河口砂坝沉积下伏为潮坪-浅海相沉积（ I 期海侵层），沉积物岩性主要为深灰色淤泥质黏土、深灰色淤泥质黏土夹粉砂，地层底部为10 cm左右厚的砾质砂，富集贝壳碎片，分选极差，可作为海侵开始的标准层（初始海泛面：TS），^{14}C测年结果表明该层最早为（6900±40）a B.P.。

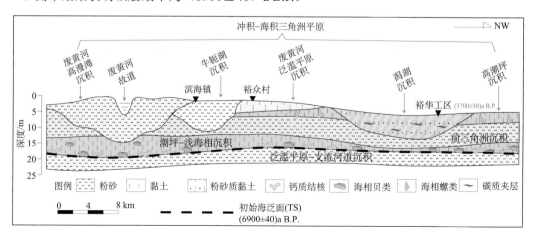

图 2-2-5　废黄河三角洲横向剖面沉积示意图

2.3　代表性钻孔论述

2.3.1　滨海县滨淮镇新岭社区钻孔 XJ01 岩性描述

钻孔信息

钻孔位置：XJ01 位于滨海县滨淮镇新岭社区委员会西广场。

钻孔深度：470 m，钻孔取芯率：95.2%，钻孔天顶角：3°，钻孔施工日期：2012.12.14～2013.4.20。

全新统淤尖组上段（Qhy^3）

（1）0.00～0.32 m，人工堆积，棕色粉砂质黏土。　　　　　　　　　　　　　　0.32 m

（2）0.32～2.44 m，黄棕色粉砂质黏土，黏土含量 65%～75%，泥状结构，层状构造，潮湿，可塑，见块状层理、波状层理和粉砂透镜体，局部夹粉砂中层，上部见植物根系，中部与下部见铁锰质斑点，1.5 m 处含贝壳碎屑。潮上带。　　　　　　　　　　　2.12 m

1.4 m 样品中见螺旋壳类有孔虫 2 枚，其中同现卷转虫 Ammonia annectens Parker et Jones 1 枚，毕克卷转虫变种 A. beccarii vars.（Lineé）1 枚；海相介形类 2 枚，为斑纹三原介 Sanyuania psaronius Huang；非海相介形类 26 枚，其中疏忽玻璃介 Candona neglecta Sars 12 枚，布氏土星介 Ilyocypris bradyi Sars 10 枚，隆起土星介 I. gibba Ramdohr 4 枚。

（3）2.44～4.58 m，深灰色黏土夹粉砂，黏土层约占 85%，以中层为主，粉砂层为薄层，整体泥状结构，层状构造，脉状层理、波状层理、水平层理，富碳质植物残体，具嗅味。潮间带。　　　　　　　　　　　　　　　　　　　　　　　　　　　　2.14 m

3.75 m 样品见平旋壳类有孔虫 25 枚，其中凹坑筛九字虫 Cribrononion gnythosuturatum Ho, Hu et Wang 5 枚，光滑筛九字虫 C. laevigatum Ho, Hu et Wang 5 枚，透明筛九字虫 C. vitreum Wang 8 枚，异地希望虫低凹亚种 Elphidium advenum depressulum Cushman 3 枚，缝裂希望虫 E. magellanicum Heron-Allen et Earland 2 枚，江苏小希望虫 Elphidiella kiangsuensis Ho, Hu et Wang 2 枚；螺旋壳类有孔虫 23 枚，其中同现卷转虫 Ammonia annectens Parker et Jones 3 枚，毕克卷转虫变种 A. beccarii vars.（Lineé）15 枚，沼泽卷转虫 A. limnetes（Todd et Bronnimann）5 枚；海相介形类 11 枚，其中射阳洁面介 Albileberis sheyangensis Chen 2 枚，陈氏新单角介 Neomonoceratina chenae Zhao et Whatley 3 枚，典型中华美花介 Sinocytheridea impressa（Brady）6 枚；植物种子 1 枚。

3.65 m 处 ^{14}C 测年结果为（80±30）a B.P.。

（4）4.58～11.41 m，灰色含黏土粉砂，粉砂含量 75%～85%，粉砂状结构，层状构造，平行层理、脉状层理，见黑色碳质斑点，振动水析，具嗅味。三角洲平原，分支河道。　　　　　　　　　　　　　　　　　　　　　　　　　　　　　　　　　6.83 m

（5）11.41～17.51 m，深灰色粉砂，粉砂含量大于 95%，粉砂状结构，层状构造，波状层理、脉状层理、平行层理，具嗅味，上部富碳质有机物，12.5 m 处见螺壳，底部黏土含量增加。三角洲前缘。　　　　　　　　　　　　　　　　　　　　　　6.10 m

11.75 m 样品中见平旋壳类有孔虫 10 枚，其中凹坑筛九字虫 Cribrononion gnythosuturalis Ho, Hu et Wang 2 枚，异地希望虫 Elphidium advenum（Cushman）3 枚，

异地希望虫低凹亚种 *E. advenum depressulum* Cushman 1 枚，波纹希望虫 *E. crispum*（Lineé）2 枚，缝裂希望虫 *E. magellanicum* Heron-Allen et Earland 2 枚；螺旋壳类有孔虫9 枚，其中同现卷转虫 *Ammonia annectens* Parker et Jones 4 枚，毕克卷转虫变种 *A. beccarii* vars.（Lineé）3 枚，压扁卷转虫 *A. compressiuscula*（Brady）2 枚；海相介形类 13 枚，其中腹结细花介 *Leptocythere ventriclivosa* Chen 3 枚，陈氏新单角介 *Neomonoceratina chenae* Zhao et Whatley 4 枚，典型中华美花介 *Sinocytheridea impressa*（Brady）4 枚，丰满陈氏介 *Tanella opima* Chen 2 枚；植物种子 3 枚。

全新统淤尖组中段（Qhy²）

（6）17.51～21.00 m，深灰色黏土，黏土含量大于 95%，夹少量薄层粉砂，整体泥状结构，层状构造，见水平层理、脉状层理、波状层理，富有机质，具嗅味。20.3～20.5 cm处夹细砂，细砂分选好，含黑云母，底部夹粉砂团块及生物干扰印迹。属浅海相沉积。

3.49 m

19.30 m 样品中见瓷质壳有孔虫 2 枚，均为光滑抱环虫 *Spiroloculina laevigata* Cushman et Todd；平旋壳类有孔虫 46 枚，其中凹坑筛九字虫 *Cribrononion gnythosuturalis* Ho, Hu et Wang 4 枚，光滑筛九字虫 *C. laevigatum* Ho, Hu et Wang 12 枚，异地希望虫 *Elphidium advenum*（Cushman）10 枚，异地希望虫低凹亚种 *E. advenum depressulum* Cushman 4 枚，茸毛希望虫 *E. hispidulum* Cushman 8 枚，霜粒希望虫 *E. nakanokawaense* Shirai 4 枚，江苏小希望虫 *Elphidiella kiangsuensis* Ho, Hu et Wang 4 枚；螺旋壳类有孔虫22 枚，其中同现卷转虫 *Ammonia annectens* Parker et Jones 8 枚，毕克卷转虫变种 *A. beccarii* vars.（Lineé）8 枚，冷水面颊虫 *Buccella frigida*（Cushman）2 枚，无刺仿轮虫 *Pararotalia inermis*（Terquem）4 枚；海相介形类 4 枚，其中美山双角花介 *Bicornucythere bisanensis*（Okubo）2 枚，布氏纯艳花介 *Pistocythereis bradyi*（Ishizaki）2 枚；植物种子3 枚。20.65 m 样品中见 1 枚螺旋壳类有孔虫，为毕克卷转虫变种 *A. beccarii* vars.（Lineé）。

19.80 m 处 ¹⁴C 测年结果为（3170±30）a B.P.。

20.09 m 处 ¹⁴C 测年结果为（6890±40）a B.P.。

全新统淤尖组下段（Qhy¹）

（7）21.00～21.10 m，深灰色砂质砾，砾基，砾石为钙质及铁锰质结核，最大粒径9 cm，次棱角状，含贝壳，分选极差。水动力大，潮下带沉积单元向陆地推进。　0.10 m

--------------------假 整 合--------------------

上更新统灌南组上段（Qp₃g²）对应 MIS2

（8）21.10～23.55 m，黄棕色黏土夹粉砂，黏土约占 70%，泥状结构，层状构造，粉砂层向下逐渐增加，上部含细砂团块、钙质结核和铁锰质斑点，下部有潜育化斑点，粉砂薄层居多，平行层理。泛滥平原。　2.45 m

21.76 m 样品中见螺旋壳类有孔虫 1 枚，为日本半泽虫 *Hanzawaia nipponica* Asano。

21.20 m 处 ¹⁴C 测年结果为（13490±50）a B.P.。

（9）23.55～31.51 m，黄灰色粉砂，粉砂含量大于 95%，粉砂状结构，层状构造，局部夹黏土质粉砂薄层，平行层理、波状层理。27～28 m 处富有机质。支流河道沉积。

7.96 m

27.5 m 样品中见螺旋壳类有孔虫 3 枚,其中毕克卷转虫变种 *A. beccarii* vars.(Lineé)
1 枚,美山双角花介 *Bicornucythere bisanensis*(Okubo)1 枚,陈氏新单角介 *Neomonoceratina
chenae* Zhao et Whatley 1 枚;海胆刺 1 枚。

（10）31.51～32.88 m,灰绿色粉砂质黏土,黏土含量 65%～75%,泥状结构,富有
机质,顶部含大量钙质结核及少量铁锰质结核,潜育化发育。沼泽。　　　　　1.37 m

（11）32.88～35.30 m,灰色黏土质粉砂,粉砂含量 65%～75%,粉砂状结构,层状
构造,水平层理、平行层理,薄层较多,潜育化、潴育化发育,顶部见钙质结核。泛滥
平原,极浅水沉积环境。　　　　　2.42 m

上更新统灌南组上段（Qp$_2$g^2）对应 MIS3

（12）35.30～37.27 m,绿灰色细砂,含大量贝壳碎片,砂状结构,分选好。潮汐
通道。　　　　　1.97 m

36.5 m 样品中见平旋壳类有孔虫 31 枚,其中凹坑筛九字虫 *Cribrononion
gnythosuturalis* Ho, Hu et Wang 4 枚,易变筛九字虫 *C. incertum* Willamson 5 枚,异地希望
虫 *Elphidium advenum*（Cushman）20 枚,异地希望虫低凹亚种 *E. advenum depressulum*
Cushman 2 枚;螺旋壳类有孔虫 77 枚,其中同现卷转虫 *Ammonia annectens* Parker et Jones
35 枚,毕克卷转虫变种 *A. beccarii* vars.（Lineé）28 枚,丸桥卷转虫 *A. maruhasii*（Kuwano）
2 枚,悦目星轮虫 *Asterorotalia venusta* Ho, Hu et Wang 12 枚;海相介形类 27 枚,其中射
阳洁面介 *Albileberis sheyangensis* Chen 2 枚,舟耳形介 *Aurila cymba*（Brady）2 枚,美山
双角花介 *Bicornucythere bisanensis*（Okubo）4 枚,陈氏新单角介 *Neomonoceratina chenae*
Zhao et Whatley 6 枚,梯形奇美花介 *Perissocytheridea trapeziformis* Hou et Chen 3 枚,网
纹萨尼介 *Schnia reticulata* Hou 2 枚,典型中华美花介 *Sinocytheridea impressa*（Brady）8
枚;海相双壳类 88 枚,其中光滑河蓝蛤 *Potamocorbula laevis*（Hinds）86 枚,牡蛎未定
种 *Ostrea* sp. 2 枚。

（13）37.27～40.07 m,灰色黏土质粉砂,粉砂含量 55%～65%,泥状结构,层状构
造,见粉砂透镜体,脉状层理,波状层理,下部黏土含量增高。潮间带。　　　2.80 m

（14）40.07～46.52 m,灰黄色黏土与粉砂互层,黏土以中薄层为主,粉砂见中薄层
与中层,水平层理、平行层理,顶部富钙质结核,45.00 m 处见生物扰动印迹,部分黏
土层中见铁锰质斑点。三角洲平原,分支河道。　　　　　6.45 m

（15）46.52～51.34 m,深灰色黏土质粉砂,粉砂含量 65%～75%,粉砂状结构,层
状构造,脉状层理,平行层理,见粉砂透镜体,夹少量黏土薄层,含贝壳碎片,及碳质
植物残体,具嗅味。潮间带。　　　　　4.82 m

46.80 m 样品中见瓷质壳有孔虫 48 枚,其中光滑抱环虫 *Spiroloculina laevigata*
Cushman et Todd 10 枚,普通抱环虫 *S. communis* Cushman et Todd 12 枚,三棱三玦虫
Triloculina tricarinata d'Orbigny 5 枚,明亮五玦虫 *Quinqueloculina argunica*（Gerke）5 枚,
扭转五玦虫 *Q. contorta* d'Orbigny 4 枚,拉马克五玦虫 *Q. lamarckiana* d'Orbigny 12 枚,显
示分异度较高;平旋壳类有孔虫 52 枚,其中光滑筛九字虫 *Cribrononion laevigatum* Ho, Hu
et Wang 10 枚,异地希望虫 *Elphidium advenum*（Cushman）22 枚,异地希望虫低凹亚种
E. advenum depressulum Cushman 6 枚,茸毛希望虫 *E. hispidulum* Cushman 12 枚,缝裂希

望虫 *E. magellanicum* Heron-Allen et Earland 2 枚；螺旋壳类有孔虫 295 枚，其中同现卷转虫 *Ammonia annectens* Parker et Jones 182 枚，毕克卷转虫变种 *A. beccarii* vars.（Lineé）58 枚，压扁卷转虫 *A. compressiuscula*（Brady）4 枚，凸背卷转虫 *A. convexidorsa* Zheng 2 枚，近亲卷转虫 *A. sobrina*（Shupack）2 枚，冷水面颊虫 *Buccella frigida*（Cushman）1 枚，无刺仿轮虫 *Pararotalia inermis*（Terquem）46 枚，同现卷转虫管系发育，其高比例出现显示了水动力较强，与海洋联系亦较强；海相介形类 143 枚，其中二津满刺艳花介 *Acanthocythereis niitsumai* Ishizaki 2 枚，舟耳形介 *Aurila cymba*（Brady）1 枚，三浦翼花介 *Cytheropteron miurense* Kingma 4 枚，美山双角花介 *Bicornucythere bisanensis*（Okubo）24 枚，陈氏新单角介 *Neomonoceratina chenae* Zhao et Whatley 72 枚，布氏纯艳花介 *Pistocythereis bradyi*（Ishizaki）8 枚，中华刺面介 *Spinileberis sinensis* Chen 16 枚，刺戳花介 *Stigmatocythere spinosa* Hu 16 枚；海相双壳类 16 枚，其中豆斧蛤 *Latona faba*（Gmelin）6 枚，牡蛎未定种 *Ostrea* sp. 2 枚，毛蚶 *Scapharca subcrenata*（Lischke）8 枚；苔藓虫 2 枚；珊瑚碎块 2 枚。该样品反映受海洋作用影响较强烈。

　　49.45 m 样品中可见平旋壳类有孔虫 34 枚，其中凹坑筛九字虫 *Cribrononion gnythosuturalis* Ho, Hu et Wang 6 枚，光滑筛九字虫 *C. laevigatum* Ho, Hu et Wang 22 枚，缝裂希望虫 *E. magellanicum* Heron-Allen et Earland 2 枚，优美花朵虫 *Florilus decors*（Cushman et McCulloch）4 枚；螺旋壳类有孔虫 44 枚，其中毕克卷转虫变种 *A. beccarii* vars.（Lineé）38 枚，凸背卷转虫 *A. convexidorsa* Zheng 2 枚，少室卷转虫 *A. pauciloculata*（Phleger et Parker）2 枚，无刺仿轮虫 *Pararotalia inermis*（Terquem）2 枚；海相介形类 54 枚，其中美山双角花介 *Bicornucythere bisanensis*（Okubo）22 枚，陈氏新单角介 *Neomonoceratina chenae* Zhao et Whatley 16 枚，布氏纯艳花介 *Pistocythereis bradyi*（Ishizaki）2 枚，梯形奇美花介 *Perissocytheridea trapeziformis* Hou et Chen 2 枚，典型中华美花介 *Sinocytheridea impressa*（Brady）12 枚；海相腹足类 2 枚，为雕刻友螺 *Nassarius caelatulus* Wang；海相双壳类 75 枚，均为光滑河蓝蛤 *Potamocorbula laevis*（Hinds）。该样品同样与海水联系密切。

　　50.88 m 样品中见瓷质壳有孔虫 22 枚，其中阿卡尼五玦虫圆形亚种 *Quinqueloculina akneriana rotunda*（Gerke）1 枚，拉马克五玦虫 *Q. lamarckiana* d'Orbigny 21 枚；平旋壳类有孔虫 22 枚，其中易变筛九字虫 *C. incertum* Willamson 12 枚，透明筛九字虫 *C. vitreum* Wang 2 枚，异地希望虫 *Elphidium advenum*（Cushman）4 枚，缝裂希望虫 *E. magellanicum* Heron-Allen et Earland 2 枚，江苏小希望虫 *Elphidiella kiangsuensis* Ho, Hu et Wang 1 枚，优美花朵虫 *Florilus decors*（Cushman et McCulloch）1 枚；螺旋壳类有孔虫 18 枚，其中毕克卷转虫变种 *A. beccarii* vars.（Lineé）15 枚，多室卷转虫 *A. multicell* Zheng 3 枚；海相介形类 11 枚，其中美山双角花介 *Bicornucythere bisanensis*（Okubo）3 枚，布氏纯艳花介 *Pistocythereis bradyi*（Ishizaki）2 枚，大海花介 *Pontocythere spatiosus* Hou 2 枚，梯形奇美花介 *Perissocytheridea trapeziformis* Hou et Chen 2 枚，典型中华美花介 *Sinocytheridea impressa*（Brady）2 枚；海相双壳类均为光滑河蓝蛤 *Potamocorbula laevis*（Hinds），共 30 枚。该样品与前两个样品的微体生物组合面貌基本接近，反映接近正常海的沉积环境。

48.6 m 处 ^{14}C 测年结果为（28980±170）a B.P.。

上更新统灌南组上段（Qp$_3$g^2）对应 MIS4

（16）51.34～53.19 m，绿灰色黏土质粉砂，上部粉砂含量 50%～60%，下部粉砂含量较高，粉砂状结构，层状构造，潜育化发育，含碳质植物残体。52.4 m 处见少量贝壳和螺壳碎片。沼泽。 1.85 m

上更新统灌南组下段（Qp$_3$g^1）对应 MIS5

（17）53.19～60.39 m，深绿灰色含粉砂黏土，黏土含量 75%～85%，泥状结构，块状层理，富有机质，局部为泥炭，含碳质植物残体，见生物扰动印迹，底部粉砂含量渐增。潮坪相，潮上带沉积。 7.20 m

54.75 m 样品中见平旋壳类有孔虫 1 枚，为缝裂希望虫 *E. magellanicum* Heron-Allen et Earland；海相介形类 1 枚，为射阳洁面介 *Albileberis sheyangensis* Chen。

（18）60.39～65.13 m，灰色黏土质粉砂，粉砂含量 65%～75%，粉砂状结构，层状构造，波状层理、平行层理，顶部含钙质结核及贝壳碎片，由上而下粉砂含量渐增，粒径增大，底部含粉砂团块及薄层。潮下带。 4.74 m

（19）65.13～83.29 m，绿灰色细砂，砂含量大于 95%，砂状结构，层状构造，水平层理、斜交层理、平行层理、脉状层理、粒序层理，具河流二元结构，分选好，局部见圆状钙质结核砾石，见贝壳碎片。82.65 m 处夹碳质植物残体，底部滨海生贝壳丰富，并见 5 cm 厚钙质砂磐。三角洲前缘。 18.16 m

--------------------假 整 合------------------

中更新统小腰庄组上段（Qp$_2$x^2）

（20）83.29～87.17 m，暗绿灰色粉砂质黏土，黏土含量 65%～75%，泥状结构，块状层理，潜育化斑纹发育，富有机质，含钙质结核，局部夹粉砂中薄层。泛滥平原。 3.88 m

（21）87.17～94.11 m，淡灰黄色含粉砂黏土，黏土含量 75%～85%，局部粉砂含量较高，泥状结构，斑状构造，见垂直潜育化条带和潴育化斑点，含钙质及铁锰质结核，局部富集。湖泊相。 6.94 m

（22）94.11～100.67 m，黄棕色粉砂质黏土，黏土含量 65%～75%，泥状结构，层状构造，局部夹黏土质粉砂厚层，含钙质结核，见潜育化斑块，下部见铁锰质结核。湖泊，过渡带沉积。 6.56 m

（23）100.67～106.00 m，黄棕色细砂，砂含量大于 95%，砂状结构，层状构造，斜层理、水平层理、平行层理、波状层理、粒序层理，具河流二元结构，局部分选中等，含粗砂，上部含钙质结核。支流河道。 5.33 m

中更新统小腰庄组下段（Qp$_2$x^1）

（24）106.00～113.00 m，棕色含粉砂黏土，黏土含量 80%～90%，泥状结构，块状层理，硬塑，潴育化、潜育化发育，含铁锰质结核，钙质结核零星分布，局部富有机质，整体富铁铝沉积。湖泊，富营养湖，湖心带沉积。 7.00 m

111.45 m 样品中见海相双壳类 1 枚，为牡蛎未定种 *Ostrea* sp.。

（25）113.00～122.88 m，棕黄色粉砂质黏土，黏土含量 60%～70%，泥状结构，块

状层理，潜育化较发育，含铁锰质结核及少量钙质结核。湖泊，过渡带沉积。　　9.88 m

（26）122.88～126.03 m，灰黄色含黏土粉砂，粉砂含量80%～90%，以灰黄色为主，次为灰色，粉砂状结构，层状构造，波状层理，潜育化发育，底部见铁锰质斑点。支流河道。　　　　　　　　　　　　　　　　　　　　　　　　　　　　　　3.15 m

125.9 m 样品中可见非海相腹足类9枚，其中白小旋螺 *Guraulus albus*（Muller）4枚，土蜗未定种 *Galba* sp. 5枚；另见口盖 1枚。

（27）126.03～130.02 m，黄绿色含粉砂黏土，黏土含量75%～85%，泥状结构，花斑状构造，局部潜育化条带构成网状，含少量钙质结核及铁锰质浸染斑点。沼泽沉积。

3.99 m

（28）130.02～135.36 m，灰色中粗砂，砂含量大于95%，砂状结构，层状构造，斜层理、平行层理、粒序层理，具河流二元结构，分选中等，整体下部粒径较大。曲流河道。　　　　　　　　　　　　　　　　　　　　　　　　　　　　　　5.34 m

-------------------假 整 合--------------------

下更新统五队镇组上段（Qp_1w^3）

（29）135.36～152.36 m，棕黄色黏土，黏土含量大于95%，泥状结构，块状层理，潜育化条带发育，局部构成网状，含钙质及铁锰质结核。145.00 m 处钙质胶结物富集成砂礓，底部粉砂含量略增加。湖泊，湖心带沉积。151.07 m 样品中可见锰结核 1枚。

17.00 m

（30）152.36～156.67 m，黄棕色粉砂质黏土，黏土含量60%～70%，泥状结构，块状层理，见潜育化条带，含少量钙质结核。湖泊过渡带沉积。　　　　　4.31 m

下更新统五队镇组中段（Qp_1w^2）

（31）156.67～163.52 m，绿灰色黏土，次为灰黄色，黏土含量大于95%，泥状结构，块状层理，潜育化条带构成网状，含钙质结核及少量铁锰质结核，潮湿，坚硬。湖泊，湖心带沉积。　　　　　　　　　　　　　　　　　　　　　　　　　　6.85 m

（32）163.52～174.72 m，黄棕色粉砂质黏土，以黄棕色为主，局部棕黄色，黏土含量60%～70%，泥状结构，以块状层理为主，夹黏土质粉砂中层，见潜育化条带，中部含钙质结核，底部粉砂含量增加。湖泊过渡带沉积。　　　　　　　　　　11.20 m

（33）174.72～175.96 m，灰黄色细砂，砂含量大于95%，砂状结构，层状构造，薄层理不明显，砂粒以石英为主，见少量云母及长石，局部分选好。支流河道。　1.24 m

（34）175.96～182.34 m，浅灰棕色粉砂质黏土，次为浅灰色，局部浅黄灰色，泥状结构，层状构造，见脉状层理、平行层理，局部夹粉砂中层，潜育化、潴育化发育，上部铁锰质浸染强烈。沼泽沉积。　　　　　　　　　　　　　　　　　　　6.38 m

（35）182.34～184.83 m，浅灰棕色粉砂，次为棕黄色、浅灰色，粉砂含量大于90%，粉砂结构，层状构造，水平层理、斜交层理。184.00 m 处见直径1 cm的砾石，次圆状。支流河道。　　　　　　　　　　　　　　　　　　　　　　　　　　　2.49 m

（36）184.83～186.13 m，黄棕色粉砂质黏土，次为浅灰色，黏土含量65%～75%，泥状结构，185.40～185.50 m 为粉砂夹层，颜色为灰黄色，见水平层理。185.30 m 和185.77 m 处见少量灰黑色铁锰质结核，粒度较小，直径约2 mm。沼泽沉积。　　1.30 m

（37）186.13～192.54 m，灰黄色中粗砂，砂含量大于95%，砂状结构，层状构造，水平层理、平行层理、斜层理、粒序层理，具河流二元结构，粗粒层分选中等，细粒层分选好，局部夹少量石英与长石砾，次棱角状，粒径2～9 mm。曲流河道。　　　6.41 m

下更新统五队镇组下段（Qp₁w¹）

$$下更新统五队镇组下段（Qp_1w^1）$$

（38）192.54～196.73 m，棕色含粉砂黏土，黏土含量80%～90%，泥状结构，块状层理，硬塑，潴育化、潜育化发育，含铁锰质结核、钙质结核，局部夹黏土质粉砂中层。沼泽沉积。　　　4.19 m

（39）196.73～198.73 m，灰黄色细砂，颜色以灰黄色为主，略带红色，偶见灰色夹层，砂含量大于95%，见水平层理、斜层理，成分以石英为主，其余为长石，见少量暗色矿物，分选好。支流河道。　　　2.00 m

（40）198.73～200.36 m，棕色含粉砂黏土，黏土含量80%～90%，泥状结构，层状构造，中薄层含粉砂黏土夹薄层黏土构成平行韵律层理，层顶含有机质。牛轭湖沉积或积水低平地沉积。　　　1.63 m

（41）200.36～202.00 m，灰黄色细砂，颜色以灰黄色为主，上段略带红褐色，下段主要为灰色，砂含量大于95%，砂状结构，层状构造，斜层理、平行层理，成分主要为石英和长石，见少量暗色矿物，201.40～201.70 m段见少量黏土夹极薄层。支流河道。
　　　1.64 m

（42）202.00～210.79 m，黄棕色黏土夹粉砂，黏土层约占80%，泥状结构，黏土为块状层理，粉砂为厚层及中层，脉状层理波状层理，含钙质胶结物及铁锰质浸染斑点。积水低平地。　　　8.79 m

（43）210.79～213.00 m，灰黄色粉砂，粉砂含量大于95%，粉砂状结构，块状层理，见垂直方向的铁质浸染条带，似植物根系印迹，底部含黏土。支流河道。　　　2.21 m

-------------------- 假　整　合 ---------------------

上新统盐城组上段（N₁₋₂y²）

$$上新统盐城组上段（N_{1-2}y^2）$$

（44）213.00～221.42 m，黄棕色含粉砂黏土，次为浅灰黄色，黏土含量75%～85%，泥状结构，块状层理，含大量钙质结核及钙质胶结条带，潜育化发育，局部潜育化条带呈网状。湖泊，湖心带沉积。　　　8.42 m

2.3.2　响水县南河镇平建钻孔 JZ04 岩性描述

钻孔信息

钻孔位置：JZ04位于响水县南河镇平建东500m。

钻孔深度：290 m，钻孔取芯率：96.3%，钻孔天顶角：2.8°，钻孔施工日期：2013.4.23～2013.5.16。

全新统淤尖组（Qhy）

（1）0.00～0.60 m，人工堆积。　　　0.60 m

（2）0.60～1.63 m，棕色含粉砂黏土，颜色以棕色为主，底部渐变为棕灰色，黏土含量>95%，黏土结构，顶部0.60～0.70 m为水平层状构造，夹极薄层粉砂，0.70～1.63 m为团块状层理，潮湿，可塑，全段见铁锰结核，粉砂团块零星分布，1.30 m处夹1 cm厚

碳质层，1.40 m 处见少量贝壳碎屑。潮上带，后期氧化。 1.03 m

1.45 m 样品中见平旋壳类有孔虫 168 枚，其中凹坑筛九字虫 *Cribrononion gnythosuturalis* Ho, Hu et Wang 8 枚，冷水筛九字虫 *C. frigidum* Cushman 8 枚，光滑筛九字虫 *C. laevigatum* Ho, Hu et Wang 112 枚，缝裂希望虫 *Elphidium magellanicum* Heron-Allen et Earland 28 枚，江苏小希望虫 *Elphidiella kiangsuensis* Ho, Hu et Wang 12 枚；螺旋壳类有孔虫共 572 枚，其中毕克卷转虫变种 *Ammonia beccarii* vars.（Lineé）128 枚，中华假圆旋虫 *Psedogyroidina sinensis*（Ho, Hu et Wang）24 枚，多变假轮虫 *Pseudorotalia gaimardii*（d'Orbigny）372 枚，多角口室虫 *Stomoloculina multangular* Ho, Hu et Wang 48 枚；海相介形类 8 枚，均为典型中华美花介 *Sinocytheridea impressa*（Brady）。

（3）1.63～10.84 m，深灰色粉砂与黏土互层，颜色以深灰色为主，局部见黑色斑点。黏土层厚 0.3～10 cm，粉砂层厚 0.05～0.2 cm，黏土结构，层状构造，水平层理，1.63～9.50 m 为黏土夹粉砂，黏土含量>80%，9.50～10.80 m 为粉砂夹黏土，粉砂含量>80%，全段见黑色碳质斑点，直径 0.1～0.3 cm，其中上部碳质较多，饱水，软塑-可塑。潮间带，三角洲平原，分支河道，边滩。 9.21 m

7.75 m 样品中见瓷质壳有孔虫 15 枚，阿卡尼五玦虫圆形亚种 *Quinqueloculina akneriana rotunda*（Gerke）5 枚，明亮五玦虫 *Q. argunica*（Gerke）10 枚；瓶虫类有孔虫 1 枚，为瓜子缝口虫 *Fissurina aradasii* Sequenza；平旋壳类有孔虫 6 枚，其中宫古筛九字虫 *Cribrononion miyakoensis* Ujiie et Kusukawa 1 枚，江苏小希望虫 *Elphidiella kiangsuensis* Ho, Hu et Wang 2 枚，优美花朵虫 *Florilus decorus*（Cushman et McCulloch）2 枚，扩展九字虫 *Nonion extensum*（Cushman）1 枚；螺旋壳类 9 枚，其中毕克卷转虫变种 *Ammonia beccarii* vars.（Lineé）4 枚，奈良小上口虫 *Epistominella naraensis*（Kuwano）1 枚，缝裂假上穿虫 *Pseudoeponides anderseni* Warren 3 枚，中华假圆旋虫 *Psedogyroidina sinensis*（Ho, Hu et Wang）1 枚；海相介形类 3 枚，其中舟耳形介 *Aurila cymba*（Brady）1 枚，典型中华美花介 *Sinocytheridea impressa*（Brady）2 枚。

（4）10.84～12.86 m，深灰色黏土，颜色以深灰色为主，黏土含量>95%，黏土结构，层状构造，水平层理，潮湿，软塑，全段夹 0.1～0.3 cm 黑色粉砂夹层，粉砂夹层中见贝壳碎屑，11.65 m 处夹直径 1.5 cm 的粉砂团块。底部 15 cm 为深灰色砂质砾层，砾石含量 70%～80%，饱水，砾石次棱角状，直径 0.5～3 cm，含大量贝壳碎屑。浅海相沉积。
2.02 m

11.45 m 样品中见瓷质壳有孔虫 22 枚，其中光滑抱环虫 *Spiroloculina laevigata* Cushman et Todd 3 枚，普通抱环虫 *S. communis* Cushman et Todd 3 枚，阿卡尼五玦虫圆形亚种 *Quinqueloculina akneriana rotunda*（Gerke）13 枚，明亮五玦虫 *Q. argunica*（Gerke）2 枚，拉马克五玦虫 *Q. lamarckiana* d'Orbigny 1 枚；瓶虫类 1 枚，为线纹瓶虫 *Lagena striata*（d'Orbigny）；列式壳类 1 枚，为条纹判草虫 *Brizalina striatula* Cushman；平旋壳类 1 枚，为波纹希望虫 *E. crispum*（Lineé）；螺旋壳类 24 枚，其中同现卷转虫 *Ammonia annectens* Parker et Jones 2 枚，毕克卷转虫变种 *A. beccarii* vars.（Lineé）3 枚，多室卷转虫 *A. multicell* Zheng 16 枚，少室卷转虫 *A. pauciloculata*（Phleger et Parker）1 枚，奈良小上口虫 *Epistominella naraensis*（Kuwano）2 枚；海相介形类 8 枚，其中三浦翼花介 *Cytheropteron miurense* Kingma 3 枚，陈氏新单角介 *Neomonoceratina chenae* Zhao et Whatley 3 枚，网纹萨尼介 *Schnia reticulata* Hou 1 枚，东台中华花介 *Sinocythere dongtaiensis* Chen 1 枚。该样品反映受海洋作用影响较强烈。

（5）12.86~13.05 m，深灰色砂质砾，砾基，砾石为钙质结核，最大粒径 11 cm，次棱角状，含贝壳，分选极差。水动力大，海岸线快速移动沉积。　　　　　　　0.19 m

12.95 m 样品中见平旋壳类有孔虫 21 枚，其中凹坑筛九字虫 *Cribrononion gnythosuturalis* Ho, Hu et Wang 4 枚，光滑筛九字虫 *C. laevigatum* Ho, Hu et Wang 5 枚，波纹希望虫 *E. crispum*（Lineé）12 枚；螺旋壳类 427 枚，其中同现卷转虫 *Ammonia annectens* Parker et Jones 286 枚，毕克卷转虫变种 *A. beccarii* vars.（Lineé）26 枚，压扁卷转虫 *A. compressiuscula*（Brady）14 枚，凸背卷转虫 *A. convexidorsa* Zheng 4 枚，少室卷转虫 *A. pauciloculata*（Phleger et Parker）6 枚，日本半泽虫 *Hanzawaia nipponica* Asano 2 枚，无刺仿轮虫 *Pararotalia inermis*（Terquem）89 枚。

-------------------- 假 整 合 --------------------

上更新统灌南组上段（Qp₃g²）对应 MIS2

（6）13.05~14.63 m，黄灰色粉砂夹黏土，颜色以黄灰色为主，局部见黄棕色，粉砂含量 80%~90%，粉砂结构，层状构造，水平层理，潮湿，松散-稍密，13.40~13.45 m 和 13.60~13.70 m 处夹黏土，黏土中见铁锰结核。顶部 30 cm 为绿灰色粉砂，颜色以绿灰色为主，粉砂含量>95%，粉砂结构，层状构造，水平层理，潮湿，松散，全段见贝壳碎屑。泛滥平原。　　　　　　　　　　　　　　　　　　　　　　　　　1.58 m

（7）14.63~19.69 m，灰黄色-青灰色粉砂，16.00 m 以浅以灰黄色为主，16 m 以深以青灰色为主。成分以粉砂为主，夹黏土薄层，粉砂含量>80%，16.00 m 底部见椭圆状钙质结核，直径约 6 cm，泥质粉砂结构，水平层理发育，与下层渐变过渡。支流河道。　　　　　　　　　　　　　　　　　　　　　　　　　　　　　　　　5.06 m

（8）19.69~21.31 m，青灰色-灰黄色细—中砂，上部以青灰色为主，底部逐渐过渡为以灰黄色为主，粒度从细砂逐渐过渡为中砂，成分以细—中砂为主，少见黏土，砂含量>95%，矿物颗粒主要为石英、长石、云母等，另整层均见少量贝壳碎片，细—中砂结构，砂状构造。支流河道。　　　　　　　　　　　　　　　　　　　　1.62 m

（9）21.31~21.70 m，土黄色砂质砾石层，成分为砾石，砂质或泥质胶结，砾石含量>70%，另含大量贝壳碎片，砾石成分复杂，多见火山岩砾石颗粒，沉积岩砾石颗粒少见，磨圆度较好，多呈椭圆-次棱角状，分选较差，大的直径可达 4 cm，小的直径<1 cm。支流河道。　　　　　　　　　　　　　　　　　　　　　　　　　　　　　　0.39 m

上更新统灌南组上段（Qp₃g²）对应 MIS3

（10）21.70~23.03 m，棕灰色-棕黄色黏土，22.50 m 以浅以棕灰色为主，22.50 m 以深以棕黄色为主，两者呈逐渐过渡关系，随着颜色的逐渐过渡，成分也逐渐过渡，22.50 m 以浅夹少量粉砂薄层，黏土含量>80%，粉砂质黏土结构，局部水平层理发育，22.50 m 以深黏土含量>95%，少见粉砂夹层，黏土结构，层状构造，另外，整层均见少量铁染团块。潮上带。　　　　　　　　　　　　　　　　　　　　　　　　　　　　　1.33 m

21.80 m 样品中见瓷质壳有孔虫 34 枚，其中普通抱环虫 *Spiroloculina communis*

Cushman et Todd 14 枚，拉马克五块虫 *Quinqueloculina lamarckiana* d'Orbigny 18 枚，曲形虫 *Sigmoilopsis* sp. 2 枚；平旋壳类 57 枚，其中凹坑筛九字虫 *Cribrononion gnythosuturalis* Ho, Hu et Wang 7 枚，光滑筛九字虫 *C. laevigatum* Ho, Hu et Wang 6 枚，透明筛九字虫 *C. vitreum* Wang 16 枚，异地希望虫 *Elphidium advenum*（Cushman）8 枚，茸毛希望虫 *E. hispidulum* Cushman 20 枚；螺旋壳类 332 枚，其中同现卷转虫 *Ammonia annectens* Parker et Jones 168 枚，毕克卷转虫变种 *A. beccarii* vars.（Lineé）46 枚，凸背卷转虫 *A. convexidorsa* Zheng 4 枚，少室卷转虫 *A. pauciloculata*（Phleger et Parker）12 枚，近亲卷转虫 *A. sobrina*（Shupack）16 枚，日本半泽虫 *Hanzawaia nipponica* Asano 4 枚，无刺仿轮虫 *Pararotalia inermis*（Terquem）78 枚，布氏玫瑰虫 *Rosalina bradyi* Cushman 4 枚；海相介形类 60 枚，其中舟耳形介 *Aurila cymba*（Brady）8 枚，三浦翼花介 *Cytheropteron miurense* Kingma 8 枚，美山双角花介 *Bicornucythere bisanensis*（Okubo）12 枚，陈氏新单角介 *Neomonoceratina chenae* Zhao et Whatley 8 枚，布氏纯艳花介 *Pistocythereis bradyi*（Ishizaki）4 枚，典型中华美花介 *Sinocytheridea impressa*（Brady）12 枚，丰满陈氏介 *Tanella opima* Chen 8 枚；海相双壳类 14 枚，其中牡蛎未定种 *Ostrea* sp. 12 枚，毛蚶 *Scapharca subcrenata*（Lischke）2 枚；另见苔藓虫 2 枚；海胆刺 16 枚；珊瑚碎块 2 枚；非海相介形类 34 枚，其中疏忽玻璃介 *Candona neglecta* Sars 32 枚，布氏土星介 *Ilyocypris bradyi* Sars 2 枚。该样品反映受海洋作用影响。

（11）23.03～23.24 m，砾石层，砾石成分为砂岩，次棱角状，直径 5～6 cm。

0.21 m

（12）23.24～25.23 m，棕色黏土，23.40 m 以浅为黏土夹灰黄色粉砂薄层，23.40 m 以深为黏土层，总体为棕色，底部略显棕灰色，成分以黏土为主，黏土含量>95%，硬塑，多见铁染斑块，黏土结构，块状层理，23.40 m 以浅为粉砂质黏土结构，局部水平层理发育。泛滥平原。

1.99 m

（13）25.23～27.68 m，灰黄色粉砂与棕色黏土互层，灰黄色与棕色交互，局部呈青灰色，粉砂层中多见锈黄色铁染条带，水平状，成分以粉砂和黏土为主，粉砂含量约 70%，黏土含量约 30%，局部水平层理发育，且多见黏土层中含粉砂团块或冲刷构造。泛滥平原。

2.45 m

（14）27.68～30.26 m，灰黄色粉砂层，以灰黄色为主，局部见锈黄色铁染条带，成分以粉砂为主，手拈砂感明显，局部有少量黏土薄层，粉砂含量>80%，泥质粉砂结构，砂状构造，局部水平层理发育（28.70～28.90 m）。支流河道。

2.58 m

（15）30.26～30.46 m，棕灰色黏土层，棕灰色，夹少量灰色中—细砂小团块，成分以黏土为主，可塑，黏土含量>95%，无明显泥嗅味，黏土结构，块状层理。潮上带。

0.20 m

上更新统灌南组上段（Qp_3g^2）对应 MIS4

（16）30.46～51.95 m，灰色中—细砂，以灰色为主，局部段略显绿色，呈青灰色，细砂段一般呈灰色，中砂段一般呈青灰色，成分以中—细砂为主，局部夹棕灰色黏土层或团块（38.00～38.20 m），中—细砂矿物成分主要为石英、长石等，基质含量较高（>15%），中砂中云母片较明显，泥质胶结，总体显示粒序层理。辫状河相，下切河谷。 21.49 m

39.10 m 样品中见螺旋壳类有孔虫 1 枚，为同现卷转虫 *Ammonia annectens* Parker et Jones。48.10 m 样品中见非海相腹足类 5 枚，均为土蜗未定种 *Galba* sp.。

上更新统灌南组下段（Qp_3g^1）对应 MIS5

（17）51.95～54.06 m，棕灰色含粉砂黏土，以棕灰色为主，成分以黏土为主。可塑-软塑，黏土含量约 90%，明显泥嗅味，富有机质，黏土结构，块状层理，其中 52.50 m 以深夹较多粉砂团块，分布紊乱，表明当时水动力环境较紊乱。潮间带。　　　2.11 m

（18）54.06～58.92 m，灰色黏土与粉—细砂互层，黏土层为灰色，砂层为浅灰色，略显绿色。黏土层与砂层厚度不均，黏土层厚度为 35～120 cm，砂层厚度 20～50 cm，黏土含量 60%～70%，粉—细砂含量 30%～40%，总体为砂质黏土结构，粒序层理、交错层理、平行层理、脉状层理、水平层理，偶见粉砂透镜体，其中黏土层中多见粉砂薄夹层，或显示水平层理或显示交错层理，粉—细砂分选较好，主要矿物为石英、长石，见云母碎片。潮间带。　　　4.86 m

（19）58.92～66.17 m，灰绿色—浅灰色含砾中—粗砂，颜色从灰绿色过渡为浅灰色，砂的粒度则从中砂过渡为粗砂，中砂中局部可见粗砂团块。中砂矿物颗粒主要为石英、长石等，基质含量>10%，泥质胶结，见少量细小贝壳碎片。粗砂矿物成分主要为石英，基质含量较低，多见贝壳碎片，磨圆度一般，多呈棱角—次棱角状。该层总体显示粒序层理，泥质中粗砂结构。底部见钙质结核。潮汐通道，早期河流略下切。　　　7.25 m

中更新统小腰庄组上段（Qp_2x^2）

（20）66.17～69.06 m，棕绿色黏土，以棕色为主，但整层均显绿色，总体显棕绿色，成分以黏土为主，硬塑，黏土含量>95%，另含较多钙质结核颗粒，其中 67.00～67.50 m 段特别多，结核颗粒大多直径为 1 cm 左右，68.1 m 处结核直径约 4 cm，局部水平层理发育（67.00～67.50 m）。另外，68.00～68.50 m 段夹较多灰黄色粉砂层和结核层，总体粉砂质黏土结构，块状层理。沼泽，贫营养，后期暴露风化形成古土壤残积层。2.89 m

（21）69.06～69.81 m，浅灰色粉砂与黏土互层，以浅灰色为主，略显灰黄色，成分为黏土与粉砂互层，粉砂含量 40%～50%，黏土含量 50%～60%，总体粉砂质黏土结构，水平层理发育。底部为黏土质钙质结核层，黏土呈棕色，硬塑，黏土含量>80%，钙质结核呈浅灰绿色，颗粒较大，直径约 6 cm，另见贝壳碎片，棱角—次棱角状。沼泽，过渡带沉积。　　　0.75 m

（22）69.81～75.34 m，浅灰色黏土与粉砂互层或黏土夹粉砂层，整层多见铁锈色铁染斑块和薄层。成分为黏土与粉砂互层，粉砂含量 40%～50%，黏土含量 50%～60%，层厚、分布不均，总体粉砂质黏土结构，局部水平层理发育。另外，72.00 m 以浅多见钙质结核颗粒和铁质结核颗粒。沼泽，过渡带沉积。　　　5.53 m

73.1 m 样品中见海相介形类 10 枚，均为丰满陈氏介 *Tanella opima* Chen；非海相介形类 54 枚，均为布氏土星介 *Ilyocypris bradyi* Sars。

（23）75.34～79.05 m，青灰色黏土夹粉砂，以青灰色为主，局部见潜育化团块或薄层，成分以黏土为主，硬塑-可塑，黏土含量约 70%，夹粉砂薄层，粉砂含量>20%，另含少量有机质，轻微泥嗅味，总体粉砂质黏土结构，局部水平层理发育。富营养湖，过渡带近湖心带。　　　3.71 m

（24）79.05～83.62 m，灰色—棕灰色黏土，灰色—棕灰色，成分以黏土为主，硬塑-可塑，黏土含量>80%，夹少量粉砂薄层（<10%），另含少量有机质，轻微泥嗅味，可见少量完整淡水丽蚌（80.20～80.30 m）。总体黏土结构，水平层理、斜层理，见季节纹泥。富营养淡水湖泊。　　　　　　　　　　　　　　　　　　　　　　　　　4.57 m

80.85 m 样品中见海相介形类 125 枚，其中腹结细花介 *Leptocythere ventriclivosa* Chen 78 枚，斑纹三原介 *Sanyuania psaronius* Huang 15 枚，中华刺面介 *Spinileberis sinensis* Chen 32 枚；非海相介形类 6 枚，均为帽状棱星介 *Goniocypris mitra* Brady et Robertson；非海相腹足类 5 枚，均为环棱螺未定种 *Bellamya* sp.。

82.42 m 样品中见海相介形类 2 枚，均为斑纹三原介 *Sanyuania psaronius* Huang；海相双壳类 4 枚，均为光滑河蓝蛤 *Potamocorbula laevis*（Hinds）；非海相介形类 3 枚，其中帽状棱星介 *Goniocypris mitra* Brady et Robertson 1 枚，布氏土星介 *Ilyocypris bradyi* Sars 2 枚。

（25）83.62～84.19 m，灰白色贝壳层，底部 84.00～84.16 m 为灰黑色黏土层，分选较差，贝壳直径从 3～7 cm 不等，为淡水生丽蚌，底部灰黑色黏土与上层的结构特征相同。富营养淡水湖泊。　　　　　　　　　　　　　　　　　　　　　　　0.57 m

（26）84.19～87.25 m，灰绿色含钙质结核黏土，以灰绿色为主，85.25 m 以下逐渐过渡为暗棕色，略显灰色，成分以黏土为主，硬塑，黏土含量约 90%，整层均含较多钙质结核颗粒，颗粒大小不一，无明显泥嗅味，总体黏土结构，块状层理。富营养湖沉积，后期暴露成为残积古土壤层。　　　　　　　　　　　　　　　　　　　3.06 m

84.23 m 样品中可见根管 2 枚。

（27）87.25～91.34 m，黏土与粉砂互层或黏土夹粉砂层，黏土以暗棕色为主，略显灰绿色，粉砂多呈灰黄色，层厚不一，或呈薄层与黏土互层，或呈厚层状（89.74～90.45 m），另外黏土层中多含钙质结核和铁质结核颗粒（90.45 m 以深较多），总体粉砂质黏土结构，显示粒序层理。湖泊，过渡带沉积。　　　　　　　　　　　　4.09 m

（28）91.34～95.53 m，棕红色黏土，以棕红色为主，局部略显灰绿色，成分以黏土为主，硬塑，黏土含量>95%，另外，整层均含钙质结核颗粒和黑色锰质结核（或为碳质小斑块），特别是顶部可见锰质和钙质结核层，总体黏土结构，块状层理。湖泊，湖心带沉积。　　　　　　　　　　　　　　　　　　　　　　　　　　　　4.19 m

中更新统小腰庄组下段（Qp$_2$x^1）

（29）95.53～108.04 m，棕灰绿色黏土，棕色与灰绿色交织，呈斑杂状，成分以黏土为主，硬塑，黏土含量>95%，另多含铁锰结核小颗粒，局部含少量钙质结核小颗粒（100.00～101.00 m 段），总体黏土结构，块状层理，其中 102.00 m 以深以棕黄色为主，灰绿色呈斑杂状交织，且 102.00～105.60 m 段不见结核颗粒，105.60 m 以深多见锰质结核，底部见钙质结核。湖泊，湖心带沉积。　　　　　　　　　　　　12.51 m

（30）108.04～119.30 m，锈黄色—灰白色—灰绿色黏土，锈黄色与灰白色交织在一起呈斑杂状，成分以黏土为主，硬塑，黏土含量>95%，其中 108.04～112.00 m 段含较多钙质结核和锰质结核，112.00 m 以深局部见钙质结核，另外含极少量粉砂，总体粉砂质黏土结构，块状层理。湖泊，湖心带沉积。　　　　　　　　　　　11.26 m

（31）119.30～120.80 m，棕黄色—灰黄色粉砂与黏土互层，见灰绿色斑块，其中119.30～120.10 m 段为粉砂层，灰黄色与浅灰绿色相交，见铁锈色铁染小团块，120.10 m处见 3 cm 厚铁锰质结核层（或铁染团块层），120.10～120.76 m 段为黏土层，以棕黄色为主，见灰绿色斑块，成分以黏土为主，硬塑-可塑，黏土含量>80%，含少量粉砂。总体上，粉砂层局部见水平层理，黏土层为块状层理。湖泊，过渡带沉积。　　　　　1.50 m

下更新统五队镇组上段（Qp₁w³）

（32）120.80～124.43 m，棕红色黏土，棕红色，见灰绿色斑块或条带，另见少量灰黑色细条带，成分以黏土为主，硬塑，黏土含量>95%，见钙质结核，结核多在灰绿色黏土中，总体黏土结构，块状层理，另外，局部段夹灰黄色或锈黄色粉砂（122.20～122.50 m，123.00～123.40 m）。湖泊，湖心带沉积。　　　　　3.63 m

（33）124.43～127.40 m，棕黄色—灰绿色黏土，以棕黄色为主，见灰绿色斑块，呈交织状，底部见锈黄色斑块，成分以黏土为主，硬塑，黏土含量约 90%，另含铁锰结核和钙质结核颗粒，总体黏土结构，块状层理。湖泊，湖心带沉积。　　　　　2.97 m

下更新统五队镇组中段（Qp₁w²）

（34）127.40～128.60 m，灰绿色粉—细砂，以灰绿色为主，多含铁锈色斑块，呈交织状，成分以粉—细砂为主，砂质含量 70%～80%，总体泥质粉—细砂结构，层状构造。入湖河道。　　　　　1.20 m

（35）128.60～130.53 m，棕黄色—灰绿色黏土，以棕黄色为主，灰绿色呈交织状，整体呈斑杂状，成分以黏土为主，硬塑，黏土含量>95%，另含较多铁锰质和钙质结核颗粒，其底部则见直径 7 cm 大小的钙质结核颗粒，总体黏土结构，块状层理。湖泊，湖心带沉积。　　　　　1.93 m

（36）130.53～134.72 m，棕红色—棕色黏土，以棕红色为主，底部为棕色或棕黄色，局部见灰绿色条带或斑块，成分以黏土为主，硬塑，黏土含量>80%，另含较多锰质结核小颗粒（或碳质小团块）和钙质结核，其中有的钙质结核颗粒较大（直径>7 cm），131.40～131.60 m 段为钙质结核层，总体黏土结构，块状层理。湖泊，湖心带沉积。　　　　　4.19 m

（37）134.72～143.24 m，黏土与粉—细砂互层，以棕色为主，多见灰绿色斑块，局部整段全为灰绿色，粉—细砂主要分布在 138.10～138.70 m 和 140.15～143.24 m 段，其他段局部夹少量粉砂薄层，粉—细砂呈绛棕色—灰绿色。局部段全为灰绿色。黏土层硬塑，多含钙质结核和锰质结核，局部夹粉砂薄层，粉砂质黏土结构，块状层理。粉—细砂分选好，多见斜层理和交错层理。支流河道。　　　　　8.52 m

下更新统五队镇组下段（Qp₁w¹）

（38）143.24～145.55 m，棕色黏土层，以棕色为主，见灰绿色斑块，成分以黏土为主，黏土含量>80%，硬塑，其中顶部 143.24～143.49 m 段为钙质结核层，底部也可见较多钙质结核，总体黏土结构，块状层理。湖泊，湖心带沉积。　　　　　2.31 m

143.75 m 样品中见非海相腹足类 1 枚，为白小旋螺 *Guraulys albus*（Muller）。

（39）145.55～149.00 m，棕红色黏土，以棕红色为主，局部见灰绿色条带，成分以黏土为主，硬塑，黏土含量>95%，含少量锰质结核（黑色斑块），总体黏土结构，块状层理。湖泊，湖心带沉积。　　　　　3.45 m

（40）149.00～152.00 m，棕黄色黏土，以棕黄色为主，见灰绿色斑块，成分以黏土为主，黏土含量>95%，硬塑，总体黏土结构，块状层理。湖泊，湖心带沉积。　　3.00 m

（41）152.00～153.62 m，含钙质棕褐色黏土，以棕褐色为主，多见灰白色钙质结核，局部见灰绿色斑块和灰黑色条带，成分以黏土为主，硬塑，黏土含量约80%，另含较多钙质结核和少量锰质结核，总体为钙质黏土结构，块状层理。湖泊，湖心带沉积。

1.62 m

（42）153.62～158.07 m，黏土夹粉砂，以棕色为主，夹杂灰绿色斑块和锈黄色（铁染色），成分以黏土为主，硬塑，黏土含量60%～70%，其次为粉砂，含量约30%，局部见钙质结核颗粒和钙质结核层，另可见少量锰质结核，总体为粉砂质黏土结构，块状层理、水平层理。沼泽。　　4.45 m

（43）158.07～161.83 m，灰黄色粉砂，以灰黄色为主，局部见灰绿色斑块和锈黄色铁染，成分以粉砂为主，稍密，粉砂层约占90%，其次为黏土夹层，含量约10%，上部夹黏土层，黏土层中见灰黑色锰质结核，总体为粉砂状结构，分选好，粉砂层中多见斜层理、水平层理和交错层理。支流河道。　　3.76 m

--------------------假 整 合--------------------

上新统盐城组（$N_{1-2}y^2$）

（44）161.83～164.45 m，棕红色黏土，以棕红色为主，局部见少量灰绿色斑块，成分以黏土为主，硬塑，黏土含量>95%，另见少量钙质结核和锰质结核，总体为黏土结构，块状层理，富铝沉积。湖泊。　　2.62 m

（45）164.45～168.78 m，棕色—棕黄色黏土，棕色-棕黄色为主，底部局部段呈棕红色（167.4～167.8 m），局部见灰绿色斑块，成分以黏土为主，硬塑，黏土含量约95%，另含少量粉砂，且可见较多钙质结核和少量锰质结核，总体，粉砂质黏土结构，块状层理。湖泊，湖心带沉积。　　4.33 m

2.3.3　滨海县头罾盐场钻孔 XG01 岩性描述

钻孔信息

钻孔位置：XG01 位于滨海县滨淮农场头罾盐场有限公司西 100 m。

钻孔深度：232 m，钻孔取芯率：96.37%，钻孔天顶角：2.2°，钻孔施工日期：2013.5.18～2013.6.23。

全新统淤尖组（Qhy）

（1）0.00～0.70 m，人工堆积，含砖块、砾石、贝壳等。　　0.70 m

（2）0.70～5.68 m，棕灰黄色粉砂质黏土，以棕灰黄色为主，局部深灰色。成分以黏土为主，含量约75%，其次为粉砂，含量约25%。局部夹薄层粉砂，厚3～5 mm。局部夹淤泥质黏土层，厚5～20 cm，黏土结构，层状构造，水平层理、块状层理。可塑。潮间带。　　4.98 m

2.10 m 样品中见瓶虫类 1 枚，为线纹瓶虫 *Lagena striata*（d'Orbigny）；平旋壳类 101枚，其中光滑筛九字虫 *Cribrononion laevigatum* Ho, Hu et Wang 97 枚，江苏小希望虫 *Elphidiella kiangsuensis* Ho, Hu et Wang 2 枚，秋田九字虫 *Nonion akitaense* Asano 2 枚；

海相介形类 4 枚，其中腹结细花介 *Leptocythere ventriclivosa* Chen 1 枚，眼点弯贝介 *Loxoconcha ocellata* Ho 1 枚，陈氏新单角介 *Neomonoceratina chenae* Zhao et Whatley 1 枚，典型中华美花介 *Sinocytheridea impressa*（Brady）1 枚。

（3）5.68～11.42 m，深灰色淤泥质黏土夹粉砂，深灰色，局部见黑色碳质条带。黏土层占 70%以上，厚 5～50 cm，粉砂层厚 3～5 cm。具层状构造，水平层理发育，具泥嗅味，黏土软塑，见生物干扰印迹。潮间带。　　　　　　　　　　　　　　　5.74 m

7.55 m 样品中见瓷质壳有孔虫 26 枚，其中阿卡尼五玦虫圆形亚种 *Quinqueloculina akneriana rotunda*（Gerke）24 枚，曲形虫 *Sigmoilopsis* sp. 2 枚；瓶虫类 1 枚，为线纹瓶虫 *Lagena striata*（d'Orbigny）；平旋壳类 23 枚，其中光滑筛九字虫 *Cribrononion laevigatum* Ho, Hu et Wang 18 枚，缝裂希望虫 *Elphidium magellanicum* Heron-Allen et Earland 5 枚；螺旋壳类 22 枚，其中毕克卷转虫变种 *Ammonia beccarii* vars.（Lineé）6 枚，多变假小九字虫 *Pseudononionella variabilis* Zheng 16 枚；海相介形类 67 枚，其中陈氏新单角介 *Neomonoceratina chenae* Zhao et Whatley 64 枚，东台中华花介 *Sinocythere dongtaiensis* Chen 2 枚，典型中华美花介 *Sinocytheridea impressa*（Brady）1 枚。

（4）11.42～16.00 m，深灰色粉砂夹黏土，深灰色，局部青灰色，粉砂层约占 80%，层厚一般为 3～10 mm，局部黏土厚 30 cm，14.70～14.80 m 为一层厚约 10 cm 的青灰色细砂。具层状构造，水平层理发育，具泥嗅味。三角洲分支河道边滩。　　　　4.58 m

13.58 m 样品中见瓷质壳有孔虫 1 枚，为阿卡尼五玦虫圆形亚种 *Quinqueloculina akneriana rotunda*（Gerke）；螺旋壳类有孔虫 1 枚，为同现卷转虫 *Ammonia annectens* Parker et Jones。

（5）16.00～22.27 m，深灰色—棕灰色黏土夹砂（泥包砂），深灰色—棕灰色，局部青灰色。以黏土为主，黏土层占 75%以上，黏土软塑-可塑，上部夹粉砂薄层及团块，向下逐渐过渡为夹细砂薄层及团块，细砂为青灰色。砂层一般厚 0.3～1 cm，局部厚 5 cm，见碳质斑点，局部见生物扰动印迹。潮间带。　　　　　　　　　　　　6.27 m

21.45 m 样品中见瓷质壳有孔虫 55 枚，其中光滑抱环虫 *Spiroloculina laevigata* Cushman et Todd 8 枚，普通抱环虫 *S. communis* Cushman et Todd 2 枚，阿卡尼五玦虫圆形亚种 *Quinqueloculina akneriana rotunda*（Gerke）45 枚；平旋壳类有孔虫 8 枚，其中凹坑筛九字虫 *Cribrononion gnythosuturalis* Ho, Hu et Wang 1 枚，光滑筛九字虫 *C. laevigatum* Ho, Hu et Wang 5 枚，缝裂希望虫 *Elphidium magellanicum* Heron-Allen et Earland 2 枚；螺旋壳类 14 枚，其中毕克卷转虫变种 *Ammonia beccarii* vars.（Lineé）12 枚，无刺仿轮虫 *Pararotalia inermis*（Terquem）2 枚；海相介形类 7 枚，其中美山双角花介 *Bicornucythere bisanensis*（Okubo）1 枚，陈氏新单角介 *Neomonoceratina chenae* Zhao et Whatley 6 枚；海相双壳类 1 枚，为光滑河蓝蛤 *Potamocorbula laevis*（Hinds）。

（6）22.27～22.32 m，深灰色含砾砂，含贝壳碎片，砾石为钙质结核，泥砂混基，分选极差。海岸快速移动沉积。　　　　　　　　　　　　　　　　0.05 m

--------------------假 整 合------------------

上更新统灌南组上段（Qp_3g^2）对应 MIS2

（7）22.32～25.37 m，褐黄色—黄灰色粉砂夹深灰色黏土，粉砂上部为褐黄色，下部为黄灰—灰黄色，黏土为深灰色，局部可见褐黄色，粉砂层约占60%，厚25～100 cm，粉砂层中可见极薄层黏土夹层，黏土层厚30～50 cm，可塑-软塑，黏土层中夹有灰色粉砂纹层及褐黄色粉砂团块，局部可见贝壳碎屑（约24.45 m处）。支流河道。　　3.05 m

22.45 m 样品中见螺旋壳类有孔虫34枚，其中同现卷转虫 Ammonia annectens Parker et Jones 18枚，毕克卷转虫变种 A. beccarii vars.（Lineé）4枚，无刺仿轮虫 Pararotalia inermis（Terquem）12枚；海相介形类7枚，其中陈氏新单角介 Neomonoceratina chenae Zhao et Whatley 6枚，典型中华美花介 Sinocytheridea impressa（Brady）1枚；另见苔藓虫4枚，海胆刺2枚，珊瑚碎块4枚。

（8）25.37～26.03 m，黑灰色碳质含粉砂黏土，黑灰色，含有机质，可见较多完整螺壳及碎片，直径5～7 mm。以黏土为主，含量约80%，粉砂含量约20%，黏土结构，手掰开可见水平层理发育。稍湿，可塑。河流侧蚀边滩，短距离搬运沉积物。　　0.66 m

（9）26.03～28.13 m，灰黄色粉砂，灰黄色，上部30 cm为黄灰色，略发黑。成分以粉砂为主，夹较多薄层（2～5 mm）黏土，可见较多贝壳碎片，底部尤多。粉砂结构，水平层理发育。支流河道。　　2.10 m

26.15 m 样品中见平旋壳类有孔虫43枚，其中光滑筛九字虫 Cribrononion laevigatum Ho, Hu et Wang 15枚，清晰希望虫 Elphidium limpidum Ho, Hu et Wang 28枚；螺旋壳类有孔虫11枚，其中同现卷转虫 Ammonia annectens Parker et Jones 1枚，毕克卷转虫变种 A. beccarii vars.（Lineé）10枚；海相介形类7枚，其中腹结细花介 Leptocythere ventriclivosa Chen 4枚，梯形奇美花介 Perissocytheridea trapeziformis Hou et Chen 1枚，典型中华美花介 Sinocytheridea impressa（Brady）2枚；非海相介形类24枚，其中纯净小玻璃介 Candoniella albicans（Brady）15枚，平行小玻璃介 C. parallera Schneider 8枚，粗糙土星介 Ilyocypris salebrosa Stepanaitys 1枚；非海相腹足类24枚，其中白小旋螺 Guraulys albus（Muller）12枚，土蜗未定种 Galba sp. 12枚。该样品反映近海陆地沉积环境。

上更新统灌南组上段（Qp_3g^2）对应 MIS3

（10）28.13～31.53 m，黑灰色含粉砂黏土，黑灰色，上部70 cm为粉—细砂，局部夹薄层黏土，其余为黏土，夹有粉砂层及粉砂团块，粉砂层厚1～7 cm。局部可见贝壳碎片，29.20 m处尤多，整体为泥状结构，层状构造，见透镜体，脉状层理、平行层理。潮间带。　　3.40 m

30.15 m 样品中见瓷质壳有孔虫330枚，其中三棱三玦虫 Triloculina tricarinata d'Orbigny 4枚，阿卡尼五玦虫圆形亚种 Quinqueloculina akneriana rotunda（Gerke）312枚，明亮五玦虫 Q. argunica（Gerke）12枚，拉马克五玦虫 Q. lamarckiana d'Orbigny 2枚；瓶虫类1枚，为线纹瓶虫 Lagena striata（d'Orbigny）；平旋壳类488枚，其中凹坑筛九字虫 Cribrononion gnythosuturalis Ho, Hu et Wang 54枚，易变筛九字虫 C. incertum Willamson 12枚，光滑筛九字虫 C. laevigatum Ho, Hu et Wang 316枚，宫古筛九字虫 C. miyakoensis Ujiie et Kusukawa 12枚，异地希望虫 Elphidium advenum（Cushman）36枚，

缝裂希望虫 *E. magellanicum* Heron-Allen et Earland 24 枚, 江苏小希望虫 *Elphidiella kiangsuensis* Ho, Hu et Wang 18 枚, 优美花朵虫 *Florilus decors* (Cushman et McCulloch) 4 枚, 秋田九字虫 *Nonion akitaense* Asano 12 枚; 螺旋壳类 1044 枚, 其中毕克卷转虫变种 *Ammonia beccarii* vars. (Lineé) 956 枚, 沼泽卷转虫 *A. limnetes* (Todd et Bronnimann) 12 枚, 暖水卷转虫 *A. tepida* (Cushman) 48 枚, 无刺仿轮虫 *Pararotalia inermis* (Terquem) 4 枚, 中华假圆旋虫 *Psedogyroidina sinensis* (Ho, Hu et Wang) 24 枚; 海相介形类 164 枚, 其中陈氏新单角介 *Neomonoceratina chenae* Zhao et Whatley 104 枚, 台湾小佩詹博介 *Paijenborchella formosana* Hu 8 枚, 典型中华美花介 *Sinocytheridea impressa* (Brady) 48 枚, 刺戳花介 *Stigmatocythere spinosa* Hu 4 枚; 海相双壳类 64 枚, 均为光滑河蓝蛤 *Potamocorbula laevis* (Hinds); 另见苔藓虫 6 枚和珊瑚碎块 8 枚。

上更新统灌南组上段（Qp₃g²）对应 MIS4

（11）31.53～35.03 m, 灰黄色粉砂夹黏土, 灰黄色, 含少量褐黄色潜育化团块。粉砂层占 70% 以上, 层厚 5～15 cm, 夹有薄层黏土, 局部饱水; 黏土层一般厚 2～5 cm, 局部厚达 20 cm, 夹有粉砂薄层及团块。总体为层状构造, 水平层理发育, 见波状层理、脉状层理。河漫滩沉积。 　　　　　　　　　　　　　　　　　　　　3.50 m

（12）35.03～35.58 m, 棕灰色黏土夹粉砂, 棕灰色, 局部黄灰色（粉砂）。以黏土为主, 黏土占 75% 以上, 少量粉砂, 粉砂呈薄层状或团块状夹于黏土中。局部发育水平层理, 稍湿, 黏土可塑, 见脉状层理及透镜体。泛滥平原。 　　　　　　　　0.55 m

35.10 m 样品中见瓷质壳有孔虫 18 枚, 均为阿卡尼五玦虫圆形亚种 *Quinqueloculina akneriana rotunda* (Gerke); 螺旋壳类 2 枚, 为毕克卷转虫变种 *Ammonia beccarii* vars. (Lineé); 海相介形类陈氏新单角介 *Neomonoceratina chenae* Zhao et Whatley 1 枚和典型中华美花介 *Sinocytheridea impressa* (Brady) 1 枚。

（13）35.58～37.16 m, 棕灰黄色粉砂质黏土, 棕灰黄色, 上部 50 cm 颜色较深。夹较多褐黄色斑点, 含较多钙质结核, 结核直径 0.5～10 cm 不等, 形状不规则, 顶部含有大量贝壳碎片及砾石。成分以黏土为主, 含量约 60%, 粉砂次之, 含量约 40%, 粉砂质黏土结构, 局部可见水平层理。沼泽。 　　　　　　　　　　　　　　1.58 m

（14）37.16～40.77 m, 灰黄色—黄灰色粉砂夹薄层黏土, 39.80 m 以浅为灰黄色, 以深为黄灰色, 局部可见褐黄色团块。粉砂含量>80%, 黏土以薄层状夹于粉砂中, 水平层理发育, 见平行韵律层理。支流河道。 　　　　　　　　　　　　　3.61 m

上更新统灌南组下段（Qp₃g¹）对应 MIS5

（15）40.77～50.61 m, 深灰色黏土夹砂, 以灰黑色为主, 局部灰色（粉砂）, 往下过渡为深黑色。黏土占 85% 以上, 49.30 m 以浅夹灰色粉砂薄层及团块, 粉砂层厚 0.5～5 cm; 49.30 m 以深夹粉细砂—中砂, 呈层状与团块状, 层厚 15～60 cm, 47.70～50.40 m 的砂层中可见较多贝壳碎片。总体为层状构造, 水平层理发育, 见粉砂透镜体, 脉状层理, 有生物扰动印迹。潮间带。

41.45 m 样品中见瓷质壳有孔虫阿卡尼五玦虫圆形亚种 *Quinqueloculina akneriana rotunda* (Gerke) 5 枚; 平旋壳类缝裂希望虫 *Elphidium magellanicum* Heron-Allen et Earland 1 枚; 海相介形类 85 枚, 其中中华洁面介 *Albileberis sinensis* Hou 2 枚, 美山双角花介

Bicornucythere bisanensis（Okubo）16 枚，陈氏新单角介 *Neomonoceratina chenae* Zhao et Whatley 45 枚，布氏纯艳花介 *Pistocythereis bradyi*（Ishizaki）2 枚，典型中华美花介 *Sinocytheridea impressa*（Brady）20 枚。

47.45 m 样品中见平旋壳类凹坑筛九字虫 *Cribrononion gnythosuturalis* Ho, Hu et Wang 1 枚；螺旋壳类 20 枚，其中印度太平洋假轮虫 *Pseudorotalia indopacifica*（Thalmann）2 枚，施罗德假轮虫 *Pseudorotalia schroeteriana*（Parker et Jones）18 枚；海相介形类 8 枚，其中舟耳形介 *Aurila cymba*（Brady）2 枚，半月弯贝介 *Loxoconcha hemicrenulata* Guan 6 枚；海相双壳类毛蚶 *Scapharca subcrenata*（Lischke）55 枚。

（16）50.61～55.00 m，深灰色黏土，黏土含量大于 95%，富有机质，泥状结构，块状层理，向下粉砂含量渐增，含少量钙质结核。浅海相沉积。　　　　　　　　　4.39 m

（17）55.00～62.28 m，深灰色粉砂与黏土互层，深灰色，局部较浅。粉砂与黏土互层占 75%以上，粉砂与黏土薄层呈平行互层状，用手可剥开呈叶片状，薄层厚 2～3 mm，一般水平状产出，局部波状（57.70～58.00 m 处）。55.70～55.80 m 为中粗砂夹层，56.00～56.20 m、56.45～57.00 m、58.36～58.48 m 为细砂夹层，59.40～59.60 m 为含黏土粉砂（黏土约 15%），61.78～62.00 m 为粉细砂夹层。总体为层状构造，水平层理发育，局部可见波状层理。三角洲平原与前缘过渡带，潮间带。　　　　　　　　　　7.28 m

（18）62.28～80.07 m，深灰色中—细砂夹黏土，中—细砂占 80%以上，黏土夹层仅局部可见，厚度一般不超过 10 cm，厚者可达 30 cm。砂的矿物成分以石英为主，少量长石和云母碎屑。层状构造，局部可见水平层理。底部可见少量石英砾石，直径 0.5～1 cm，次棱角状，分选中等，局部分选差，具河流二元结构。曲流河道，下切河谷。　17.79 m

--------------------假 整 合------------------

中更新统小腰庄组上段（Qp$_2$x^2）

（19）80.07～85.00 m，棕灰绿色夹棕灰黄色黏土，以棕灰绿色为主，82.50～83.50 m 为棕黄色，夹较多蓝绿色斑块，含较多钙质结核及铁锰结核，成分以黏土为主，约占 95%，黏土结构，块状层理，稍湿，可塑-硬塑。湖泊，湖心带沉积，贫营养湖。　　　4.93 m

（20）85.00～89.26 m，棕色黏土夹棕黄色粉砂、黏土质粉砂，黏土为棕色，可见少量灰绿色潜育化斑块及较多的灰白色钙质结核，黏土含量在 95%以上，黏土结构，块状层理，硬塑。粉砂与黏土质粉砂为棕黄色，黏土质粉砂位于 86.00～86.50 m，黏土含量在 45%，可见水平层理；粉砂位于 87.35～87.80 m 处，粉砂含量约 95%，局部见水平层理。湖泊，过渡带沉积。　　　　　　　　　4.26 m

（21）89.26～92.28 m，灰黄色黏土，棕色与灰绿色呈斑杂状交织在一起，含较多铁锰结核与钙质结核，成分主要为黏土，含量约 95%，块状层理，黏土结构，硬塑。湖泊，过渡带沉积。　　　　　　　　　3.02 m

（22）92.28～98.47 m，棕色、棕黄色黏土夹灰黄色黏土质粉砂，黏土为棕色、棕黄色，含少量钙质结核与锰质斑点，黏土含量约 95%，块状层理；黏土质粉砂为灰黄色，位于 92.28～92.82 m、93.00～93.20 m、93.50～93.70 m、97.00～97.45 m 处，水平层理发育，黏土含量约 30%。湖泊，过渡带沉积。　　　　　　　　　6.19 m

93.55 m 样品中见非海相介形类布氏土星介 *Ilyocypris bradyi* Sars 10 枚；非海相腹足

类白小旋螺 *Guraulys albus*（Muller）8 枚。

中更新统小腰庄组下段（Qp$_2$x^1）

（23）98.47～102.03 m，深灰色—棕灰色黏土夹深灰色粉砂，深灰色—棕灰色，局部发绿，100.40～101.40 m 为粉砂，其余为黏土，全层可见较多灰绿色斑纹。黏土中含较多钙质结核、铁质斑点及团块、铁锰结核，黏土含量约 95%，块状层理，粉砂中可见水平层理，黏土含量小于 10%。湖泊，富营养湖。　　　　　　　　　　　　　3.56 m

（24）102.03～104.70 m，黄灰色黏土，棕色—棕黄色与灰绿色呈斑杂状，可见少量钙质结核，黏土含量约 95%，块状层理，坚硬，底部为褐黄色粉砂质黏土，以褐黄色为主，含少量灰绿色斑块及少量钙质结核，黏土含量约 60%，粉砂含量约 40%，水平层理发育。湖泊。　　　　　　　　　　　　　　　　　　　　　　2.67 m

（25）104.70～112.64 m，青黄色砂，青黄色，110.60 m 以浅从上至下粒度变粗，依次出现粉砂、细砂、中砂、粗砂，呈粒序层理；110.60 m 以深粒度变细，为中细砂，分选好，砂的矿物成分主要为石英，少量长石与云母碎屑，具河流二元结构。曲流河道。

　　　　　　　　　　　　　　　　　　　　　　　　　　　　　7.94 m

（26）112.64～120.61 m，黑灰色粉细砂，黑灰色，局部褐黄色，成分以粉细砂为主，局部分选中等，粒度较为均匀，矿物成分以石英为主，少量长石和云母碎片，可见少量白色螺壳碎片，易碎，局部可见水平层理，底部含有少量石英砾石，次棱角状，直径 0.5～1 cm，具河流二元结构，上部见平行韵律层理。曲流河道，河水水位较深，下切河谷。

　　　　　　　　　　　　　　　　　　　　　　　　　　　　　7.97 m

（27）120.61～123.18 m，灰绿色黏土夹砂，灰绿色，夹少量褐黄色斑点，含少量贝壳碎片。黏土约占 70%，砂呈层状或透镜状团块夹于黏土中，主要为中—细砂，局部可见粗砂，可见极少量石英砾石。局部可见水平层理。沼泽。　　　　　　2.57 m

（28）123.18～124.47 m，蓝绿色含粉砂黏土，蓝绿色，下部略发黄，含少量褐黄色斑点及团块，夹少量粉砂团块。成分以黏土为主，含量约 85%，局部可见水平层理，稍湿，硬塑。沼泽。　　　　　　　　　　　　　　　　　　　　　　1.29 m

------------------假 整 合------------------

下更新统五队镇组上段（Qp$_1$w^3）

（29）124.47～129.35 m，棕黄色—棕色黏土，棕黄色—棕色，上部灰绿色，含大量蓝绿色—淡绿色潜育化团块及斑纹，可见较多钙质结核及少量的黑色锰质斑点。成分以黏土为主，含量约 95%，上部含有较多的粉砂。块状层理，可塑-硬塑。沼泽。　4.88 m

（30）129.35～136.95 m，粉砂与黏土互层，显示沉积旋回特征，131.90 m 以浅粉砂层多见灰黄色—锈黄色，黏土层多呈棕色，多见灰绿色斑块，131.90 m 以深粉砂层多呈灰色—浅灰绿色，黏土层则多呈棕灰绿色，局部见锈黄色氧化色，成分为粉砂与黏土互层，粉砂含量总体略多，含量约 60%，粉砂层与黏土层厚度不均，总体显示韵律层理。黏土层中可见钙质结核。湖泊，过渡带沉积，间断性入湖河道。　　　　　7.60 m

130.9 m 样品中见瓷质壳有孔虫阿卡尼五玦虫圆形亚种 *Quinqueloculina akneriana rotunda*（Gerke）3 枚。

下更新统五队镇组中段（Qp₁w²）

（31）136.95～139.63 m，棕黄色粉砂质黏土，以棕黄色为主，夹较多蓝绿色斑点及团块，可见少量的钙质结核及铁锰结核，成分以黏土为主，含量约70%，其次为粉砂，含量约30%，局部可见薄层粉砂。粉砂质黏土结构，局部可见水平层理。湖泊，过渡带沉积。 2.68 m

（32）139.63～143.52 m，棕灰色—棕黄色含粉砂黏土，棕灰色—棕黄色，大部分略发紫色，局部为蓝绿色—灰绿色，夹少量钙质结核及铁锰结核。141.44～141.64 m为灰黄色粉砂夹层；其余为黏土，在黏土中可见粉砂斑块及团块，黏土含量约85%，粉砂约15%，硬塑，块状层理。湖泊，过渡带沉积。 3.89 m

（33）143.52～145.55 m，灰黄色中细砂，灰黄色，成分以中细砂为主，局部夹薄层黏土，砂矿物成分主要为石英，其次为长石。分选、磨圆均较好，水平层理，入湖河道。 2.03 m

下更新统五队镇组下段（Qp₁w¹）

（34）145.55～149.04 m，棕黄色—棕色黏土，棕黄色—棕色，夹较多蓝绿色斑纹，可见较多钙质结核与铁锰结核，成分以黏土为主，含量约95%。块状层理，黏土结构，硬塑。湖泊，湖心带沉积。 3.49 m

（35）149.04～150.75 m，淡绿色—蓝绿色黏土，淡绿色—蓝绿色，夹大量棕色斑点及团块，可见少量钙质结核及铁锰结核。上部10 cm为细砂，其余为黏土，黏土含量大于95%，块状层理，稍湿，硬塑。湖泊，湖心带沉积。 1.71 m

（36）150.75～154.65 m，棕色黏土，棕色，夹较多蓝绿色斑块，可见较多的褐黄色铁质斑点、灰白色钙质结核和黑色铁锰结核。成分以黏土为主，含量约95%，少量粉砂，含量小于10%，底部粉砂含量稍高，块状层理。湖泊，湖心带沉积。 3.90 m

（37）154.65～155.14 m，灰黄色中细砂，灰黄色，局部淡绿色。以中细砂为主，矿物成分主要为石英、长石。分选、磨圆较好。入湖河道。 0.49 m

（38）155.14～155.67 m，棕灰色粉砂质黏土，棕灰色，含大量褐黄色斑点及少量黑色铁锰结核。成分以黏土为主，含量约70%，粉砂次之，含量约30%，粉砂质黏土结构，块状层理。湖泊，湖心带沉积。 0.53 m

（39）155.67～157.67 m，淡绿色—灰绿色黏土，淡绿色—灰绿色，夹大量棕色及褐黄色斑点，含大量钙质结核及少量铁锰结核。成分以黏土为主，含量约95%以上。黏土结构，块状层理，硬塑，局部见中薄层黏土夹薄层黏土构成平行韵律层理。湖泊，湖心带沉积。 2.00 m

（40）157.67～160.61 m，淡绿色—灰黄色砂，上部以淡绿色为主，下部以灰黄色为主，含较多褐黄色斑点，158.30 m以浅含较多铁锰结核。成分从上至下逐渐过渡，依次出现含粉砂黏土—粉砂质黏土—黏土质粉砂—粉砂—中细砂—粗砂，呈明显粒序层理。曲流河道。 2.94 m

（41）160.61～164.26 m，黏土与砂互层，黏土为棕色，局部淡绿色，含有较多铁锰结核与极少量钙质结核，砂为褐黄色、浅绿色。上部为黏土夹粉砂，黏土厚度30～80 cm，粉砂厚度10 cm左右，黏土占80%以上；下部为细砂夹黏土，细砂层厚20～25 cm，黏

土占 30%左右。互层状构造。河流边滩洼地。　　　　　　　　　　　3.65 m

（42）164.24～165.40 m，浅绿色中砂，浅绿色，略白，局部发黄，颗粒以中粒为主，矿物成分主要为石英，石英含量可达 95%以上，磨圆、分选均较好。曲流河道。1.16 m

--------------------假 整 合------------------

新近系上新统盐城组（$N_{1-2}y^2$）

（43）165.40～175.70 m，棕色—棕红色黏土夹褐黄色粉砂，黏土为棕色—棕红色，夹较多淡绿色斑块，含较多钙质结核与少量铁锰结核，粉砂为褐黄色，局部发红。171.50 m 以浅黏土中未见粉砂夹层；171.50 m 以深为粉砂与黏土互层，粉砂层厚 10～80 cm，且可见交错层理与水平层理发育；黏土层厚 30～90 cm。湖泊，底部为支流河道。

　　　　　　　　　　　　　　　　　　　　　　　　　　　　　　　10.30 m

2.3.4　灌南县田楼镇东盘村钻孔 JZ03 岩性描述

钻孔信息

钻孔位置：JZ03 位于田楼镇东盘村 G15 高速公路西 35 m。

钻孔深度：235 m，钻孔取芯率：94.4%，钻孔天顶角：2.0°，钻孔施工日期：2013.4.25～2013.5.13。

全新统连云港组（Qhl）

（1）0.00～0.20 m，人工堆积。　　　　　　　　　　　　　　　　0.20 m

（2）0.20～1.95 m，灰棕色含粉砂黏土，颜色以灰棕色为主，黏土含量 80%～90%，泥状结构，块状层理，潮湿，可塑，全段见铁锰质斑点，1.10～1.65 m 处见黑色碳质条带。潮上带，后期暴露氧化。　　　　　　　　　　　　　　　　　　　1.75 m

0.45 m 样品中见平旋壳类 58 枚，其中光滑筛九字虫 Cribrononion laevigatum Ho, Hu et Wang 54 枚，清晰希望虫 Elphidium limpidum Ho, Hu et Wang 4 枚；螺旋壳类有孔虫 128 枚，其中中华假圆旋虫 Psedogyroidina sinensis（Ho, Hu et Wang）16 枚，多变假小九字虫 Pseudononionella variabilis Zheng 86 枚，多角口室虫 Stomoloculina multangular Ho, Hu et Wang 26 枚；海相介形类 130 枚，其中广盐始海星介 Propontocypris euryhaline Zhao 2 枚，典型中华美花介 Sinocytheridea impressa（Brady）116 枚，中华刺面介 Spinileberis sinensis Chen 12 枚。1.75 m 样品中见平旋壳类有孔虫 18 枚，均为江苏小希望虫 Elphidiella kiangsuensis Ho, Hu et Wang；螺旋壳类有孔虫 118 枚，其中毕克卷转虫变种 Ammonia beccarii vars.（Lineé）82 枚，中华假圆旋虫 Psedogyroidina sinensis（Ho, Hu et Wang）12 枚，多变假小九字虫 Pseudononionella variabilis Zheng 24 枚；海相介形类 146 枚，其中广盐始海星介 Propontocypris euryhaline Zhao 3 枚，典型中华美花介 Sinocytheridea impressa（Brady）135 枚，中华刺面介 Spinileberis sinensis Chen 8 枚。

1.60 m 处 ^{14}C 测年结果为（4020±30）a B.P.。

（3）1.95～9.45 m，深灰色淤泥质黏土，颜色以深灰色为主，黏土含量>95%，泥状结构，块状层理，饱水，软塑，具嗅味，全段极少见贝壳碎屑，6.90 m 处见直径 1 cm 的粉砂团块，7.80 m 处夹 0.1 cm 厚粉砂层，该粉砂层中含贝壳碎屑，整体富有机质，可见碳质植物残体。潮上带。　　　　　　　　　　　　　　　　　　　　7.50 m

4.45 m 样品中见瓷质壳有孔虫 27 枚，其中普通抱环虫 *Spiroloculina communis* Cushman et Todd 1 枚，阿卡尼五玦虫圆形亚种 *Quinqueloculina akneriana rotunda*（Gerke） 26 枚；平旋壳类江苏小希望虫 *Elphidiella kiangsuensis* Ho, Hu et Wang 7 枚；螺旋壳类有 孔虫 54 枚，其中毕克卷转虫变种 *Ammonia beccarii* vars.（Lineé）44 枚，中华假圆旋虫 *Psedogyroidina sinensis*（Ho, Hu et Wang）6 枚，多变假小九字虫 *Pseudononionella variabilis* Zheng 4 枚；海相介形类 175 枚，其中美山双角花介 *Bicornucythere bisanensis*（Okubo） 4 枚，陈氏新单角介 *Neomonoceratina chenae* Zhao et Whatley 6 枚，典型中华美花介 *Sinocytheridea impressa*（Brady）165 枚。9.10 m 样品中见瓷质壳类阿卡尼五玦虫圆形亚 种 *Quinqueloculina akneriana rotunda*（Gerke）18 枚；平旋壳类有孔虫 39 枚，其中凹坑 筛九字虫 *Cribrononion gnythosuturalis* Ho, Hu et Wang 5 枚，光滑筛九字虫 *C. laevigatum* Ho, Hu et Wang 6 枚，透明筛九字虫 *C. vitreum* Wang 11 枚，缝裂希望虫 *Elphidium magellanicum* Heron-Allen et Earland 4 枚，优美花朵虫 *Florilus decors*（Cushman et McCulloch）5 枚，异地希望虫 *Elphidium advenum*（Cushman）8 枚；螺旋壳类 43 枚， 其中毕克卷转虫变种 *Ammonia beccarii* vars.（Lineé）32 枚，凸背卷转虫 *A. convexidorsa* Zheng 2 枚，多室卷转虫 *A. multicell* Zheng 2 枚，少室卷转虫 *A. pauciloculata*（Phleger et Parker）2 枚，近亲卷转虫 *A. sobrina*（Shupack）3 枚，中华假圆旋虫 *Psedogyroidina sinensis* （Ho, Hu et Wang）2 枚；海相介形类 86 枚，其中美山双角花介 *Bicornucythere bisanensis* （Okubo）2 枚，陈氏新单角介 *Neomonoceratina chenae* Zhao et Whatley 65 枚，布氏纯艳 花介 *Pistocythereis bradyi*（Ishizaki）2 枚，梯形奇美花介 *Perissocytheridea trapeziformis* Hou et Chen 1 枚，典型中华美花介 *Sinocytheridea impressa*（Brady）15 枚，中华刀唇介 *Xiphichilus sinensis* Yang et Ho 1 枚。

3.60 m 处 ^{14}C 测年结果为（4660±30）a B.P.。

8.15 m 处 ^{14}C 测年结果为（3980±30）a B.P.。

（4）9.45～14.65 m，深灰色淤泥质黏土，黏土含量>95%，泥状结构，层状构造，平 行层理，见粉砂薄层，软塑，具嗅味，富有机质。浅海环境沉积。　　　　　　　　5.20 m

14.60 m 处 ^{14}C 测年结果为（4830±30）a B.P.。

（5）14.65～14.95 m，深灰色含砾砂，颜色以深灰色为主，粉砂含量 55%～65%，其 余为砂与砾石，分选极差，砂状结构，松散，砾石为钙质结核，直径 0.3～3 cm，次棱角 状—次圆状，该层也含大量贝壳碎片。海岸线快速移动沉积。与下伏地层不整合接触。

0.30 m

14.65 m 样品中见瓷质壳有孔虫 232 枚，其中光滑抱环虫 *Spiroloculina laevigata* Cushman et Todd 144 枚，普通抱环虫 *S. communis* Cushman et Todd 48 枚，阿卡尼五玦虫 圆形亚种 *Quinqueloculina akneriana rotunda*（Gerke）40 枚；平旋壳类 444 枚，凹坑筛九 字虫 *Cribrononion gnythosuturalis* Ho, Hu et Wang 96 枚，异地希望虫低凹亚种 *Elphidium advenum depressulum* Cushman 80 枚，波纹希望虫 *E. crispum*（Lineé）160 枚，茸毛希望 虫 *E. hispidulum* Cushman 56 枚，缝裂希望虫 *E. magellanicum* Heron-Allen et Earland 12 枚， 优美花朵虫 *Florilus decors*（Cushman et McCulloch）40 枚；螺旋壳类 4320 枚，其中同 现卷转虫 *Ammonia annectens* Parker et Jones 2496 枚，毕克卷转虫变种 *A. beccarii* vars.

（Lineé）688 枚，压扁卷转虫 *A. compressiuscula*（Brady）168 枚，多室卷转虫 *A. multicell* Zheng 576 枚，暖水卷转虫 *A. tepida*（Cushman）48 枚，假恩格面包虫 *Cibicides pseudoungerianus*（Cushman）40 枚，无刺仿轮虫 *Pararotalia inermis*（Terquem）304 枚；海相介形类 400 枚，其中射阳洁面介 *Albileberis sheyangensis* Chen 40 枚，舟耳形介 *Aurila cymba*（Brady）40 枚，土佐角科金博介 *Cornucoquimba tosaensis*（Ishizaki）8 枚，三浦翼花介 *Cytheropteron miurense* Hanai 32 枚，美山双角花介 *Bicornucythere bisanensis*（Okubo）64 枚，陈氏新单角介 *Neomonoceratina chenae* Zhao et Whatley 96 枚，台湾小佩詹博介 *Paijenborchella formosana* Hu 8 枚，梯形奇美花介 *Perissocytheridea trapeziformis* Hou et Chen 24 枚，典型中华美花介 *Sinocytheridea impressa*（Brady）48 枚，刺戳花介 *Stigmatocythere spinosa* Hu 40 枚；海相双壳类牡蛎未定种 *Ostrea* sp. 24 枚；另见苔藓虫 4 枚，珊瑚碎块 6 枚。

--------------------假 整 合------------------

上更新统灌南组上段（Qp₃g²）对应 MIS2

（6）14.95～15.71 m，灰黄色粉砂，颜色以灰黄色为主，粉砂含量>95%，粉砂状结构，饱水，松散，顶部含钙质结核，粒径 2～7 cm，见灰黑色碳质条带。支流河道。

　　　　　　　　　　　　　　　　　　　　　　　　　　　　　　　　　　　0.76 m

上更新统灌南组上段（Qp₃g²）对应 MIS3

（7）15.71～19.07 m，棕色含粉砂黏土，颜色以棕色为主，黏土含量80%～90%，泥状结构，见潜育化斑点，15.71～17.90 m 处为透镜状层理、块状层理，17.90～19.05 m 处为水平层理，全层见灰绿色团块及铁锰质斑点，17.90～19.05 m 处夹 0.2～0.5 cm 厚粉砂层，18.70～18.80 m 处见铁锰质结核。潮坪相，潮上带。　　　　　　　　3.36 m

17.15 m 样品中见平旋壳类 6 枚，其中缝裂希望虫 *Elphidium magellanicum* Heron-Allen et Earland 4 枚，秋田九字虫 *Nonion akitaense* Asano 2 枚；螺旋壳类有孔虫 25 枚，其中毕克卷转虫变种 *Ammonia beccarii* vars.（Lineé）24 枚，多变假小九字虫 *Pseudononionella variabilis* Zheng 1 枚；海相介形类 60 枚，其中陈氏新单角介 *Neomonoceratina chenae* Zhao et Whatley 1 枚，典型中华美花介 *Sinocytheridea impressa*（Brady）36 枚，中华刺面介 *Spinileberis sinensis* Chen 1 枚，丰满陈氏介 *Tanella opima* Chen 22 枚。

18.95 m 处 ¹⁴C 测年结果为（25930±120）a B.P.。

上更新统灌南组上段（Qp₃g²）对应 MIS4

（8）19.07～22.52 m，棕色粉砂质黏土，颜色以棕色为主，局部见灰绿色、棕黄色，黏土含量60%～70%，泥状结构，块状层理，潜育化发育，潮湿，可塑，全段夹 0.5～3 cm 粉砂团块及 0.5～3 cm 钙质团块，20.40～22.50 m 处见铁锰质结核。沼泽，洼地中心带。

　　　　　　　　　　　　　　　　　　　　　　　　　　　　　　　　　　　3.45 m

（9）22.52～25.94 m，棕黄色含黏土粉砂，颜色以棕黄色为主，粉砂含量 80%～90%，粉砂状结构，层状构造，水平层理、波状层理、平行层理，饱水，含较多白云母，局部夹 3 cm 厚灰色粉砂层，局部见直径 1.5 cm 的贝壳碎片，底部见钙质结核。沼泽，过渡带沉积。　　　　　　　　　　　　　　　　　　　　　　　　　　　　3.42 m

（10）25.94～27.67 m，棕色粉砂质黏土，颜色以棕色为主，局部为灰色，黏土含量65%～75%，泥状结构，块状层理，见生物印迹，潮湿，可塑，全层见铁锰质结核，26.70～27.35 m 处黏土含量 70%～80%，颜色为棕色，底部黏土含量 55%～65%，颜色为绿灰色。沼泽，过渡带沉积。 1.73 m

27.15 m 样品中见螺旋壳类同现卷转虫 *Ammonia annectens* Parker et Jones 1 枚。

26.10 m 处 ^{14}C 测年结果大于 43500 a B.P.。

上更新统灌南组下段（Qp₃g¹）对应 MIS5

（11）27.67～35.00 m，灰黑色粉砂质黏土，颜色以灰黑色为主，黏土含量上部为65%～75%，下部为 50%～60%，泥状结构，块状层理，富有机质，见钙质结核及生物扰动印迹，顶部为泥炭，下部局部夹直径 8 cm 的粉砂团块，潮上带。 7.33 m

27.9 m 样品中见平旋壳类 7 枚，其中缝裂希望虫 *Elphidium magellanicum* Heron-Allen et Earland 3 枚，江苏小希望虫 *Elphidiella kiangsuensis* Ho, Hu et Wang 2 枚，秋田九字虫 *Nonion akitaense* Asano 2 枚；螺旋壳类 18 枚，其中同现卷转虫 *Ammonia annectens* Parker et Jones 4 枚，毕克卷转虫变种 *A. beccarii* vars.(Lineé)8 枚，无刺仿轮虫 *Pararotalia inermis* (Terquem) 4 枚，中华假圆旋虫 *Psedogyrnoidina sinensis* (Ho, Hu et Wang) 2 枚；海相介形类 522 枚，其中广盐始海星介 *Propontocypris euryhaline* Zhao 8 枚，典型中华美花介 *Sinocytheridea impressa* (Brady) 514 枚；非海相介形类布氏土星介 *Ilyocypris bradyi* Sars 4 枚。

31.45 m 样品中见瓷质壳类阿卡尼五玦虫圆形亚种 *Quinqueloculina akneriana rotunda* (Gerke) 1 枚；海相介形类 2 枚，其中陈氏新单角介 *Neomonoceratina chenae* Zhao et Whatley 1 枚，典型中华美花介 *Sinocytheridea impressa* (Brady) 1 枚。

（12）35.00～37.38 m，黄绿色细砂，颜色以黄绿色为主，局部见黄色及灰色条带，砂含量>95%，砂状结构，层状构造，松散，饱水，分选好，潴育化发育，局部夹 0.1～0.5 cm 厚砂质黏土层。分支河道。 2.38 m

（13）37.38～42.03 m，灰绿色细砂，颜色以灰绿色为主，局部见灰色条带，砂含量>95%，砂状结构，层状构造，水平层理、平行层理，饱水，松散，分选好，40.00～42.00 m 处夹 0.5～1 cm 厚灰色粉砂质黏土。分支河道。 4.65 m

（14）42.03～44.65 m，灰黑色中—细砂，颜色以灰黑色为主，砂含量>95%，砂状结构，层状构造，平行层理，饱水，由上至下颜色逐渐变深，富有机质，含贝壳碎屑，42.03～43.00 m 处夹 1～1.5 cm 厚灰色细砂层，中部见淤泥质黏土团块，底部见直径 0.2～0.3 cm 的砾石，次棱角状，含大量贝壳碎屑。三角洲潮汐通道。 2.62 m

（15）44.65～46.35 m，黄棕色含粉砂黏土，颜色以黄棕色为主，黏土含量 75%～85%，泥状结构，斑杂状构造，潮湿，硬塑，潜育化斑块发育，见直径 0.5～1.5 cm 的钙质结核及直径 0.2 cm 的铁锰质结核，局部夹 1～3 cm 厚粉—细砂夹层，46.00～46.30 m 处含大量粉—细砂团块，砂中见贝壳碎屑。沼泽。 1.70 m

（16）46.35～47.94 m，黄绿色含粉砂黏土，颜色以黄绿色为主，黏土含量 75%～85%，泥状结构，斑杂状构造，潮湿，硬塑，潜育化条带构成网状，见直径 0.5～2.5 cm 的钙质结核及直径 0.3 cm 的铁锰质结核。沼泽。 1.59 m

（17）47.94～52.55 m，深灰色含黏土中—细砂，颜色以深灰色为主，砂含量 75%～85%，砂质结构，潮湿，松散，具嗅味，分选差，富有机质，含大量贝壳碎片，也可见完整贝壳，含少量钙质结核砾石，底部 52.20～52.30 m 处黏土含量约 20%。潮汐通道。

4.61 m

51.55 m 样品中见螺旋壳类 38 枚，其中毕克卷转虫变种 *Ammonia beccarii* vars. (Lineé) 12 枚，多室卷转虫 *A. multicell* Zheng 26 枚；海相双壳类牡蛎未定种 *Ostrea* sp. 66 枚；非海相腹足类白小旋螺 *Guraulys albus*（Muller）12 枚。

--------------------假 整 合------------------

中更新统小腰庄组上段（Qp_2x^2）

（18）52.55～55.35 m，绿灰色含粉砂黏土，颜色以绿灰色为主，黏土含量 75%～85%，泥状结构，以斑杂状构造为主，潜育化条带构成网状，潮湿，硬塑，夹 0.1 cm 宽灰黄色粉砂条带，见铁锰质斑点，53.40～54.20 m 处夹 1 cm 厚灰色水平黏土层，53.05～53.15 m 处见直径 0.5 cm 的钙质结核。湖泊，富营养湖，湖心带沉积。　　　　　　2.80 m

（19）55.35～56.17 m，灰棕色粉砂质黏土，颜色以灰棕色为主，局部见少量绿色条带，黏土含量 55%～65%，泥状结构，见潜育化条带，稍湿，硬塑，含铁锰质结核及钙质结核，粗砂分散在黏土中，偶见直径 0.2 cm 的磨圆砾石。湖泊，过渡带沉积。0.82 m

（20）56.17～57.12 m，棕灰色含粉砂黏土，颜色以棕灰色为主，夹灰绿色潜育化条带及黑色斑点，黏土含量约 80%，泥状结构，斑杂状构造，稍湿，硬塑，见铁锰质斑点及结核，夹灰绿色黏土条带。湖泊，富营养湖，湖心带沉积。　　　　　　0.95 m

（21）57.12～61.90 m，绿黄色黏土，颜色以绿黄色为主，黏土含量 70%～80%，泥状结构，块状层理，稍湿，硬塑，潜育化斑点发育，含大量直径 0.5～5 cm 的钙质结核、铁锰质结核及黑色碳质斑点，61.35～61.90 m 处斑杂构造明显。湖泊，贫营养湖，湖心带沉积。　　　　　　4.78 m

（22）61.90～63.75 m，灰黄色粉砂质黏土，颜色以灰黄色为主，夹灰绿色黏土，黏土含量 60%～70%，泥状结构，斑杂状构造，稍湿，硬塑，见少量直径 0.5～1.5 cm 的钙质结核及少量碳质斑点。湖泊，贫营养湖，湖心带沉积。　　　　　　1.85 m

（23）63.75～68.29 m，棕黄色粉砂质黏土，颜色以棕黄色为主，次为浅灰色，黏土含量 65%～75%，泥状结构，斑杂状构造，潜育化、潴育化发育，潮湿，硬塑，见铁锰质斑点，其中 67.33 m 处见直径 1 cm 的铁锰质结核，中部富铝沉积，下部夹直径 0.3～1.5 cm 的粉砂团块。湖泊，贫营养湖，过渡带沉积。　　　　　　4.54 m

（24）68.29～70.57 m，棕黄色粉砂质黏土，颜色以棕黄色为主，黏土含量 60%～70%，泥状构造，斑杂状构造，潜育化条带发育，局部构成网状，稍湿，硬塑，见铁锰质斑点，其中 68.52～68.65 m 处见铁锰质结核，直径 0.5 cm，全段夹直径 0.3～1.5 cm 的粉砂团块，68.42～68.55 m 夹粉砂层。湖泊，贫营养湖，过渡带沉积。　　　　　　2.28 m

（25）70.57～73.14 m，灰棕色含黏土粉砂，颜色以灰棕色为主，粉砂含量 75%～85%，粉砂状结构，层状构造，水平层理、平行层理，饱水，72.20 m 以上夹 0.2～0.5 cm 厚黏土层，72.20 m 以下颜色偏灰黄色。湖岸带沉积，入湖河道。　　　　　　2.57 m

（26）73.14～75.61 m，棕黄色粉砂质黏土，颜色以棕黄色为主，次为浅灰色，夹粉砂中薄层，泥状结构，以层状构造为主，见斑杂状，潜育化条带构成网状，73.14～73.50 m 处含大量直径 0.5～3 cm 的钙质结核。湖泊，过渡带沉积。　　　2.47 m

（27）75.61～77.54 m，黄棕色含黏土粉砂，颜色以棕黄色为主，粉砂含量 80%～90%，粉砂状结构，层状构造，见平行层理，稍湿，中密，见直径 0.1～0.5 cm 的铁锰质结核及 0.2～0.5 cm 的砾石，次棱角状，分选中等，75.80 m 处 0.5 cm 厚黏土层，76.00～76.40 m 处夹 1 cm 厚粉砂，底部为直径 30 cm 钙质胶结砂磐。入湖河道。　　　1.93 m

中更新统小腰庄组下段（Qp_2x^1）

（28）77.54～86.40 m，棕黄色粉砂质黏土，颜色以棕黄色为主，夹灰绿色条带，泥状结构，局部潜育化条带构成网状，潮湿，硬塑，富铁锰质结核与钙质结核，钙质结核粒径为 1～5 cm，夹大量灰绿色条带，中部富铝化沉积。湖泊，湖心带沉积。　　　8.86 m

82.6 m 样品中见 2 枚锰结核。

（29）86.40～89.35 m，浅黄绿色黏土质粉砂，颜色以浅绿色为主，见棕黄色条带、黑色斑点，粉砂含量 65%～75%，粉砂状结构，以层状构造为主，水平层理、脉状层理、平行层理，潜育化发育，绿色粉砂层厚 3～5 cm，偶见石英质粗砂，88.50～88.60 m 处见铁锰质斑点，89.15～89.30 m 处见大量铁锰质条带。湖泊，过渡带沉积。　　　2.95 m

（30）89.35～93.32 m，棕黄色含砾砂，颜色以棕黄色为主，次为浅灰色，底部为深灰色条带，砂含量 75%～85%，砂状结构，层状构造，粒序层理、斜层理，砾石以石英为主，次棱角状，粒径 0.2～1 cm，分选差，下部为钙质胶结，底部铁锰浸染强烈，具河流二元结构。曲流河，入湖河道。　　　3.97 m

93.10 m 样品中见 26 枚锰结核。

（31）93.32～99.35 m，浅灰绿色粉砂质黏土，颜色以浅灰绿色为主，局部夹棕色层、黑色斑点，黏土含量 50%～60%，向下粉砂含量增加，下部为黏土质粉砂，钙质胶结，潜育化发育，泥状结构，斑杂状构造，见脉状层理、平行层理，见直径 0.1 cm 的钙质结核，上部为细砂薄层，并见铁锰质斑点。湖泊，过渡带沉积。　　　6.03 m

（32）99.35～107.50 m，黄棕色含砾砂，颜色以黄棕色为主，次为灰色，砂含量 80%～90%，砂状结构，层状构造，水平层理、斜层理、平行层理、粒序层理，砾石直径 0.2～1 cm，次棱角状，分选中等，中部见中薄层细砂夹薄层黏土质粉砂构成平行韵律层理，104.61～106.30 m 处见直径 2～10 cm 的灰绿色砂质斑块，具河流二元结构。曲流河道。　　　8.15 m

103.00 m 样品中见 36 枚锰结核。

-------------------- 假 整 合 ------------------

下更新统五队镇组上段（Qp_1w^3）

（33）107.50～109.74 m，浅绿灰色粉砂质黏土，颜色以浅绿灰色为主，含黄色斑点，黏土含量 60%～70%，泥状结构，斑杂状构造，以块状层理为主，潜育化发育，见碳质条带、铁锰质结核，109.60～109.73 m 为黏土质粉砂夹层，底部见直径 1 cm 的石英砾，次棱角状。湖泊，过渡带沉积。　　　2.24 m

（34）109.74～110.84 m，杂色砾质粗砂，颜色以黑棕色为主，见浅灰绿色条带，粗砂含量 65%～75%，砂状结构，层状构造，平行层理，稍湿，铁锰质浸染强烈，见钙质结核、碳质斑点，砾石直径 0.2～1 cm，棱角状，分选差，110.30～110.80 m 处夹 0.3～0.5 cm 厚水平黏土层。入湖河道。　　　　　　　　　　　　　　　　　　1.10 m

（35）110.84～111.90 m，浅灰绿色含粉砂黏土，颜色以浅灰绿色为主，见灰色水平条带，黏土含量 75%～85%，泥状结构，层状构造，平行层理，潮湿，硬塑，110.84～111.30 m 处夹 0.5～1 cm 灰色水平黏土层，111.45～111.82 m 见钙质结核及棕黑色铁锰质斑点。湖泊，过渡带沉积。　　　　　　　　　　　　　　　　　　　　1.06 m

（36）111.90～116.33 m，棕色粉砂质黏土，颜色以棕色为主，见灰绿色黏土团块及白色钙质斑点，黏土含量 65%～75%，泥状结构，块状层理，富钙质结核，见铁锰质斑点，113.30～113.45 m、113.85～115.60 m 见直径 0.5～5 cm 的钙质结核。湖泊，过渡带沉积。　　　　　　　　　　　　　　　　　　　　　　　　　　　4.43 m

（37）116.33～118.98 m，棕色黏土质粉砂，颜色以棕色为主，见灰绿色斑块，夹黏土薄层及团块，粉砂状结构，层状构造，平行层理，见潜育化斑点，116.75～116.85 m、117.20～117.30 m、117.55～117.65 m 处见黑色碳质斑点。湖泊，过渡带沉积。　2.65 m

（38）118.98～124.29 m，黄棕色粉砂质黏土夹砂，黏质土层约占 75%，夹中层砂及砂质团块，泥状结构，斑杂状构造，潜育化条带构成网状，见生物扰动印迹及铁锰质斑点，含少量钙质结核。湖泊，过渡带沉积。　　　　　　　　　　　　　　5.31 m

下更新统五队镇组中段（Qp$_1$w^2）

（39）124.29～127.10 m，浅黄绿色含砾中—粗砂，颜色以黄绿色为主，见棕色团块，砂含量 80%～90%，砂状结构，块状层理，分选中等，潮湿，密实，见铁锰浸染斑点，含直径 0.3～0.5 cm 的钙质结核，砾石直径为 0.2～0.5 cm，棱角状，125.15～125.30 m 处夹棕色粗砂，125.70 m 以下砾石含量达 35%～45%，砾径最大为 1.5 cm，次棱角状。曲流河道。

　　　　　　　　　　　　　　　　　　　　　　　　　　　　　2.81 m

（40）127.10～128.04 m，灰黄色含砾粗砂，颜色以灰黄色为主，粗砂层厚 3～10 cm，夹薄层粉砂，潮湿，中密，砂质结构，层状构造。127.75～127.90 m 处夹 0.5～1 cm 厚灰绿色粉砂层，砾石直径为 0.2～1 cm，次棱角状，分选中等。曲流河道。　　　0.94 m

（41）128.04～138.62 m，浅黄绿色含砾砂，颜色以浅黄绿色为主，次为黄灰色，砂含量 75%～85%，砂状结构，块状层理、平行层理，局部分选好，成分成熟度高，砾石为石英，局部富集，次棱角状，粒径为 0.2～1.5 cm，具河流二元结构。曲流河道。

　　　　　　　　　　　　　　　　　　　　　　　　　　　　10.58 m

下更新统五队镇组下段（Qp$_1$w^1）

（42）138.62～139.52 m，浅棕绿色粉砂质黏土，颜色以棕绿色为主，黏土含量 75%～85%，泥状结构，斑杂状构造，波状层理，潜育化发育，硬塑，见棕色黏土斑块及碳质斑点，局部夹砂质条带，见生物扰动印迹。沼泽（牛轭湖）。　　　　　0.90 m

（43）139.52～140.83 m，浅灰绿色含砾砂，颜色以灰绿色为主，局部黄色，砂含量 80%～90%，砂状结构，层状构造，密实，局部见棕黄色粉砂条带，140.70～140.80 m 处见 0.5 cm 厚黏土层，砾石直径为 0.2～0.5 cm，次棱角状，分选中等。曲流河道。1.31 m

（44）140.83～144.40 m，浅灰绿色砂质砾层，颜色以浅灰绿色为主，次为黄棕色，砾含量 65%～75%，块状层理，泥砂混基，过渡支撑，分选极差，钙质胶结，砾石中以直径 1～3 cm 的石英为主，次棱角状，143.30～143.80 m 为灰白色黏土质粉砂，具河流二元结构。曲流河道，近源泥石流注入。　　　　　　　　　　　　　　　　3.57 m

----------------------假 整 合------------------

新近系宿迁组（$N_{1-2}s^2$）

（45）144.40～148.28 m，浅灰绿色黏土，颜色以灰绿色为主，局部见棕黄色及棕色斑点，黏土含量大于 95%，泥状结构，斑杂状构造，水平层理，稍湿，硬塑。144.45 m 处见铁锰质斑点及碳质条带。146.50～147.60 m 为暗黄绿色黏土夹层，其中夹铁锰质结核及钙质结核。湖泊，湖心带沉积。　　　　　　　　　　　　　　　　3.88 m

（46）148.28～152.76 m，黄绿色含粉砂黏土，颜色以暗黄绿色为主，见大量紫红色斑块，黏土含量大于 95%，泥状结构，层状构造，水平层理、平行层理，富铝化沉积，见铁染质紫红色黏土斑块及黄色黏土斑点。湖泊，湖心带沉积。　　　　　　　4.48 m

2.3.5　灌云县圩丰镇钻孔 YQ01 岩性描述

钻孔信息

钻孔位置：YQ01 位于灌云县圩丰镇北 1.5 km 毛庄。

钻孔深度：107 m，钻孔取芯率：94.31%，钻孔天顶角：1.0°，钻孔施工日期：2013.5.15～2013.5.23。

全新统连云港组（Qhl）

（1）0.00～0.36 m，耕植土，以棕黄色为主，见灰黑色有机质条带，成分以黏土为主，多见植物根茎，0.30 m 处可见完整螺壳，局部略显黏粒结构。　　　　　　0.36 m

（2）0.36～1.20 m，棕黄色黏土，以棕黄色为主，上段多见灰黑色有机质腐殖质，整段可见浅灰色潜育化斑块，成分以黏土为主，可塑，黏土含量>95%，总体黏土结构，块状层理。潮上带，后期受到氧化。　　　　　　　　　　　　　　　　0.84 m

（3）1.20～4.00 m，棕灰色黏土，棕黄色—棕灰色，呈逐渐过渡状，其中 3.30～3.40 m 段为棕黄色黏土，整段可见灰黑色有机质斑块，其中 1.20～2.00 m 段有机质相对较多，成分以黏土为主，可塑-软塑，黏土含量>95%，轻微泥嗅味，总体黏土结构，块状层理。潮上带。

1.65 m 样品中见瓷质壳有孔虫阿卡尼五玦虫圆形亚种 *Quinqueloculina akneriana rotunda*（Gerke）12 枚；平旋壳类有孔虫 127 枚，其中光滑筛九字虫 *Cribrononion laevigatum* Ho, Hu et Wang 121 枚，江苏小希望虫 *Elphidiella kiangsuensis* Ho, Hu et Wang 6 枚；螺旋壳类有孔虫 50 枚，其中毕克卷转虫变种 *Ammonia beccarii* vars.（Lineé）26 枚，多变假小九字虫 *Pseudononionella variabilis* Zheng 24 枚；海相介形类典型中华美花介 *Sinocytheridea impressa*（Brady）12 枚。　　　　　　　　　　　　　2.80 m

（4）4.00～10.00 m，灰色淤泥质黏土，以灰色为主，见灰黑色有机质成分，成分以黏土为主，软塑-流塑，黏土含量约 95%，上段 4.00～5.00 m 段含少量粉砂薄层，含较多有机质，含量为 15%，明显泥嗅味，总体黏土结构，块状层理，局部水平层理发育，

另外，4.00～9.00 m 段多见细小贝壳碎片，其中 4.10 m 处局部富集。潮上带。　　　6.00 m

4.25 m 样品中见瓷质壳有孔虫 98 枚，其中光滑抱环虫 *Spiroloculina laevigata* Cushman et Todd 10 枚，普通抱环虫 *S. communis* Cushman et Todd 12 枚，阿卡尼五玦虫圆形亚种 *Quinqueloculina akneriana rotunda*（Gerke）76 枚；列式壳类强壮箭头虫 *Bolivina robusta* Brady 1 枚；平旋壳类有孔虫 56 枚，其中光滑筛九字虫 *Cribrononion laevigatum* Ho, Hu et Wang 48 枚，江苏小希望虫 *Elphidiella kiangsuensis* Ho, Hu et Wang 8 枚；螺旋壳类有孔虫 146 枚，其中毕克卷转虫变种 *Ammonia beccarii* vars.（Lineé）134 枚，少室卷转虫 *A. pauciloculata*（Phleger et Parker）6 枚，中华假圆旋虫 *Psedogyroidina sinensis*（Ho, Hu et Wang）6 枚；海相介形类 156 枚，其中陈氏新单角介 *Neomonoceratina chenae* Zhao et Whatley 72 枚，典型中华美花介 *Sinocytheridea impressa*（Brady）84 枚。

8.30 m 样品中见瓷质壳有孔虫 185 枚，其中光滑抱环虫 *Spiroloculina laevigata* Cushman et Todd 18 枚，普通抱环虫 *S. communis* Cushman et Todd 10 枚，三棱三玦虫 *Triloculina tricarinata* d'Orbigny 6 枚，阿卡尼五玦虫圆形亚种 *Quinqueloculina akneriana rotunda*（Gerke）132 枚，明亮五玦虫 *Q. argunica*（Gerke）14 枚，拉马克五玦虫 *Q. lamarckiana* d'Orbigny 5 枚；平旋壳类 29 枚，其中清晰希望虫 *Elphidium limpidum* Ho, Hu et Wang 12 枚，江苏小希望虫 *Elphidiella kiangsuensis* Ho, Hu et Wang 12 枚，秋田九字虫 *Nonion akitaense* Asano 5 枚；螺旋壳类 32 枚，其中毕克卷转虫变种 *Ammonia beccarii* vars.（Lineé）24 枚，中华假圆旋虫 *Psedogyroidina sinensis*（Ho, Hu et Wang）8 枚；海相介形类 100 枚，其中陈氏新单角介 *Neomonoceratina chenae* Zhao et Whatley 6 枚，典型中华美花介 *Sinocytheridea impressa*（Brady）94 枚。

（5）10.00～14.05 m，深灰色淤泥质黏土，黏土含量>95%，泥状结构，块状层理，偶夹粉砂中薄层，具嗅味，富有机质。浅海环境沉积。　　　　　　　　　　　4.05 m

13.10 m 样品中见瓷质壳有孔虫 230 枚，其中光滑抱环虫 *Spiroloculina laevigata* Cushman et Todd 24 枚，普通抱环虫 *S. communis* Cushman et Todd 8 枚，三棱三玦虫 *Triloculina tricarinata* d'Orbigny 8 枚，阿卡尼五玦虫圆形亚种 *Quinqueloculina akneriana rotunda*（Gerke）186 枚，扭转五玦虫 *Q. contorta* d'Orbigny 2 枚，拉马克五玦虫 *Q. lamarckiana* d'Orbigny 2 枚；瓶虫类线纹瓶虫 *Lagena striata*（d'Orbigny）1 枚；平旋壳类 652 枚，其中光滑筛九字虫 *Cribrononion laevigatum* Ho, Hu et Wang 124 枚，异地希望虫 *Elphidium advenum*（Cushman）56 枚，异地希望虫低凹亚种 *E. advenum depressulum* Cushman 24 枚，波纹希望虫 *E. crispum*（Lineé）434 枚，霜粒希望虫 *E. nakanokawaense* Shirai 2 枚，优美花朵虫 *Florilus decors*（Cushman et McCulloch）8 枚，波罗的透明虫 *Hyalina baltica*（Schroeter）4 枚；螺旋壳类 1090 枚，其中同现卷转虫 *Ammonia annectens* Parker et Jones 92 枚，毕克卷转虫变种 *A. beccarii* vars.（Lineé）58 枚，压扁卷转虫 *A. compressiuscula*（Brady）14 枚，多室卷转虫 *A. multicell* Zheng 484 枚，日本半泽虫 *Hanzawaia nipponica* Asano 2 枚，无刺仿轮虫 *Pararotalia inermis*（Terquem）432 枚，布氏玫瑰虫 *Rosalina bradyi* Cushman 8 枚；海相介形类 168 枚，其中土佐角科金博介 *Cornucoquimba tosaensis*（Ishizaki）8 枚，三浦翼花介 *Cytheropteron miurense* Kingma 20 枚，日本花形介 *Cytheromorpha japonica*（Brady）4 枚，美山双角花介 *Bicornucythere bisanensis*（Okubo）24 枚，陈氏新单角介 *Neomonoceratina chenae* Zhao et Whatley 80 枚，网纹中华花介 *Sinocythere reticulta* Chen 4 枚，典型中华美花介 *Sinocytheridea impressa*（Brady）24 枚，刺戳花介 *Stigmatocythere spinosa* Hu 4 枚；海相双壳类见牡蛎未定种 *Ostrea* sp. 16 枚；另见苔藓虫 8 枚，海胆刺 24 枚，珊瑚碎块 1 枚。

（6）14.05～14.10 m，含砾砂，砾石为钙质结核，含贝壳碎片，分选极差。海岸线快速移动沉积。 0.05 m

-------------------- 假 整 合 --------------------

上更新统灌南组上段（Qp₃g²）对应 MIS2

（7）14.10～16.31 m，黏土与粉砂互层，以棕黄色（黏土）—灰黄色（粉砂）为主，顶部 20 cm 黏土为灰绿色，多处见铁锈色铁染斑块，局部见灰色黏土与粉砂互层（14.70～14.87 m 段），成分为黏土与粉砂互层，黏土与粉砂含量各约 50%，顶部见一厚约 5 cm 的钙质结核层，另局部见少量铁锰质结核，总体泥质粉砂结构，局部水平层理发育，总体显示旋回特征。泛滥平原。 2.21 m

14.80 m 样品中见瓷质壳有孔虫 3 枚，其中光滑抱环虫 *Spiroloculina laevigata* Cushman et Todd 2 枚，三棱三玦虫 *Triloculina tricarinata* d'Orbigny 1 枚；平旋壳类 56 枚，其中异地希望虫 *Elphidium advenum*（Cushman）12 枚，波纹希望虫 *E. crispum*（Lineé）40 枚，具瘤先希望虫 *Protelphidium tuberculatum* d'Orbigny 4 枚；螺旋壳类 118 枚，其中同现卷转虫 *Ammonia annectens* Parker et Jones 25 枚，毕克卷转虫变种 *A. beccarii* vars.（Lineé）48 枚，无刺仿轮虫 *Pararotalia inermis*（Terquem）44 枚，布氏玫瑰虫 *Rosalina bradyi* Cushman 1 枚；海相介形类 24 枚，其中舟耳形介 *Aurila cymba*（Brady）4 枚，土佐角科金博介 *Cornucoquimba tosaensis*（Ishizaki）4 枚，三浦翼花介 *Cytheropteron miurense* Kingma 4 枚，布氏纯艳花介 *Pistocythereis bradyi*（Ishizaki）4 枚，典型中华美花介 *Sinocytheridea impressa*（Brady）8 枚；海相双壳类牡蛎未定种 *Ostrea* sp. 16 枚；非海相介形类纯净小玻璃介 *Candoniella albicans*（Brady）3 枚。微古测试结果显示为潮坪相沉积，疑为河流侵蚀搬运所致。

上更新统灌南组上段（Qp₃g²）对应 MIS3

（8）16.31～18.31 m，16.31～17.10 m 段为棕灰色黏土夹少量粉砂小团块，可塑，黏土含量约 95%，黏土结构，块状层理，17.10～18.30 m 段为灰色，黏土夹粉砂或黏土与粉砂相互包卷，以灰色为主，黏土多见灰黑色，有机质成分明显升高，黏土含量 50%～60%，粉砂含量 40%～50%，多见黏土与粉砂相互包卷，总体粉砂质黏土结构，波状层理、包卷层理，有粉砂透镜体，见生物扰动印迹。潟湖边滩。

16.85 m 样品中见瓷质壳有孔虫光滑抱环虫 *Spiroloculina laevigata* Cushman et Todd 2 枚；螺旋壳类 18 枚，其中同现卷转虫 *Ammonia annectens* Parker et Jones 12 枚，无刺仿轮虫 *Pararotalia inermis*（Terquem）5 枚，布氏玫瑰虫 *Rosalina bradyi* Cushman 1 枚；海相介形类浦野内弯背介 *Loxoconcha uranouchiensis* Ishizaki 1 枚；海相双壳类牡蛎未定种 *Ostrea* sp. 8 枚；非海相介形类 3 枚，其中疏忽玻璃介 *Candona neglecta* Sars 2 枚，轮藻 1 枚。

18.15 m 样品中见海相介形类 2 枚，其中陈氏新单角介 *Neomonoceratina chenae* Zhao et Whatley 1 枚，典型中华美花介 *Sinocytheridea impressa*（Brady）1 枚。　　　　　　2.00 m

上更新统灌南组上段（Qp_3g^2）对应 MIS4

（9）18.31~20.51 m，棕灰色—棕色黏土包裹粉砂，以棕灰色—棕色为主，多见灰绿色斑块，成分以黏土为主，可塑，黏土含量>70%，另多包卷粉砂团块，其中 18.30~19.00 m 段粉砂团块较多，在 19.90 m 处见一层约 4 cm 厚的含贝壳钙质结核层，结核颗粒较小，贝壳呈棱角—次棱角状，总体粉砂质黏土结构，块状层理。泛滥平原，极浅水环境。　　　　　　　　　　　　　　　　　　　　　　　　　　　　　　　　　2.20 m

（10）20.51~22.00 m，20.51~21.00 m 段为棕黄色黏土层，以棕黄色为主，硬塑，黏土含量约 95%，含较多钙质结核和少量粉砂，总体黏土结构，块状层理，21.00~22.00 m 段为黏土夹粉砂层，灰色、灰黄色、棕黄色，见铁锈色铁染和灰绿色团块，成分以黏土为主，黏土含量>60%，其次为粉砂薄夹层。21.00~21.50 m 段黏土多呈碎块状，且含较多钙质结核颗粒和铁染团块，总体粉砂质黏土结构，局部水平层理发育。沼泽。　　　1.49 m

（11）22.00~26.91 m，灰黄色粉砂夹黏土层，以灰黄色为主，其中黏土多呈棕黄色，见少量铁染小斑块，成分以粉砂为主，其中 25.00 m 以浅粉砂含量约 95%，饱水，松散，25.00 m 以深夹较多黏土，向下黏土含量升高，总体粉砂含量>60%，泥质粉砂结构，局部水平层理、平行层理。支流河道。　　　　　　　　　　　　　　　　　　　4.91 m

（12）26.91~27.83 m，棕黄色黏土夹粉砂，以棕黄色为主，见铁染斑块，成分以黏土为主，可塑，黏土含量>80%，其次为粉砂薄夹层。总体粉砂质黏土结构，局部水平层理发育，粉砂夹层中见贝壳碎片（27.20 m 处可见）。泛滥平原，极浅水环境。　　　0.92 m

上更新统灌南组上段（Qp_3g^1）对应 MIS5

（13）27.83~30.82 m，棕灰色黏土夹粉砂，以棕灰色为主，与上层颜色逐渐过渡，粉砂团块或夹层多呈浅灰色—灰黄色，且多见铁锈色铁染边，成分以黏土为主，可塑，黏土含量>60%，其次为粉砂薄夹层或团块，粉砂中多见细小贝壳碎片（见完整小螺壳），总体粉砂质黏土结构，多见包卷构造、透镜体、脉状层理和虫孔印迹。潮间带，后期氧化。　　　　　　　　　　　　　　　　　　　　　　　　　　　　　　　　2.99 m

29.30 m 样品中见海相介形类 95 枚，其中舟耳形介 *Aurila cymba*（Brady）1 枚，日本库士曼介 *Cushmanidea japonica* Hanai 1 枚，美山双角花介 *Bicornucythere bisanensis*（Okubo）6 枚，陈氏新单角介 *Neomonoceratina chenae* Zhao et Whatley 9 枚，典型中华美花介 *Sinocytheridea impressa*（Brady）77 枚，中华刺面介 *Spinileberis sinensis* Chen 1 枚；非海相介形类布氏土星介 *Ilyocypris bradyi* Sars 1 枚。

（14）30.82~31.12 m，灰黄色粉砂夹黏土，以灰黄色为主，成分以粉砂为主，松散，潮湿，粉砂含量>80%。另含少量黏土夹层，总体泥质粉砂结构，砂状构造。分支河道。

　　　　　　　　　　　　　　　　　　　　　　　　　　　　　　　　　　　　0.30 m

（15）31.12~39.29 m，灰色粉砂夹黏土、粉砂与黏土互层、黏土夹粉砂，且成分从上往下逐渐过渡，上层（31.12~32.00 m）以粉砂为主，夹少量黏土，中层（32.00~35.00 m）为粉砂与黏土互层，含量各约 50%，下层（35.00 m 以深）以黏土为主，夹粉砂薄层，其中 36.72~36.82 m 段为浅灰色、灰色中—细砂，分选较差，矿物颗粒以石英为主，基质含量较高（>10%），另整层黏土中含一定有机质，有泥嗅味，总体粉砂质黏土结构，层状构造，水平层理、脉状层理、波状层理构成平行层理，局部见贝壳碎片。
潮间带。　　　　　　　　　　　　　　　　　　　　　　　　　　　　　　8.17 m

（16）39.29～40.33 m，灰黑色黏土，灰黑色，成分以黏土为主，硬塑，黏土含量约95%，另含较多有机质，总体黏土结构，块状层理。浅海环境沉积。　　　1.04 m

（17）40.33～42.32 m，灰色黏土夹粉砂、黏土与粉砂互层、粉砂夹黏土层，成分以黏土和粉砂为主，总体各占约50%，黏土略多。顶部（40.45 m 处）见钙质结核层，总体为粉砂质黏土结构，局部水平层理发育。三角洲前缘，主体为水上部分。　　1.99 m

（18）42.32～45.05 m，灰色—灰绿色粉—细砂夹灰色粉砂与黏土互层，粉—细砂总体分选较好，局部含中粒石英颗粒，砂质含量>95%，含少量泥质。另外，粉砂与黏土互层中粉砂呈灰色，黏土呈暗棕色。总体泥质粉—细砂结构，砂状构造。河口湾，分支河道。　　　　　　　　　　　　　　　　　　　　　　　　　　　　2.73 m

（19）45.05～45.58 m，灰色粉砂与黏土互层，以灰色为主，成分以黏土和粉砂为主，黏土略多，局部薄砂层颗粒较粗，为中砂，总体粉砂质黏土结构，水平层理发育。潮间带。　　　　　　　　　　　　　　　　　　　　　　　　　　　　0.53 m

（20）45.58～50.51 m，浅灰色—灰绿色中—粗砂，以浅灰色—灰绿色为主，成分为中砂与粗砂互层，但以中砂为主（含量60%～70%），砂质矿物颗粒以石英为主，另见长石、榍石、帘石等矿物颗粒，且含较多贝壳碎片（整层均见），总体磨圆较好，分选一般，显示韵律层理。另外，局部段夹棕色—棕灰色黏土（48.00～48.07 m 段），且底部与 50.23 m 处可见较大贝壳碎片。河口湾，三角洲前缘。　　　　　　　　4.93 m

（21）50.51～51.88 m，灰色黏土夹粉砂，以灰色为主，成分以黏土为主，其次为粉砂，黏土含量约70%，粉砂含量约30%，呈薄层状不均匀分布，总体粉砂质黏土结构，局部水平层理发育。潮间带。　　　　　　　　　　　　　　　　　　　1.37 m

51.20 m 样品中见非海相腹足类土蜗未定种 *Galba* sp. 4 枚。

（22）51.88～52.21 m，浅灰色—灰绿色中—细砂与灰色黏土互层，底部为厚约 5 cm 的含砾砂质层，中—细砂矿物颗粒以石英为主，分选一般，含砾砂质层中砾石颗粒主要为钙质结核颗粒，另可见石英颗粒和贝壳碎片，且磨圆较好，砾石表面可见浅坑，为砾石搬运过程中碰撞所致。潮间带。　　　　　　　　　　　　　　　　　0.33 m

（23）52.21～53.03 m，暗棕色（绛色）黏土夹粉砂，粉砂多呈浅灰色—灰黄色，粉砂中可见灰绿色斑块，成分以黏土为主，其次为粉砂，黏土含量约70%，粉砂或呈团块状包卷到黏土中或呈厚层状与黏土互层（52.40～52.70 m 段），总体粉砂质黏土结构，局部水平层理发育。潮汐通道。　　　　　　　　　　　　　　　　　　0.82 m

（24）53.03～55.44 m，浅灰色粉砂夹黏土，粉砂以浅灰色为主，局部段呈潴育化锈黄色，黏土多呈暗棕色（绛色），成分以粉砂为主，松散，潮湿，粉砂含量约80%，黏土多呈夹层不均匀分布，局部见贝壳碎片（54.76 m 处），总体粉砂质黏土结构，局部水平层理发育。潮汐通道。　　　　　　　　　　　　　　　　　　　　2.41 m

--------------------假 整 合--------------------

中更新统小腰庄组（Qp₂x）

（25）55.44～56.83 m，含钙质结核棕色黏土层，多见后期灰绿色斑块与棕色交织成斑杂色，成分以黏土为主，硬塑，黏土含量>80%，另含较多钙质结核，局部成层，总体泥质结构，块状层理。沼泽，洼地中心带，早期贫营养，晚期富营养，之后暴露地表。

1.39 m

（26）56.83～58.00 m，57.60 m 以浅为含钙质结核黏土层，57.60 m 以深为粉砂质黏土层，原主色总体为棕色—棕黄色，多见后期灰色—灰绿色斑块和铁锈色团块，成分以黏土为主，硬塑，上段黏土含量约 95%，下段黏土含量约 70%，粉砂质黏土结构，总体块状层理。沼泽，贫营养环境。

1.17 m

（27）58.00～59.07 m，粉砂夹黏土，原主色应为浅灰色—灰黄色，与后期铁锈色、灰色—灰绿色交织成斑杂色，成分以粉砂为主，粉砂含量>70%，总体泥质粉砂结构，局部水平层理发育。支流河道。

1.07 m

（28）59.07～60.00 m，灰黄色中—粗砂，灰黄色，略显红色，成分以中砂为主，矿物颗粒主要为石英、长石等，分选一般，总体中—粗粒结构，砂状构造。支流河道。

0.93 m

（29）60.00～62.92 m，暗棕色黏土，以暗棕色为主，局部略显灰黑色，见少量灰绿色条带，成分以黏土为主，硬塑，黏土含量>95%，另含少量钙质结核团块，总体黏土结构，块状层理富铝化沉积。湖泊，湖心带沉积。

2.92 m

（30）62.92～66.00 m，棕色黏土，以棕色为主，多见后期灰绿色斑块，顶部和底部以灰绿色为主，成分以黏土为主，硬塑，黏土含量约 95%，另含较多钙质结核和少量锰质结核小团块，总体黏土结构，块状层理。湖泊，湖心带沉积。

3.08 m

（31）66.00～73.47 m，棕黄色—棕红色黏土，68.70 m 以浅以棕黄色为主，68.70 m 以深以棕色—棕红色为主，整层均见灰绿色斑块，73.00 m 以深相对较多，成分以黏土为主，硬塑，黏土含量约 95%，另整层均见钙质结核，66.00～67.00 m 段较多，局部见锰质结核，总体黏土结构，多呈碎块状。湖泊，湖心带沉积。

7.47 m

（32）73.47～74.31 m，棕黄色—灰绿色黏土，以棕黄色—灰绿色为主，成分以黏土为主，黏土含量>95%，总体黏土结构，多呈碎块状。湖泊，湖心带沉积。

0.84 m

（33）74.31～76.32 m，棕色—棕黄色黏土，上层（75.00 m 以浅）棕色，底部显灰绿色，成分以黏土为主，硬塑，黏土含量约 95%，下层夹少量粉砂，整层见少量锰质结核，总体黏土状结构，平行层理。湖泊，过渡带到湖心带沉积。

2.01 m

（34）76.32～82.42 m，含砾粗砂、中—细砂互层，构成沉积旋回，颜色以灰色—灰绿色和灰黄色—锈黄色为主，两者交织成斑杂状，成分以中—细砂为主，含量约占 60%，含砾粗砂中砾石以石英为主，见少量长石等砾石，分选中等，颗粒次棱角状，总体显示韵律层理，见斜层理、交错层理、平行层理、粒序层理，具河流二元结构。支流河道。

6.10 m

--------------------假 整 合--------------------

下更新统五队镇组（Qp$_1$w）

（35）82.42～87.06 m，含砾粗砂，以粗砂为主，局部为砾质砂，砂状结构，层状构造，斜层理、平行层理、粒序层理，多个河流二元结构叠加，砾石为石英，次棱角状，分选差，后期潴育化发育。曲流河道。

4.64 m

（36）87.06～89.03 m，粉一细砂与黏土互层，以青灰色为主，另见浊黄色—锈黄色氧化色，成分以黏土和粉细砂为主，各占约50%，两者呈互层状，但层厚不均，局部较厚，局部较薄，89.00 m以浅以粉砂为主，89.00 m以深以黏土为主，总体为泥质粉砂结构，局部水平层理发育。曲流河道。   1.97 m

新近系宿迁组（$N_{1-2}s^2$）

（37）89.03～94.00 m，粉细砂、黏土与中粗砂互层，构成沉积旋回，颜色较杂，90.00～91.00 m段呈淡灰黄色（土黄色），91.00～94.00 m段以浅灰色—灰白色为主，略显灰绿色，局部段呈浊黄色铁锈色，成分以粉一细砂为主，粉一细砂含量>70%，91.00 m以浅淡灰黄色粉一细砂，分选一般，泥质含量较高，为泥质粉砂结构，91.00 m以深粉一细砂分选较好，泥质含量较少，矿物颗粒以石英为主。另外，中一粗砂中多见砾石，砾石成分以石英为主，见少量长石等砾石，分选中等，磨圆一般。总体显示韵律层理，局部粉一细砂中可见斜层理、水平层理，具河流二元结构。曲流河道，上部出现短期牛轭湖沉积。   4.97 m

（38）94.00～98.89 m，灰绿色含泥质中一细砂（残积层），灰绿色（绿泥石颜色），成分以中一细砂为主，局部段为粗砂，泥质含量较高（>20%），砂质矿物颗粒以石英为主，另见长石等矿物颗粒，分选差。磨圆较差，泥质胶结，可能为一套残坡积层，结构与成分不成熟，为近源物质。残坡积胶结层。   4.89m

2.4 岩石地层学

2.4.1 化学分析

沉积物元素地球化学特征能在很大程度上反映沉积物源和沉积环境特征及后来沉积环境变化后沉积物的改造情况。该区的常量元素及微量元素地球化学分析以钻孔 XJ01 最为典型，主要特征初步总结如下。

1. 常量元素

本次所描述的常量元素氧化物包括 SiO_2、Al_2O_3、Fe_2O_3、FeO、MgO、K_2O、Na_2O、CaO、MnO、P_2O_5、TiO_2（图 2-4-1）。

1）元素相关性

常量元素的 Harker 图解反映了各常量元素含量与 SiO_2 含量的相关性，可以较好地反映沉积岩中不同矿物组分混合的结果，显示 MgO、CaO、MnO、P_2O_5 的含量与 SiO_2 的含量呈负相关关系；Al_2O_3、Fe_2O_3、TiO_2 的含量先随 SiO_2 含量的增加而增加，但当 SiO_2 含量>60%时，则随 SiO_2 含量的增加而降低，表明当砂含量增加到一定程度时，Al_2O_3、Fe_2O_3、TiO_2 的含量会相应降低；K_2O、Na_2O 的含量则先随 SiO_2 含量的增加而略微降低，近乎不变，当 SiO_2 含量>60%时，随 SiO_2 含量的增加而增加，当 SiO_2 含量>80%时，随 SiO_2 含量的增加而降低。其中，当 SiO_2 含量<60%时，Al_2O_3、Fe_2O_3、TiO_2 的含量先

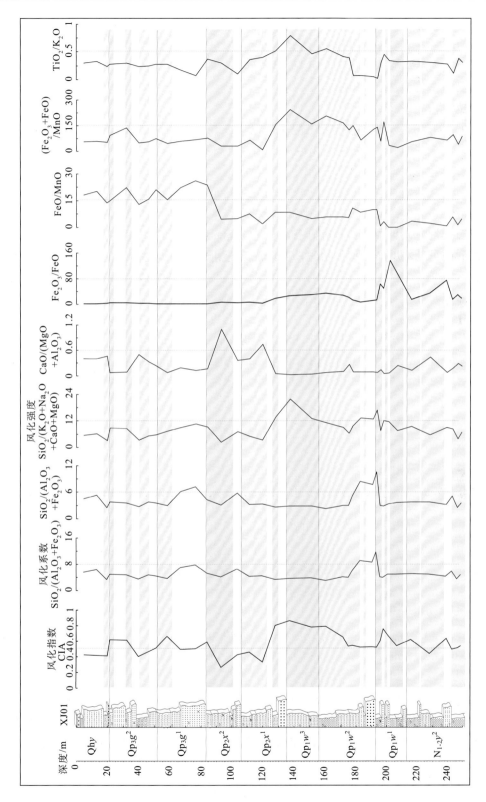

图 2-4-1　钻孔 XJ01 常量元素分析的各参数曲线图

随 SiO_2 含量的增加而增加，可能表明沉积物质来源较杂，重矿物掺杂；当 60%＜SiO_2 含量＜80%时，Al_2O_3、Fe_2O_3、TiO_2 的含量随 SiO_2 含量的增加而降低，K_2O、Na_2O 的含量则随 SiO_2 含量的增加而增加，表明随着砂含量的增加，砂质成分成熟度相应增高，可能以长英质矿物为主；当 SiO_2 含量＞80%时，表明砂质成分成熟度进一步增高，可能主要以石英为主。

2）常量元素氧化物随深度变化特征

分析数据及有关参数结果显示，在同样的气候背景下，沉积物地球化学特征与其物源、沉积环境及水动力条件的关系更密切，因此，常量元素的含量可以用来判定沉积物源和沉积环境等特征。沉积物的一些化学元素特征能反映物源区的风化程度，如蚀变作用的风化指数[CIA=Al_2O_3/(Al_2O_3+CaO+ K_2O+Na_2O)，其中氧化物均指摩尔分子数]能够度量化学风化作用的程度。风化作用过程中，斜长石首先发生分解，之后是钾长石及铁镁硅酸盐中碱质和 Ca 丢失至溶液中的过程，随着 K_2O 的显著丢失，Al_2O_3 相对富集。因此，CIA 高值表明化学风化作用较强，气候为温暖、湿润，为了更加直观与全面地反映风化强度，同时利用风化系数 [SiO_2/(Al_2O_3+Fe_2O_3)] 与风化强度 [SiO_2/(K_2O+Na_2O+CaO+MgO)] 这两个重要指标。

由于 Al_2O_3 在沉积物中的含量一般比较稳定，以其含量可校正陆源碎屑输入的变化，因此 CaO/(MgO+Al_2O_3) 可以用来表示 $CaCO_3$ 内生含量的相对高低，从而指示温度的变化。

Fe_2O_3/FeO 数值的大小表示沉积物氧化强弱，再结合沉积物岩性可作为判断沉积环境的参考指标。

该区第四系沉积物中常量元素各风化指数（CIA）随深度表现出不同的变化特征，以 XJ01 为主，并结合其他 4 个基准孔，将钻孔常量元素的风化指数（CIA）与其他指标随深度的变化做出曲线。曲线显示沉积物在不同深度有不同的特点，记录了新近纪晚期以来海陆交互作用下不同阶段的环境演变特征，共分为 10 个带，自下而上描述如下。

第 10 带（$N_{1-2}y^2$）深度范围为 250.00～213.00 m，岩性为棕色黏土夹厚层、中厚层粉砂、细砂。此段 CIA 值较高，出现明显波动变化，指示气候与沉积环境的频繁变化，气候整体偏暖湿，湖泊相沉积环境，湖心带与湖岸带环境交替出现；$CaCO_3$ 内生含量相对较低，指示较为稳定的湿润气候环境；Fe_2O_3/FeO 数值在该段与岩性变化较一致，粗粒沉积物中 Fe^{3+} 含量较高，推测细粒沉积物如黏土多为湖泊相还原环境，另外，Mn 元素在黏土中含量偏高。

第 9 带（Qp_1w^1）深度范围为 213.00～192.50 m，此段相对富集 Al_2O_3、Fe_2O_3、MnO、P_2O_5、TiO_2。CIA 值上部较高，下部较低，整体变化幅度大，数值大小与沉积物岩性的粗细变化一致，呈正相关。岩性为一套灰黄色黏土与灰黄色粉细砂的互层，沉积环境属泛滥平原、沼泽，显示环境变化的频繁性。Fe_2O_3/FeO 数值较高，指示为泛滥平原与河流相沉积，沉积物经历了较强氧化的过程。

第 8 带（Qp_1w^2）深度范围为 192.50～156.65 m，此段富集 SiO_2、K_2O、Na_2O，全段含量最低的为 Al_2O_3、Fe_2O_3、MgO、MnO、P_2O_5、TiO_2，较低的为 CaO。CIA 值上部较高，下部较低，数值大小与沉积物岩性的粗细变化相反，呈负相关。192.50～186.00 m 岩性以灰黄色粉细砂—中粗砂为主，以曲流河道沉积为主。Fe_2O_3/FeO 数值较低推测为常年河流，水量充沛。186.00～175.80 m 岩性为一套浅灰绿色与棕色交织（棕色为本色）的黏土与粉砂互层，显示沼泽沉积特征。该段常量元素特征表明该时段沉积物源和沉积环境稳定，物源物质成分成熟度高，经过长期搬运，以石英质为主。Fe_2O_3/FeO 数值较高，推测当时沉积物经历了地表暴露或极浅水环境。

第 7 带（Qp_1w^3）深度范围为 156.65～135.32 m，此段具有高含量的 Al_2O_3、Fe_2O_3，但变化较大，往深为降低趋势；K_2O、Na_2O 往深则为上升趋势；P_2O_5 相对上下两段增高。CIA 数值较大，但同样往深为降低趋势，显示沉积环境呈逐渐变化的特征。岩性下部以棕黄色黏土为主，往上逐渐过渡为浅灰绿色黏土，指示沉积环境逐渐从泛滥平原相向沼泽相过渡，气候相对暖湿，且 Fe_2O_3/FeO 数值较高也符合上述沉积环境。

第 6 带（Qp_2x^{1-1}）深度范围为 135.32～126.00 m，此段的 Al_2O_3、Fe_2O_3、TiO_2 含量较高。CIA 数值对比全孔达到最高值，且与沉积物粒径呈正相关，同时该段具有含量最低的 K_2O、Na_2O、CaO，较低含量的 MnO、MgO、P_2O_5 等特征。岩性为一套灰绿色、浅灰色、棕黄色、灰黄色黏土夹粉细砂，沉积环境应为曲流河道、泛滥平原、沼泽相。

第 5 带（Qp_2x^{1-2}）深度范围为 126.00～106.00 m，此段富 Fe_2O_3、MnO、MgO、CaO，贫 Al_2O_3、K_2O、Na_2O。CIA 数值相对上层显著变小，且变化大，表明温度明显降低，化学风化作用相对变弱，指示干冷气候环境。岩性以一套棕灰色、棕黄色、灰绿色、灰色、棕色黏土为主，颜色变化较频繁，黏土中见钙质结核，$CaO/(MgO＋Al_2O_3)$ 数值较高，与地层中富集钙质结核相符，指示地表干湿变换频繁，沉积环境属泛滥平原、湖泊相，颜色变化大可能与水面的多次升降有关。

第 4 带（Qp_2x^2）深度范围为 106.00～83.24 m，此段从上往下 SiO_2、K_2O、Na_2O 含量逐渐减少，Fe_2O_3、FeO、MgO、CaO、MnO、P_2O_5、TiO_2 含量逐渐增加。CIA 数值与岩性呈正相关变化，CIA 数值向上逐渐变小，岩性从下部的灰黄色粉细砂逐渐过渡为上部的棕灰色、浅灰色、灰绿色黏土，沉积环境从支流河道逐渐过渡为湖泊；$CaO/(MgO＋Al_2O_3)$ 数值达到全孔最高值，$CaCO_3$ 内生含量略高，气候或地表环境干湿变化频繁。

第 3 带（Qp_3g^1）深度范围为 83.24～53.19 m，相当于深海氧同位素 MIS5，该时期区域发生大规模海侵。该孔位置地势相对较低，发育近海曲流河道，部分海侵地层可能遭受冲刷而缺失，此段总体富 SiO_2、K_2O、Na_2O、FeO，贫 Al_2O_3、Fe_2O_3、MgO、CaO、MnO，但常量元素变化较大。CIA 数值同样变化较大，与沉积物粒径呈负相关变化关系，沉积环境变化频繁。岩性主要为一套灰色黏土和粉细—中砂互层，部分砂层含砾且可见贝壳碎片，沉积环境为三角洲前缘相沉积，向上演变为滨海相沉积。

第 2 带（Qp_3g^2）深度范围为 53.19～21.10 m，相当于深海氧同位素 MIS4、MIS3、MIS2，其中 MIS3 对应时期发生海侵。此段常量元素特征总体与第 3 带类似，但变化幅度相对较小。CIA 数值变化依然频繁，与沉积物粒径呈负相关变化关系，指示极不稳定的气候或沉积环境，岩性为一套以灰黄色为主的黏土与粉细—中砂互层，局部为深灰色黏土。沉积环境为泛滥平原相、曲流河道、滨海相及积水低平地。

第 1 带（Qhy）深度范围为 21.10～0.00 m，对应深海氧同位素 MIS1，区域发生大规模海侵。相较第 2 带，此段 SiO_2、Al_2O_3、Fe_2O_3、K_2O 含量降低，CaO、MnO、P_2O_5 含量增加。CIA 数值明显降低，沉积物结构与成分成熟度较低，沉积速率较快。因为沉积速率快，CIA 与沉积物粒度在此处没有相关性，21.10～2.44 m 主要为一套灰色、棕灰色黏土与粉砂互层，2.44～0.00 m 为一套棕黄色黏土，沉积环境应为海陆交互相，整体由滨岸浅海相过渡为三角洲相沉积体系。

2. 微量元素

微量元素的迁移和富集受到元素本身的物理化学性质、当地气候和地貌等因素的限制，所以其地球化学特征对沉积盆地演化历史、沉积环境及沉积物的物质来源具有十分重要的示踪作用。同时，微量元素也能反映沉积物物源，沉积层的微量元素种类及含量变化可作为判断环境变化的指标之一。如 Cu、V 等与植物生长有关，含量高时表示植物繁茂的温暖潮湿环境；Sr、Ba 含量越高表示气候越寒冷（李华章，1995）。B、Ga、Sr、Ba 等元素含量高低与海陆变迁、古气候变化有着密切的联系；陈骏等（1999）对洛川黄土剖面中的 Rb/Sr 比值进行了详细研究，Rb/Sr 比值曲线与第四纪以来气候的波动和区域性气候变化有较好的耦合性。

在寒冷条件下，降水量减少，化学风化和生物地球化学作用明显减弱，水介质碱性增强，生物活动性降低，不利于物源区母岩风化分解和元素的迁移；在温暖湿润时期，雨量充沛，化学风化作用增强，一些岩石和矿物得到彻底分解，一些微量元素随着水向低地迁移，由于黏性土对元素有一定的吸附作用，所以在温暖潮湿时期沉积物中微量元素相对增加，含量曲线多呈峰值状态。在同一时期不同的沉积环境下，微量元素的含量必将发生变化，为第四纪环境的变迁研究提供依据。

该区第四系沉积物中微量元素随深度表现出不同的变化特征，将钻孔中微量元素随深度的变化做成曲线（图 2-4-2）。曲线表明沉积物在不同深度显示不同的特点，记录了第四纪以来海陆交互作用下不同阶段的环境演变特征，与常量元素特征一致，主要依据 XJ01 测试数据，并结合其他钻孔数据分析，可分为类似的 10 个带，且每个带显示的沉积环境和沉积相也类似。

第 10 带（$N_{1-2}y^2$）深度范围为 250.00～213.00 m，此段 Rb/Sr 值从全孔范围来看较低，底部出现明显变化，指示气候与沉积环境的改变。气候整体偏暖湿，湖泊相沉积环境，湖心带与湖岸带环境交替出现，岩性为棕色黏土夹厚层、中厚层粉砂、细砂。Cu 含量相对较少，指示较为稳定的湿润气候环境；Cr 含量变化在该段与岩性变化较为一致，粗粒沉积物中大部分微量元素含量较高，推测细粒沉积物如黏土多经历了封闭的还原环境。

第 9 带（Qp_1w^1）深度范围为 213.00～192.50 m，此段与全孔相比，Cr、Cu 等元素含量相对较高，K 等含量较低。整体来看，上部全元素含量较高，下部较低，整体变化幅度大，与沉积物岩性的粗细变化相一致。Rb/Sr 值相对第 10 带有小幅升高，顶部变化较大，反映气候转冷的趋势。岩性为一套灰黄色黏土与灰黄色粉细砂的互层，沉积环境属泛滥平原、沼泽，显示环境变化的频繁性。

第 8 带（Qp_1w^2）深度范围为 192.50～156.65 m，此段 K、Sr 等元素含量呈现出上低下高的形式，而 Rb、Cr、Cu 等元素则相反，为上部较高，下部较低，变化剧烈。下部岩性以灰黄色粉细砂—中粗砂为主，以曲流河道沉积为主；上部岩性为一套浅灰绿色与棕色交织（棕色为本色）的黏土与粉砂互层，显示沼泽沉积特征。表明该时段沉积物源和沉积环境稳定，物源物质成分成熟度高，经过长期搬运，以石英质为主。Rb/Sr 值由下往上逐渐升高，变化较平缓，显示温度由冷向暖的渐次改变。

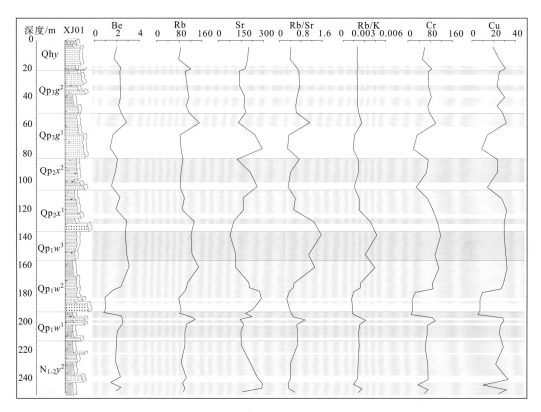

图 2-4-2　钻孔 XJ01 微量元素分析各参数曲线图

第 7 带（Qp_1w^3）深度范围为 156.65～135.32 m，微量元素总体与第 8 带上部类似，Rb、Cr、Cu 等元素含量较高，而 K、Sr 等元素较低，其中 K 含量有由下往上减少的趋势。Rb/Sr 值较高且有轻微波动，显示了环境有变化但偏暖。岩性下部以棕黄色黏土为主，往上逐渐过渡为浅灰绿色黏土，指示沉积环境逐渐从泛滥平原相向沼泽相过渡。

第 6 带（Qp_2x^{1-1}）深度范围为 135.32～126.00 m，该段 K、Sr 等元素含量较低，且有由下往上升高趋势，而 Rb、Cr、Cu 则相反，与沉积物粒径变化一致。岩性为一套灰绿色、浅灰色、棕黄色、灰黄色黏土夹粉细砂，沉积环境应为曲流河道、泛滥平原、沼泽相，可能因为曲流河道的影响使该时期沉积厚度较薄。Rb/Sr 值较高，且由下而上降低，显示气候由暖转冷。

第 5 带（Qp_2x^{1-2}）深度范围为 126.00～106.00 m，微量元素以 K、Sr 含量从下到上由低变高，Rb、Cr、Cu 等含量由高变低为特征，且变化较剧烈。岩性以一套棕灰色、棕黄色、灰绿色、灰色、棕色黏土为主，颜色变化较频繁，黏土中见钙质结核，与 CaO 含量的显著增高相吻合，指示地表干湿变换频繁，沉积环境属泛滥平原、湖泊相，颜色变化大可能与水面的多次升降有关。Rb/Sr 值显著变小，下部高而上部低，表明温度明显降低，结合其他元素特征，显示该时期由暖湿气候向干冷气候的转变。

第 4 带（Qp_2x^2）深度范围为 106.00～83.24 m，此段微量元素特征与第 5 带基本呈相反态势，K、Sr 含量从下到上由高变低，Rb、Cr、Cu 等元素含量则由低变高。岩性从下部的灰黄色粉细砂逐渐过渡为上部的棕灰色、浅灰色、灰绿色黏土，沉积环境从支流河道逐渐过渡为湖泊。CaO 含量全孔最高，Rb/Sr 值从下到上由低变高，显示向暖湿环境发生了一次小幅改变。

第 3 带（Qp_3g^1）深度范围为 83.24～53.19 m，与深海氧同位素 MIS5 相对应，微量元素总体呈富 K、Sr，贫 Rb、Cr、Cu 等的特征。几乎所有微量元素含量在此带中都表现出较大波动性，该时期区域发生大规模海侵，该孔位置地势相对较低，部分海侵地层可能遭受冲刷而缺失，沉积环境变化频繁。岩性主要为一套灰色黏土和粉细—中砂互层，部分砂层含砾且可见贝壳碎片，沉积环境为深水河道沉积，三角洲前缘相，向上演变为潮间带亚相沉积。Rb/Sr 值同样变化剧烈，显示了气候的剧烈变化。

第 2 带（Qp_3g^2）深度范围为 53.19～21.10 m，此段微量元素含量处于该孔中值，变化幅度相对较小，但变化较频繁。与深海氧同位素 MIS4、MIS3、MIS2 相对应，中部较明显的变化基本对应 MIS3 时期发生的海侵。岩性为一套以灰黄色为主的黏土与粉细—中砂互层，局部为深灰色黏土，沉积环境为泛滥平原相、曲流河道、滨海相及积水低平地。Rb/Sr 值也居中且变化不大，显示该时期该区虽然经历了较复杂的沉积环境变化，但气候变化不大。

第 1 带（Qhy）深度范围为 21.10～0.00 m，对应深海氧同位素 MIS1，区域发生大规模海侵，上下部微量元素含量变化明显，下部各微量元素含量的显著增加体现了这一过程。岩性下部主要为一套灰色、棕灰色黏土与粉砂互层，上部为一套棕黄色黏土，沉积环境应为海陆交互相，整体由滨岸浅海相过渡为三角洲相沉积体系。Rb/Sr 值整体较低，显示该时期向干冷气候的转变。

2.4.2 重矿物分析

1. 碎屑矿物种类

该区碎屑矿物种类多样，但单个沉积物样品中的含量一般不超过 1%。碎屑矿物分析主要依据该区域基准钻孔 XJ01 的样品测试结果，样品采集主要来自河流相砂层与砾层，测试结果主要做垂向对比分析。

钻孔 XJ01 碎屑矿物含量结果见表 2-4-1，共发现重矿物 20 余种，以锆石、石榴子石、角闪石、黝帘石、绿帘石、褐铁矿、钛铁矿、磁铁矿较常见，其次为金红石、磷灰石、榍石、锐钛矿、白钛石、夕线石、电气石，偶见黄铁矿、黄铜矿、十字石、方铅矿、辉石、蓝闪石、红柱石、蓝晶石等。轻矿物以长石、石英、岩屑为主。

表 2-4-1　钻孔 XJ01 碎屑矿物种类表

序号	样品编号	取样深度/m	碎屑矿物种类
1	ZS001	13.10～13.30	角闪石、褐铁矿、绿帘石、石榴子石、钛铁矿、磁铁矿、锆石、榍石、金红石、磷灰石、白钛石、电气石、锐钛矿、蓝闪石
2	ZS002	16.25～16.40	磁铁矿、绿帘石、钛铁矿、石榴子石、角闪石、榍石、锆石、金红石、磷灰石、电气石、白钛石、黄铁矿、黄铜矿

续表

序号	样品编号	取样深度/m	碎屑矿物种类
3	ZS003	22.70～22.80	磁铁矿、钛铁矿、褐铁矿、角闪石、锆石、石榴子石、金红石、绿帘石、电气石、磷灰石、黄铁矿
4	ZS004	23.60～23.80	褐铁矿、钛铁矿、锆石、石榴子石、绿帘石、角闪石、榍石、金红石、磁铁矿、白钛石、磷灰石、夕线石、电气石、锐钛矿、黄铁矿
5	ZS005	27.25～27.35	钛铁矿、绿帘石、角闪石、石榴子石、锆石、褐铁矿、榍石、白钛石、金红石、磷灰石、电气石、磁铁矿、锐钛矿、蓝闪石
6	ZS006	37.50～37.60	褐铁矿、锆石、角闪石、磁铁矿、绿帘石、钛铁矿、石榴子石、电气石、榍石、金红石、磷灰石、白钛石、黄铁矿
7	ZS007	40.55～40.70	锆石、绿帘石、褐铁矿、石榴子石、钛铁矿、角闪石、金红石、黝帘石、磁铁矿、白钛石、电气石、磷灰石、榍石、锐钛矿、黄铁矿
8	ZS008	33.00～33.10	角闪石、绿帘石、褐铁矿、石榴子石、钛铁矿、磁铁矿、锆石、榍石、磷灰石、白钛石、金红石、电气石、辉石、黄铁矿、锐钛矿、方铅矿
9	ZS009	51.15～51.27	角闪石、绿帘石、黄铁矿、磁铁矿、榍石、钛铁矿、褐铁矿、夕线石、锆石、石榴子石、电气石、白钛石、磷灰石、黝帘石、金红石、十字石、锐钛矿、辉石
10	ZS010	65.55～65.65	角闪石、石榴子石、钛铁矿、磁铁矿、褐铁矿、榍石、锆石、绿帘石、磷灰石、金红石、白钛石、黝帘石、夕线石、电气石、十字石、锐钛矿、辉石、蓝闪石
11	ZS011	71.50～71.70	锐钛矿、金红石、榍石、石榴子石、角闪石、绿帘石、电气石、锆石、夕线石、黝帘石、十字石、白钛石、钛铁矿、褐铁矿、磁铁矿、磷灰石
12	ZS012	95.40～95.50	锆石、褐铁矿、钛铁矿、磁铁矿、石榴子石、绿帘石、榍石、白钛石、金红石、角闪石、磷灰石、电气石、黄铁矿、锐钛矿
13	ZS013	103.30～103.40	石榴子石、褐铁矿、钛铁矿、黝帘石、榍石、角闪石、锆石、夕线石、磷灰石、绿帘石、白钛石、金红石、电气石、磁铁矿、十字石、黄铁矿、锐钛矿
14	ZS014	123.10～123.85	绿帘石、褐铁矿、石榴子石、锆石、角闪石、钛铁矿、榍石、黝帘石、金红石、磷灰石、电气石、磁铁矿、白钛石、夕线石、锐钛矿
15	ZS015	125.20～125.40	褐铁矿、绿帘石、钛铁矿、石榴子石、角闪石、锆石、夕线石、金红石、磁铁矿、磷灰石、电气石、黝帘石、榍石、十字石、锐钛矿、白钛石
16	ZS016	130.40～130.60	绿帘石、钛铁矿、褐铁矿、榍石、锆石、石榴子石、角闪石、夕线石、电气石、金红石、白钛石、磷灰石、黝帘石、辉石、黄铁矿、磁铁矿、锐钛矿
17	ZS017	133.90～134.00	钛铁矿、绿帘石、褐铁矿、角闪石、榍石、石榴子石、锆石、白钛石、金红石、磁铁矿、电气石、夕线石、黝帘石、黄铁矿、磷灰石、锐钛矿
18	ZS018	174.80～175.00	绿帘石、角闪石、石榴子石、黝帘石、褐铁矿、锆石、电气石、榍石、钛铁矿、金红石、夕线石、白钛石、磁铁矿、磷灰石、锐钛矿、黄铁矿
19	ZS019	180.65～180.80	绿帘石、褐铁矿、钛铁矿、锆石、榍石、角闪石、石榴子石、夕线石、电气石、黝帘石、白钛石、磷灰石、金红石、磁铁矿、锐钛矿
20	ZS020	184.50～184.60	绿帘石、石榴子石、钛铁矿、榍石、锆石、夕线石、金红石、黝帘石、电气石、角闪石、白钛石、磷灰石、锐钛矿、辉石、黄铜矿
21	ZS021	189.00～189.20	绿帘石、石榴子石、角闪石、褐铁矿、榍石、黝帘石、白钛石、电气石、锆石、磁铁矿、夕线石、钛铁矿、金红石、磷灰石
22	ZS022	197.00～197.20	绿帘石、褐铁矿、榍石、石榴子石、角闪石、锆石、钛铁矿、夕线石、金红石、白钛石、电气石、磷灰石、磁铁矿、黝帘石、黄铁矿、锐钛矿

序号	样品编号	取样深度/m	碎屑矿物种类
23	ZS023	190.10～190.20	石榴子石、锐钛矿、白钛石、榍石、夕线石、锆石、黝帘石、辉石、电气石、蓝闪石、角闪石、绿帘石、钛铁矿、褐铁矿、磁铁矿、磷灰石、黄铁矿、金红石
24	ZS024	221.50～221.70	绿帘石、褐铁矿、石榴子石、榍石、钛铁矿、锆石、角闪石、金红石、白钛石、电气石、夕线石、磷灰石、磁铁矿、黝帘石、辉石、蓝晶石、锐钛矿
25	ZS025	240.30～240.60	绿帘石、褐铁矿、石榴子石、锆石、钛铁矿、黝帘石、角闪石、榍石、金红石、电气石、磁铁矿、夕线石、磷灰石、白钛石、辉石、锐钛矿、蓝闪石

注：碎屑矿物排序按含量高者在前。

根据矿物的抗风化能力可将其划分为稳定矿物和非稳定矿物，前者包括磁铁矿、钛铁矿、褐铁矿、赤铁矿、石榴子石、独居石、锆石、金红石、白钛石、电气石、榍石、锐钛矿、磷灰石、十字石、夕线石、蓝晶石；非稳定矿物有角闪石、绿帘石、黑云母、黝帘石、绿泥石、透闪石等；自生矿物有黄铁矿、黄铜矿、重晶石、菱铁矿、软锰矿等。不同层位的稳定与非稳定矿物大致呈消长关系，如下更新统下段至中段沉积物中稳定矿物平均含量达到70%，最高达90%，而下更新统上段降为35%。平面上，稳定矿物由西向东逐渐增加，且南部高于北部。

2. 组合分带及环境条件

本次组合分带主要按照碎屑沉积物的成分成熟度与地层结构划分。成分成熟度一般以碎屑沉积物中最稳定组分的相对含量来标志其成分的成熟程度。重矿物的种类很多，根据风化稳定性，可将重矿物分为稳定矿物和不稳定矿物。稳定矿物易于保存，在远离母岩区的沉积岩中其百分含量相对较高，在研究区主要有锆石、金红石、电气石、磷灰石、石榴子石、十字石等。不稳定矿物易于蚀变，离母岩越远其相对含量越少（王昆山等，2010）。

该区滨海县滨淮镇钻孔 XJ01 具有较完整的沉积旋回，以该钻孔划分岩层的碎屑矿物组合含量及变化为依据，结合矿物性质共划分出 10 个重矿物组合带（图2-4-3），分别反映其沉积的水动力条件，由深至浅分别如下。

1）绿帘石-褐铁矿-钛铁矿（10 带）

此带地层对应时代为新近纪晚期，对于沉积物中的碎屑矿物，稳定矿物中石榴子石、金红石、榍石、电气石、白钛石较多，非稳定矿物中绿帘石极多，含量可达60%以上，黝帘石、角闪石等则相对较少，且基本无自生矿物。岩性主要为灰色—浅灰色砂质—粉砂质黏土，全层可见白色钙质结核，推测为长周期暖湿气候环境当中出现的短期干冷气候变化。

另外，该处测试样品来自细砂层，砂层厚度较薄，属支流河道沉积，沉积物物源较短可能是非稳定矿物含量较高的一个因素。

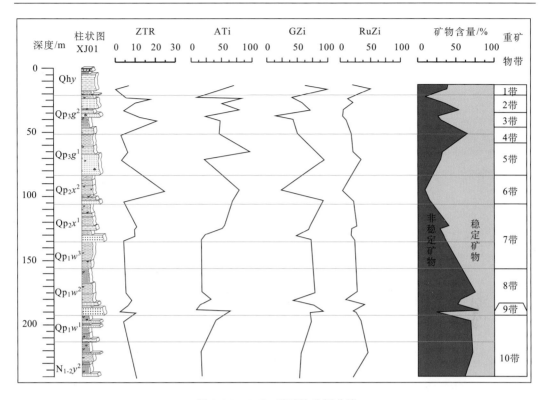

图 2-4-3　XJ01 重矿物分析曲线

2）褐铁矿-石榴子石-锆石-绿帘石（9 带）

此带对应早更新世早期，碎屑矿物以稳定矿物为主，含量达到 76%，其中褐铁矿含量较高，达到 22%，锆石含量约 10%，石榴子石含量约 20%，非稳定矿物仅占 23%，绿帘石、角闪石的含量相对前期均大幅降低。指示区域上相对暖湿的气候环境。或可以推测为，进入第四纪之后区域发育辫状河流，由于河流下切作用，侵蚀下伏暖期地层，发生再堆积。

3）绿帘石-角闪石-褐铁矿-钛铁矿（8 带）

此带对应于早更新世中期，碎屑矿物以非稳定矿物为主，其中绿帘石含量为 50%～70%，角闪石含量<10%，稳定和极其稳定矿物较少，锆石和石榴子石含量为 5%～10%，赤褐铁矿、钛铁矿含量为 5%～15%，可能暗示了干冷的气候条件，气候特征。另外，该地层非稳定矿物较多可能与沉积物近源搬运有关。

4）褐铁矿-钛铁矿-绿帘石-角闪石（7 带）

此带碎屑矿物中稳定和非稳定矿物含量相当，褐铁矿、钛铁矿含量较高，基本不见磁铁矿。含有一定量绿帘石、角闪石，显示了化学风化相对较弱，可能暗示了干冷气候环境。早更新世晚期到中更新世中期，气候由干冷逐渐变暖，稳定矿物的含量也在逐渐升高，由 50%增长为 80%。

5）褐铁矿-钛铁矿-磁铁矿-锆石-石榴子石（6 带）

此带碎屑矿物以稳定矿物为主，对比整个第四纪地层，该带稳定矿物含量最高。从钻孔岩性来看，出现古土壤层，区域上发生沉积间断，因地层较长时间暴露，再加上物源较远的特征，稳定矿物含量偏高。沉积物样品中锆石、石榴子石含量变化较大，非稳定矿物含量少。根据沉积物组构特征，该带对应的沉积植被环境表现为温带针阔叶混交林的特征，即长期处于温带干冷气候环境，且有短期暖湿气候波动。沉积物原地暴露风化时间较长可能是导致干冷气候条件下稳定矿物富集的一个因素。

6）石榴子石-钛铁矿-褐铁矿-磁铁矿-角闪石-绿帘石（5带）

此带埋深介于53.00～83.00m，根据该层沉积物组构特征，可能对应MIS5阶段第三次海侵期间。碎屑矿物以稳定矿物为主，占重矿物含量的70%，非稳定矿物以角闪石、绿帘石为主，暗示了海侵期的暖湿气候环境。区域横向分布上，重矿物的组成也存在与6带相似的变化规律，即西部非稳定重矿物含量仍占绝对优势；东部河口三角洲区以稳定-极稳定重矿物居多；滨海平原区的重矿物组成则介于二者之间，而重矿物的组成仍具较大的波动变化。经过比对，JZ03钻孔中三次海侵附近，绿帘石含量由西到东逐渐减少，JZ03钻孔中绿帘石含量占比为45%～50%，而东部钻孔中同时期仅为10%～15%。

7）角闪石-绿帘石-黄铁矿（4带）

此带埋深介于51.00～53.00m，对应MIS4阶段海退事件，碎屑矿物表现出富集非稳定矿物的趋势，占总量约65%。锆石、石榴子石等极稳定矿物和钛铁矿、磁铁矿等稳定矿物含量均低于5%。黄铁矿的含量明显高于上下带，高达7.74%，自生成因黄铁矿是还原沉积环境的典型产物，可能与海平面强烈升高有关，表现为陆源物质含有大量可溶性铁化合物入海，被海底软泥吸附，与其中的H_2S结合形成黄铁矿（秦蕴珊等，1989）。而下伏地层为暖期沉积物，MIS5阶段为全球新的高海平面时期，气候温暖，海平面上升，黄海暖流和黄海环流形成，产生黄海冷水团，也为自生黄铁矿的生成和富集提供了有利的水动力条件（张军强，2012）。由于河流下切作用，地层中含有下伏地层的矿物质。总体上反映了MIS5海侵阶段逐渐向MIS4海退阶段过渡的特征。

8）绿帘石-铁或钛氧化物-锆石-石榴子石（3带）

此带对应上更新统中部地层，埋深介于35.00～51.00 m。碎屑矿物组合中，角闪石减少，绿帘石增多，含有较多轻矿物，如长石、石英、白云母等，稳定矿物以锆石、石榴子石为主，即以富集较强抗风化的矿物为主，指示暖湿气候条件。从区域沉积环境来看，该时期由于气候转暖，发生区域海侵事件，重矿物的分析结果可作为暖湿气候的一项依据。另外，此带中的长石、石英、蚀变矿物及白云母等轻矿物含量较高，可以作为该区域海侵事件的佐证。

9）铁或钛氧化物（磁铁矿、钛铁矿）-锆石-石榴子石-绿帘石-角闪石（2带）

此带对应上更新统上段上部地层，埋深介于22.00～35.00 m。相比于3带碎屑矿物，其角闪石、绿帘石明显减少，而稳定重矿物的含量明显增加，特别是石榴子石、锆石，说明该部位水动力强度相对增强，推测可能为海退主导的泛滥平原环境。结合沉积物岩性，综合反映了干燥寒冷气候条件下的海退期泛滥平原沉积。

10）铁或钛氧化物（磁铁矿、钛铁矿、赤铁矿、褐铁矿）-石榴子石-绿帘石-角闪石（1带）

此带对应全新统地层，底界深度为22.00 m。碎屑矿物以稳定矿物为主，含量约60%，特别是以钛铁矿、磁铁矿居多，石榴子石次之；非稳定矿物以绿帘石、角闪石为主，未发现自生矿物，反映了沉积物成熟度较弱，且未受到还原条件的改造，推测以河流相沉积为主要特征，与岩性反映的结果基本一致，表现为由下往上从深灰色水平层状黏土夹粉砂，向黄棕色块状含粉砂黏土过渡，反映了温暖气候条件下滨海相向河流相转换的特征。

3. 物源分析

苏北滨海平原区沉积物的源区包括以下三个部分：长江水系沉积物、黄河水系沉积物及近岸基岩冲蚀产物。长江水系沉积物中的轻矿物组成复杂多变，以石英、长石及多种岩屑为主，且随搬运距离增加逐渐趋于成熟，表现为石英含量普遍高于长石。重矿物以榍石为特征，并多见磁铁矿、普通角闪石、普通辉石、石榴子石、绿帘石、褐铁矿、钛铁矿，表现出酸性—中酸性火成岩和变质岩的母岩成分特征，且含量随着搬运距离的增加而递减（孙白云，1990）。黄河水系沉积物以云母、磷灰石、石榴子石为主，重矿物较少，普遍可见方解石（王中波等，2006）。近岸基岩以扬子地层岩石为主，其基底为中元古界郫城群和张八岭群，岩石类型包括斜长变粒岩、斜长浅粒岩夹斜长角闪岩、黑云母片岩。盖层为震旦系—二叠系海相、海陆交互相沉积岩。

沉积物在从源区剥蚀、河流搬运到沉积的过程中发生分选、磨蚀或化学溶蚀等作用，根据碎屑矿物组合和相对丰度，结合各矿物的性质可判别其母岩区（王中波等，2010）。成分成熟度是利用碎屑沉积物中稳定组分的相对含量来定义的。在沉积物遭受剥蚀、搬运的过程中，不稳定矿物抗风化能力较弱，随着搬运距离越来越远，多溶蚀逐渐消失，稳定矿物抗风化能力强而含量相对增高（王昆山等，2010）。稳定矿物中以锆石、金红石、电气石、磷灰石和石榴子石最为普遍，可根据不同沉积物特征选取适当的公式表征沉积物成熟度，进而推测物源区。本次研究采用 ZTR 指数、ATi 指数、GZi 指数、RuZi 指数四项指标进行碎屑矿物综合分析。ZTR 指数以锆石、电气石、金红石相对含量总和为基础，高值对应碎屑组分经历了长时间、高强度的表生过程，通常发生在构造稳定区气候较为湿润的沉积环境（和钟铧等，2001）。ATi 指数建立于磷灰石和电气石的相对含量之上，用于表征沉积物经历的风化程度，低值对应相对低的磷灰石含量，暗示经历了较强的风化作用。GZi 指数基于石榴子石和锆石的相对含量，多应用于对含石榴子石变质岩和岩浆岩的母岩区的分析。RuZi 指数基于金红石和锆石的相对含量，在长江水系沉积物和黄河水系沉积物中变化较大，前者平均为 6.1，后者多为 18.6，可用于区分两种物源特征。各参数公式如下：

ZTR 指数=锆石%+电气石%+金红石%；

ATi 指数=磷灰石%/（磷灰石%+电气石%）×100%；

GZi 指数=石榴子石%/（石榴子石%+锆石%）×100%；

RuZi 指数=金红石%/（金红石%+锆石%）×100%。

在钻孔 XJ01 中，稳定矿物种类包括锆石、金红石、电气石、磷灰石、石榴子石等，不同层位变化较大。整体 ZTR 指数较高，多数为 3～10，最高可达 24.56，显示了整体沉积物成熟度非常高，母岩风化强，搬运距离较远。不同层位磷灰石含量变化较大，表现为多样化的 ATi 指数，表明不同时代沉积物可能经历了多种气候条件，继而可认为江苏古黄河三角洲区域的物源可能不是单一的。GZi 指数在不同层位也表现出多种变化特征，最低为 13，最高可达 99，多数大于 50。RuZi 指数介于 10～40，平均为 20，与黄河沉积物的 RuZi 指数接近。综上，多种指数表明该区第四纪以来受长江水系沉积物影响很小。

2.4.3　黏土矿物组合特征

1. 种类及含量

本次工作选取 5 个典型钻孔不同岩层的沉积物进行 X 射线衍射分析，所选样品组构特征表明沉积物埋藏较浅，可认为黏土矿物种类及含量的变化基本不受成岩作用的影响，而是由母岩成分及沉积环境变化所引起。为了表征不同岩层黏土矿物的相对含量变化，利用样品中黏土矿物的特征峰面积比值得到半定量结果。以钻孔 XJ01 为例，黏土矿物 X 射线谱图解译结果见表 2-4-2。

表 2-4-2　钻孔 XJ01 黏土矿物含量

样品编号	深度/m	黏土矿物含量*/%			
		伊利石	蒙脱石	绿泥石	高岭石
X096	17.55～17.65	63	16	21	—
X098	32.30～32.40	73	27	—	—
X002	53.25～53.35	82	—	12	6
X007	84.40～84.50	83	—	17	—
X011	98.50～98.60	37	51	12	—
X012	107.80～107.90	—	86	14	—
X016	120.80～120.90	—	88	12	—
X020	138.65～138.75	50	35	—	15
X024	153.50～153.60	45	22	33	—
X027	170.00～170.10	59	41		
X030	181.00～181.10	55	45		
X031	194.80～194.90	34	42	13	11
X032	204.80～204.90	40	42	12	6
X042	228.85～228.95	27	52		21
X047	235.00～235.10	73	27	—	—
X049	243.70～243.80	44	36	9	11

*黏土矿物含量表示该黏土矿物占总黏土矿物的比例。

该区黏土矿物以伊利石、蒙脱石为主，含少量绿泥石和高岭石。伊利石为最常见的黏土矿物，含量最高可达 83%，众数达 73%；其次为蒙脱石，最高可达 88%，众数为 27%；绿泥石和高岭石含量较低，多数不含或仅含其中一种，多数含量不超过 20%。

2. 古环境意义

黏土矿物是第四纪沉积物的重要组成部分，广泛产出于海、陆相沉积物，多是铝硅酸盐矿物经风化作用形成，控制其种类、组合等特征的主要因素包括物质来源、沉积类型、地球化学环境、沉积相、古气候变化等。前述该区沉积物的主要来源包括长江水系沉积物、黄河水系沉积物及近岸基岩冲蚀产物。根据各矿物组合特征认为，以上物源较少直接贡献黏土矿物，因此该区黏土矿物主要受沉积环境变化的影响。通常认为干冷气候条件下的风化作用不利于碱金属、碱土金属的淋滤，基岩中的铝硅酸盐矿物风化不彻底，多形成伊利石和蒙脱石（孙庆峰等，2011）。当淋滤作用较强时，碱金属、碱土金属流失完全，有利于高岭石的形成。绿泥石多形成于偏还原条件。黏土矿物形成以后被河流搬运并沉积，此后还能保留沉积埋藏前的特征，因此被广泛应用于反演沉积时的气候环境。

以滨海县滨淮镇钻孔 XJ01 为重点研究对象，其不同深度黏土矿物种类及组合变化由浅至深分述如下。

（1）岩层范围 0～21 m 的黏土矿物以伊利石为主。蒙脱石和绿泥石含量相当，表明滨海、浅海相沉积环境。其不含高岭石的特征表明该岩层段化学风化较弱，淋滤作用不强，即岩层中的碱金属未完全流失，表现出干冷气候条件。

（2）岩层范围 21～53 m 的黏土矿物以伊利石为主，次为蒙脱石，不含绿泥石和高岭石，表现为黏土形成过程的脱钾作用不显著，反映了几乎不存在化学风化作用的特征，可能以较强水动力条件下的物理风化为主。结合该段岩性特征，可能代表了泛滥平原相的沉积环境。

（3）岩层范围 53～83 m 的黏土矿物以伊利石为主，绿泥石次之，并含少量高岭石。整体可能表现出水动力变化较大的近海河道特征。局部水动力强度较大，存在一定的化学风化，形成少量高岭石，整体仍以物理风化为主。其沉积、气候环境变化剧烈，使得伊利石和绿泥石得以形成，而缺少絮凝效应较好的蒙脱石。

（4）岩层范围 83～106 m 的浅部段黏土矿物以伊利石为主，并含少量绿泥石，深部段表现为蒙脱石和伊利石相当及少量绿泥石。该岩层不同深度黏土矿物的变化特征反映出由较强水动力条件转化为静水条件，表现为絮凝效应较好的蒙脱石逐渐增多，可能说明支流河道过渡为湖泊相沉积环境的转化特征。

（5）岩层范围 106～126 m 的黏土矿物以蒙脱石为主，并含少量绿泥石，表现为化学风化较弱的静水深埋沉积。结合岩性特征，可能表明了湖泊相沉积环境。

（6）岩层范围 135～156 m 的黏土矿物以伊利石为主，蒙脱石次之。浅部岩层含一定量高岭石，深部含绿泥石。整体表现出气候相对暖湿，存在一定的化学风化作用。深部表现为较强水动力条件下的淋滤作用，浅部反映了相对减弱的水动力条件的沉积环境，并以偏还原为特征。结合岩性特征，可能说明了沉积环境逐渐由泛滥平原相向沼泽相过渡。

（7）岩层范围 156～192 m 整体黏土矿物含量较稳定，表现为伊利石和蒙脱石比例相当，而伊利石稍多，说明其沉积环境变化不大，这与该段沉积物成分成熟度较高一致。

该段不含或含极少高岭石和绿泥石，说明其水动力不强，淋滤作用较弱，且表现出埋藏较浅的浅水，甚至地表暴露环境。结合岩性特征，可能暗示了以曲流河道沉积为主。

（8）岩层范围 192～213 m 的黏土矿物种类较多，以蒙脱石、伊利石为主，且含有一定量的绿泥石和高岭石，反映了泛滥平原与河流相沉积特征。整体沉积物颜色为灰黄色，说明基本经历了氧气充足的沉积环境，而绿泥石多形成于还原环境，推测可能为较深的河流相沉积，且水动力强度较大，存在一定淋滤作用，局部有利于高岭石的形成。

（9）岩层范围 213～250 m 的黏土矿物可分为三个部分：深部伊利石和蒙脱石相当，并含一定量的绿泥石和高岭石；中部以伊利石为主，蒙脱石次之；浅部以蒙脱石为主，伊利石次之，并含一定量的高岭石。结合岩性推测整体表现为湖泊相沉积环境，且湖心带与湖岸带交替出现。湖心带水动力强度中等，形成伊利石和蒙脱石相当的特征，由于整体气候相对暖湿，存在一定的化学风化作用，其埋藏较深，有利于绿泥石的形成；湖岸带表现为埋藏较浅，不利于绿泥石的形成，其较强的水动力条件有利于高岭石的形成，但整体化学风化不强，使得黏土的脱碱金属作用不显著，表现为以伊利石、蒙脱石为主。

综合 5 个钻孔黏土矿物种类及含量的特征发现，该区整体表现出以物理风化为主，即化学风化作用较弱，局部氧化、还原条件相互转化，可能与沉积物埋深有关，反映沉降或环境的变化。综上，该区不同时代气候环境变化表现如下。

上新世沉积物中的黏土矿物以蒙脱石为主，含一定量伊利石及少量绿泥石，基本不含高岭石，表现出以富钠铝钙硅酸盐的不完全风化淋滤作用为主，可能与基岩富含斜长石有关，表现出暖湿的气候环境。

早更新世沉积物的黏土矿物以蒙脱石和伊利石为主，两者比例因岩性不同存在较大变化，局部含少量绿泥石，基本不含高岭石。可认为该时期主要表现为以物理风化为主，指示相对干冷的气候条件。

中更新世沉积物黏土矿物以伊利石为主，蒙脱石次之，局部可见凹凸棒石，并有一定量高岭石、绿泥石。其岩性表现为曲流河沉积体系，可认为该时期多为温暖湿润气候环境之下的沼泽及泛滥平原沉积。

晚更新世—全新世沉积物的黏土矿物以伊利石、蒙脱石交替主次为特征，含有一定量绿泥石，整体表现为冷干和暖湿波动变化的气候条件，可能暗示了海陆环境交替出现的特征。

2.4.4　沉积物原生、后生地球化学作用

1. 富铝化沉积

富铝化沉积是铝-铁-锰氧化物富集过程。在高温多雨的条件下，硅酸盐发生强烈水解，释出盐基物质，盐基离子和硅酸大量流失，使风化物呈中性和碱性，铝、铁、锰氧化物在土体中残留或富集，使之呈棕红色。华北第四纪地层区薄层近棕红色的黏土是极浅水或水位波动下降氧化所致，为洪泛盆地和洼地边部沉积特征。在华北平原目前已有深钻中，约三分之一钻孔前第四纪大多出现厚层棕红色黏土，显示有较长时期浅水、遭氧化的背景。第四纪时期一些地点也出现浅棕红色黏土，区域第四纪地层中富铝沉积层

厚度没有超过 5 m，含钙质结核较少，表明上新世这里的氧化时间较长，第四纪近似的气候环境时间较短，且不如上新世普遍。邻近钻孔若未见这样厚层状棕红色黏土，应属于水下沉积，或遭到河流侵蚀。

富铝化沉积在区域的沉积深度及范围：区域中更新统下段普遍出现一层富铝化沉积，深度 90 m 左右，沉积物为坚硬的棕色黏土（图 2-4-4），加之后期发育不同程度的潜育化斑纹，故长期被称为"网纹红土"，厚度 1～3 m，指示区域经历温暖湿润的气候时期。该沉积地层对应中更新世早期，在整个亚洲季风区，中更新世早期是第四纪一个非常温暖的时期。

左侧图注：富铝化沉积，棕色黏土，块状层理，含碳质有机物，见钙质结核，积水洼地，后期演变为极浅水环境。后生富铝化沉积，经历暖湿气候环境。

孢粉样品分析显示：乔木植物为主，其中桦木属(*Betula*)、枫香树属(*Liquidambar*)、栎属落叶类型(*Quercus*)数量较多，草本植物中藜科(Chenopodiaceae)数量较多

图 2-4-4　区域中更新统下段富铝化沉积（一）

灌河一线附近中更新统下段出现小范围富铝化沉积（图 2-4-5），深 120 m 左右，厚度 2～3 m，沉积物为棕色黏土，坚硬，其上下地层都为细—中砂，推断该层可能为牛轭湖沉积，且经历了一个温暖气候时期。

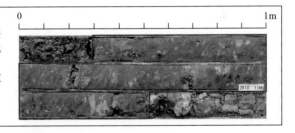

左侧图注：棕色黏土，棕色为主，夹较少绿灰色，水平层理，平行层理，偶见铁质浸染。积水洼地，富铝化沉积，指示温暖湿润气候环境。

孢粉样品分析显示：以乔木植物为主，乔木植物中青冈属(*Cyclobalanopsis*)、化香树属(*Ptatycarya*)、栎属落叶类型(*Quercus*)数量最多

图 2-4-5　区域中更新统下段富铝化沉积（二）

区域南部绝大多数钻孔在下更新统下段上部见富铝化沉积，深度 150 m 左右，厚度 2～4 m，沉积物为棕红色黏土，坚硬，属沼泽沉积，该地层指示相应时期气候温暖湿润。

2. 含钙质结核层

钙-镁元素淋滤过程。在干旱与半干旱气候条件下，土壤形成的水分条件是季节性淋溶，矿物风化时释出的易溶盐类大部分淋失，硅、铁、铝等氧化物在土体中基本不移动，最活跃的钙、镁元素在土壤中淋溶、淀积，在土体的中下部形成钙积层，上部也可以形成棕红色黏土层。碳酸钙的聚积形式多呈粉末状，连续成层分布，也有的呈斑块状分布，

而碳酸盐聚积物以斑点状存在于土壤孔隙、根孔隙和结构体的表面。存在于土壤上部土层中的石灰以及植物残体分解释放出的钙在雨季以重碳酸钙形式向下移动，到达一定的深度后释放二氧化碳，以碳酸钙的形式累积下来。区域第四纪以来一直处于东亚季风气候区，气候的干湿变化使地层中容易出现钙质结核与钙积层。另外，区域钻孔中也见到钙质胶结砂，钙质胶结砂体多出现在河流相含砾砂、粗砂、中砂层的底部，其沉积化学原理与黏土中钙质胶结物大致相同，沉积位置往往取决于下伏地层岩性，下伏黏性土作为隔水层，阻止大部分水向下移动，由于干湿季的变化，在隔水层之上的位置通常易出现钙质胶结砂层。钙质胶结砂层上下岩性差别明显，且存在沉积间断，往往被视作分组或分段界线。对湖泊沉积物的研究表明，$CaCO_3$ 的含量受降水的影响比较明显，气候越干旱，其含量越高，可以把 $CaCO_3$ 含量升高作为气候向干冷变化的指标。

区域中更新统出现含钙质结核黏土层较多，灌河往南地层中见 4～6 层，厚度 3～6 m，灌河往北地层中见 2～4 层，厚度一般为 2～7 m，钙质结核与钙质胶结条带普遍生成于浅黄灰色、浅绿灰色含粉砂黏土层中（图 2-4-6），含粉砂黏土为块状层理，坚硬，局部潜育化条带构成网状，含铁锰质结核，湖泊沉积。指示中更新世气候整体以干冷为主，季节性明显。

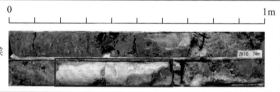

钙质胶结砂磐：灰黄色黏土层中的钙质胶结层，指示一定时间内沉积环境稳定，干湿变化的季风气候稳定，年均降水量稳定，整体气候干冷

图 2-4-6　湖泊相沉积层中钙质砂磐

下更新统中段与下段见含钙质结核层，在区域范围内不连续，同一钻孔中最多出现两层，厚 4～9 m，生成于浅绿灰色、浅黄灰色含粉砂质黏土、粉砂质黏土层，也见于砂层底部，如图 2-4-7 所示。黏性土为层状构造，薄层黏土夹极薄层黏土构成平行韵律层理，坚硬，潜育化，湖泊，沼泽沉积，指示早更新世早期与中期出现几次冰期。

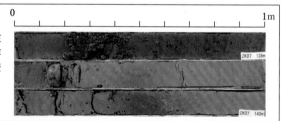

砂层底部钙质结核层：该处钙质胶结砂体出现在河流相含砾砂、粗砂、中砂层的底部，下伏黏性土作为隔水层，阻止大部分水向下移动，由于干湿季的变化，在隔水层之上的位置出现钙质胶结砂层

图 2-4-7　区域河流相底部钙质结核层

3. 富有机质层

在长期积水、沼泽、海滨区域生物繁盛的环境中，土壤中大量有机质积累，随着积水时间不断加长，土壤通气条件愈加恶化，土壤微生物活动减弱，植物有机体分解减缓，

有机质在土壤中大量积累，区域泥炭层中见到大量碳质植物残体，植物灰分元素（矿质元素）日趋减少，由于有机质的不断积累形成一定厚度的有机质层。

晚更新世以来，三次海侵地层中多见富有机质层，如图 2-4-8 所示。全区上更新统与全新统均有分布，发育于滨岸浅海环境，潮上带，潟湖沉积环境；有机质含量高，深灰色，具嗅味，含碳质植物残体和贝壳碎片。

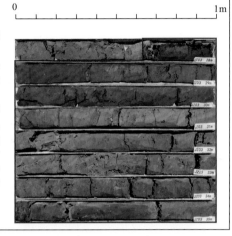

泥炭层，深灰色有机质黏土，夹粉砂薄层及透镜体，富碳质有机物，具嗅味。

样品中见平旋壳类7枚，缝裂希望虫*Elphidium magellanicum* Heron-Allen and Eerland 3枚，江苏小希望虫*Elphidiella kiangsuensis* Ho, Hu et Wang 2枚，秋田九字虫*Nonion akitaense* Asano 2枚；螺旋壳类18枚，同现卷转虫*Ammonia annectens* Parker et Jones 4枚，毕克卷转虫变种*A. beccarii* vars. (Lineé) 8枚，无刺仿轮虫*Pararotalia inermis* (Terquem) 4枚，中华假圆旋虫*Psedogyroidina sinensis* (Ho, Hu et Wang) 2枚；海相介形类522枚，广盐始海星介*Propontocypris euryhaline* Zhao 8枚，典型中华美花介*Sinocytheridea impressa* (Brady) 514枚；非海相介形类布氏土星介*Ilyocypris bradyi* Sars 4枚

图 2-4-8　区域滨海相富有机质层及对应微体古生物测试结果

中更新统上段顶部出现一层泥炭层，分布在陈家港镇周围 15～20 km 范围内，相比滨海相泥炭层，其有机质含量略低，深灰色，夹粉砂薄层，水平层理，含淡水湖丽蚌碎片，湖沼沉积。指示中更新世晚期出现的一次间冰期。

4. 潜育化层

在整个土体或土体下部，因长期被水浸泡，几乎完全处于闭气状态，有机质分解产生较多还原性物质，高价铁、锰转化为低价，颜色显示为灰绿色、蓝灰色。区域潜育化作用一般会形成滞水潜育土、正常潜育土。滞水潜育土是地表水在弱透水性的土层上汇集，使得矿质地表至 50 cm 深度以内的土层长期为水饱和而形成潜育特性的土壤，区域通常表现为浅绿灰色，结构体表面和土壤基质的彩度随深度的加深而升高，还原作用随深度增加而减弱，活性铁与锰的比例也随深度的加深而增加。正常潜育土受长期地下水分饱和的影响，土壤有机质分解缓慢，积累较多，可根据有无有机质表层或暗沃表层划分为 3 个土类，有机正常潜育土、暗沃正常潜育土和简育正常潜育土。区域地层中通常见到潜育土表面出现硬土层便可称为暗沃正常潜育土，而简育正常潜育土多分布在气温较高、有机质分解较快的地区或淋溶较强、土壤盐基含量较低、pH 低的地区。可作为气候冷暖的参考因素。

潜育化层在区域的沉积深度及范围：潜育化层是区域黏土地层的主体，分布在各个时期的地层中。区域内潜育化层顶部常含有机质，分层界线上往往可见侵蚀面或钙质砂磐。

上更新统潜育化层较薄，出现在冰期 MIS4 对应地层中，主要覆盖于以平建为中心

周围约 20 km 的范围，岩性为暗灰绿色粉砂质黏土，厚度 0.5～2.0 m，硬塑，局部含钙质结核，见生物扰动印迹，属沼泽沉积（图 2-4-9）。

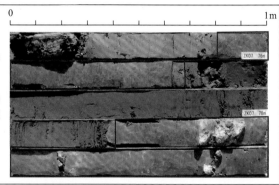

上层为深绿灰色黏土，潜育化条带构成斑状，含有机质，属暗沃正常潜育土，积水洼地沉积，地表滞水环境生成后经快速掩埋，有机物未充分分解。

下层为绿灰色黏土，潜育化条带沿孔隙发育，构成网状，属简育正常潜育土，积水湖泊沉积，滞水环境，后期为浅水环境，甚至暴露，气候较温暖，有机物分解

图 2-4-9　区域上更新统潜育化层特征图

中更新统地层中潜育化层发育最厚，且在区域普遍覆盖，滨海港镇附近单层厚度达 20 m，多层累积厚度达 40 m，属湖泊沉积，岩性为绿灰色黏土，泥状结构，块状层理，坚硬，含钙质结核。

下更新统潜育化层主要位于上段，厚度约 10 m，绿黄色含粉砂黏土，块状层理，坚硬，含铁锰结核及少量钙质结核，属湖泊沉积（图 2-4-10）。中段潜育化层区域仅零星钻孔可见，为滞水潜育化层，下段潜育化层主要出现在区域北部地层中，岩性为浅绿灰色含粉砂黏土，薄层夹极薄层构成平行韵律层理，含钙质胶结物，厚度 5～10 m，属周期性沼泽沉积。

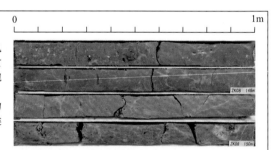

滞水潜育土，绿黄色，泥状结构，块状层理，见少量铁锰质及钙质结核，潜育化发育。积水湖泊，贫营养湖湖心带沉积，沉积环境稳定，长期积水浸泡形成。

孢粉样品分析显示：以乔木植物为主，乔木植物中松属(*Pinus*)、青冈属(*Cyclobalanopsis*)、栎属落叶类型(*Quercus*)数量较多

图 2-4-10　区域下更新统潜育化层特征图

2.5　年代地层学

2.5.1　古地磁测试

古地磁测试主要是通过测定岩石的剩磁来研究地质时期的地球磁场出现的时间、强度及其演化，可测定出磁倾角、磁矩和磁化率来研究古气候、古环境、古地理和地层分界。

区域共选取了 8 个钻孔，分别进行采样，共测试了 1993 个样品。其中，XJ01 古地磁样品的测试在南京大学地球物理与动力学研究所大地构造古地磁实验室的磁屏蔽室（背景场<300 mT）内进行，剩磁的测量用美国 2G 公司生产的 755R 三轴高灵敏度超导岩石磁力仪完成。其余样品由原国土资源部南京矿产资源监督检测中心（中国地质调查局南京地质调查中心）完成。

本次以第四纪基准孔 XJ01 孔的古地磁分析为代表，结合其余 3 个钻孔的古地磁数据，并参考前人所做钻孔地层古地磁资料，划分了古地磁的极性带和极性亚带，进而为第四纪地层的划段提供年代学依据。

1. 实验方法

对取自 XJ01 孔的 371 个古地磁样品做了天然剩磁（NRM）测量及退磁处理。在所有样品的天然剩磁测量完成后，选取 34 个不同层位且代表不同岩性（如黏土、粉砂质黏土、粉砂、黏土质粉砂、粉砂等）的样品做了系统退磁处理，以便了解不同岩性样品的退磁特征，从而确定对其他样品做退磁处理应该采取的磁清洗方案。对剩余的 337 个样品按照该磁清洗方案做退磁处理，使用 Molspin 交变退磁仪来完成交变退磁。系统退磁所加的交变场强度通常以每步增加 5～10 mT 的幅度增加至 100 mT，共 13 步。根据不同岩性样品的退磁轨迹特征，对其余样品的退磁所加交变磁场强度的步长增至 10～20 mT，共 8～10 步。

2. 数据处理与分析

通过对不同岩性样品的系统交变退磁分析，样品的退磁总体分为以下几类。第一类，样品对交变退磁响应好，剩磁强度随场强逐步衰减，退磁轨迹较稳定地趋向原点，能分离出稳定的特征剩磁分量。第二类，样品对交变退磁响应较好，剩磁强度随场强逐步衰减，退磁轨迹也有向原点趋近的趋势，然而退磁轨迹不稳定，线性程度差，能分离出特征剩磁分量，但最大角偏差（MAD）稍大，通常小于 15，有时线性程度较好，但退磁轨迹会稍微偏离原点。第三类，样品的退磁轨迹总体有向原点趋近的趋势，线性程度较差，也基本能分离出特征剩磁分量，但线性拟合的步骤较少，通常只有 3 步，而且 MAD 通常大于 15（但小于 20）。第四类，样品对交变退磁响应差，剩磁强度随场强增强而衰减，退磁轨迹较分散，有向原点趋近的趋势，勉强能拟合退磁轨迹获得特征剩磁分量，但 MAD 通常都大于 20，或者在较低场时剩磁衰减，在较高场时剩磁增强，所分离出来的低场分量未必是原生剩磁。第五类，样品的退磁曲线紊乱或者剩磁强度随场强增强变化不大甚至增强，通过这类样品的退磁数据无法分离出特征剩磁分量。对于退磁效果较好，能分离出特征剩磁分量的退磁结果运用主成分分析（principal component analysis，PCA）法（Kirschvink，1980）来确定特征剩磁分量的方向。通常选取 4 步以上（个别只选取了 3 步）退磁步骤拟合获得特征剩磁分量。在运用这些数据建立磁极性年代柱之前，应对这些数据的可靠性进行系统分析。根据样品的退磁特征，如剩磁分量的矫顽力区间、线性拟合度、拟合点多少（＞3）及点与点间是否连续、剩磁强度随场强增加而衰减的程度、拟合是否过原点等综合考量，将退磁数据分为 A、B、C、D、E 五类，基本与以上退磁特征所分得的五个分类一一对应。A 类与 B 类的 MAD 均小于 15，C 类的 MAD 在 15～20 ，D 类 MAD 大于 20，E 类样品的退磁数据不可靠，不能分离出特征剩磁分量。因为通常认为 MAD 小于 15 的数据较可靠，在建立该孔的磁极性年代柱时，采用了可靠性较好的 A 类、B 类和 C 类数据。

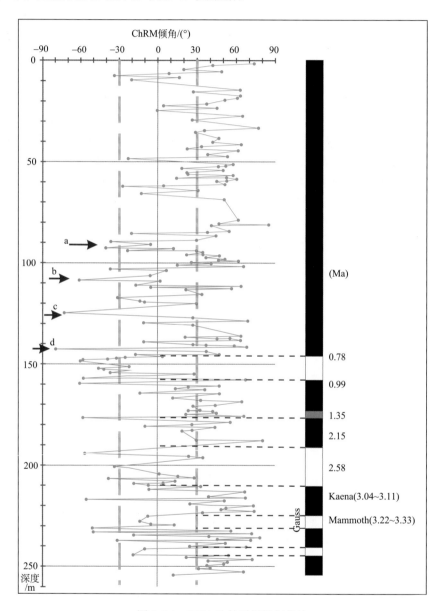

图 2-5-1　XJ01 孔的磁极性年代柱

红虚线表示主要极性转换界线；红箭头及字母 a、b、c、d 分别代表布容正向极性期的几次负漂，分别是 Blake（120 ka B.P.）、
Pringle Falls（210 ka B.P.）、Big Lost（570 ka B.P.）及 West Eifel1（720 ka B.P.）事件

3. 讨论

依据本次测试数据绘制出了 XJ01 孔的有效退磁样品的磁倾角随深度变化的曲线及相应的推测的磁极性年代柱。磁极性年代柱是根据标准的地磁极性年代表（Cande and Kent, 1995）建立的。在建立磁极性年代柱时还结合了野外地层描述，参考了 AMS [14]C 年龄结果的约束，并基于以下假设：①地层沉积连续，②已有的古地磁结果记录到了每次极性倒转事件。在建立地层极性年代柱的过程中，首先用可靠性为 A 类的数据，并结合地层岩性变化特征厘定极性变化的总体框架，然后加上可靠性为 B 类和 C 类的数据进一步细化极性变化。按照上述步骤及约束尝试建立起 XJ01 孔的磁极性年代柱（图 2-5-1）。除了识别出主要的极性转换界面如 B/M、M/G 及较短的极性转换如高斯正向极性期内的 Kaena 和 Mammoth 等外，在布容正向极性期内还识别出 4 个主要的极性负亚时，分别是 Blake（120 ka B.P.）、Pringle Falls（210 ka B.P.）、Big Lost（570 ka B.P.）、West Eifel1（720 ka B.P.）。这些负漂事件的发现为在布容正向极性期内的精细定年提供了依据。该磁极性年代柱所揭示的主要极性转换界线及主要极性漂移事件的层位如表 2-5-1 所示。

表 2-5-1　XJ01 主要极性转换界线及主要极性漂移事件的层位

深度/m	年代
91.3	Blake, 120 ka B.P.
108.8	Pringle falls, 210 ka B.P.
124.8	Big Lost, 570 ka B.P.
142.8	West Eifell, 720 ka B.P.
146.3	B/M, 0.78 Ma B.P.
155.5	Jaramillo 顶界, 0.99 Ma B.P.
176.8	J-O 间的负极性，约 1.35 Ma B.P.
191.0	2r.1n 底界, 2.15 Ma B.P.
212.0	M/G, 2.58 Ma B.P.
224.5～233.3	Kaena, 3.04～3.11 Ma B.P.
241.3～245.0	Mammoth, 3.22～3.33 Ma B.P.

从该方案的分析结果来看，各时期地层界线深度与该区域以及相邻区域前人资料所定地层相符合，具有一定的参考意义。

利用钻孔岩性特征、测井资料与区内相邻钻孔及全球环境变化特征的对比分析，初步划分了该钻孔的主要地质界限，全新统/上更新统/中更新统/下更系统/上新统界限分别为 21.10 m、83.24 m、145.20 m 和 213.00 m。

前人在对沿海地区第四纪地层进行研究时，往往将砂性土与黏性土的结构界线作为地层分组与分段界线，并将地质时代界线附在分层界线之上，相比前第四纪地质来说，第四纪年代较精确，尤其在晚更新世的定年上可精确到千年之内。第四纪沉积物存在同期异相性，所以就年代地层学来说，地层沉积结构界线与年代地层不会完全一致。

2.5.2　^{14}C 测年

本次 50 件 ^{14}C 样品均采自钻孔与基坑剖面，采样对象为无污染的黏土、淤泥质黏土、泥炭、贝壳，样品及时密封并送出，测试均在美国 BETA 公司迈阿密实验室完成。该实验室为 ISO/IEC 17025:2005 认证的国际权威测年实验室，样品都采用 AMS 法测试，加速器质谱仪型号为 NEC Company AMS Machine，测年数据主要以 1950 年为起始年计算，个别样品以 2000 年为起始年计算，测试结果如表 2-5-2 所示。

表 2-5-2　^{14}C 测年全部数据汇总

钻孔	深度/m	样品岩性特征	校正年龄
XJ01	3.65	深灰色粉砂质黏土（含碳屑）	（80 ± 30）a B.P.
XJ01	19.8	深灰色淤泥质黏土（泥炭）	（3170 ± 30）a B.P.
XJ01	20.9	深灰色淤泥质黏土（泥炭）	（6890 ± 40）a B.P.
XJ01	21.2	黄棕色黏土	（13490 ± 50）a B.P.
XJ01	48.6	深灰色黏土（泥炭）	（28980 ± 170）a B.P.
JZ03	1.6	灰棕色含粉砂黏土	（4020 ± 30）a B.P.
JZ03	3.6	深灰色淤泥质黏土（泥炭）	（4660 ± 30）a B.P.
JZ03	8.15	深灰色淤泥质黏土（泥炭）	（3980 ± 30）a B.P.
JZ03	14.6	深灰色淤泥质黏土（泥炭）	（4830 ± 40）a B.P.
JZ03	18.95	棕色含粉砂黏土	（25930 ± 120）a B.P.
JZ03	26.1	灰黑色含粉砂黏土（泥炭）	＞ 43500 a B.P.
JZ03	33.6	灰黑色含粉砂黏土（泥炭）	＞ 43500 a B.P.
JZ04	3.9	深灰色黏土（泥炭）	（1650 ± 30）a B.P.
JZ04	12.63	深灰色淤泥质黏土（泥炭）	（4380 ± 30）a B.P.
JZ04	30.4	深灰色黏土（泥炭）	（39760 ± 510）a B.P.
XG01	3.75	棕灰黄色粉砂质黏土	（7280 ± 30）a B.P.
XG01	8.95	深灰色淤泥质黏土（泥炭）	（5190 ± 40）a B.P.
XG01	15.55	深灰色淤泥质黏土（泥炭）	（5840 ± 30）a B.P.
XG01	19.55	深灰色淤泥质黏土（泥炭）	（5220 ± 30）a B.P.
XG01	22.1	深灰色淤泥质黏土（泥炭）	（3350 ± 30）a B.P.
XG01	25.4	深灰色粉砂质黏土	（43870 ± 920）a B.P.
XG01	29.3	黑灰色含粉砂黏土（泥炭）	（37440 ± 470）a B.P.
YQ01	10.5	深灰色淤泥质黏土（泥炭）	（5060 ± 40）a B.P.
YQ01	14.05	深灰色淤泥质黏土（泥炭）	（4720 ± 40）a B.P.
YQ01	17.9	深灰色粉砂质黏土	（40830 ± 640）a B.P.
ZK05	3.25	深灰色粉砂质黏土	（20 ± 30）a B.P.
ZK05	8.7	深灰色粉砂质黏土	（640 ± 30）a B.P.
ZK05	15.4	深灰色淤泥质黏土（泥炭）	（5240 ± 40）a B.P.
ZK05	33.5	深灰色黏土（泥炭）	（32930 ± 250）a B.P.
ZK05	36.3	深灰色黏土（泥炭）	（37990 ± 490）a B.P.

续表

钻孔	深度/m	样品岩性特征	校正年龄
ZK06	22.65	贝壳（双纹须蚶）	（4030 ± 30）a B.P.
ZK07	1.31	深灰色粉砂质黏土	（117.1 ± 0.4）pMC
ZK07	4.3	深灰色黏土质粉砂（含碳屑）	（3700 ± 30）a B.P.
ZK07	35.35	深灰色粉砂质黏土	＞ 43500 a B.P.
ZK07	45.1	深灰色含粉砂黏土	＞ 43500 a B.P.
ZK09	8.15	深灰色含粉砂黏土	（5280 ± 30）a B.P.
ZK09	41.07	深灰色黏土质粉砂（含碳屑）	＞ 43500 a B.P.
ZK10	1.7	棕色含粉砂黏土	（4370 ± 30）a B.P.
ZK10	3.4	深灰色淤泥质黏土	（4730 ± 30）a B.P.
ZK10	7.1	深灰色含粉砂黏土（泥炭）	（5750 ± 30）a B.P.
ZK10	19.1	深灰色含粉砂黏土（泥炭）	（6400 ± 30）a B.P.
ZK10	19.55	灰棕色含粉砂黏土	（22590 ± 80）a B.P.
ZK10	24.95	深灰色黏土质粉砂（含碳屑）	（33550 ± 240）a B.P.
ZK10	32.9	深灰色黏土（泥炭）	（38690 ± 370）a B.P.
J3（基坑）	3.15	棕色粉砂质黏土	（5400 ± 30）a B.P.
J3（基坑）	4.42	灰棕色含粉砂黏土	（4700 ± 30）a B.P.
J3（基坑）	4.47	深灰色淤泥质黏土	（5650 ± 30）a B.P.
J2（基坑）	0.9	泥炭	（105.1 ± 0.3）pMC
J2（基坑）	2.25	灰棕色含粉砂黏土	（6710 ± 30）a B.P.
J2（基坑）	2.3	深灰色淤泥质黏土	（6920 ± 30）a B.P.

注：其中单位 a B.P.以 1950 年为起始年计算，单位 pMC 以 2000 年为起始年计算。

由于区域测年材料处于不闭合状态，^{14}C 测年数据常常出现偏差；即使是实验室操作没有任何误差，也会出现地层序列中年代倒置的情况。此次测试结果在全新世沉积物中即出现年代数据倒置，由于区域位于河口区，这一状况可以理解，不做太多的解释。下伏地层中该测年方法可以使用到 MIS 阶段海侵层，目前看符合已有的判断，全部样品皆有使用价值。

2.6　生物环境地层学

2.6.1　孢粉数据分析

植物群落的变化是气候冷暖干湿波动灵敏的反映标志，其分布受温度、湿度、地形地貌、海拔、土壤等自然界多种因子的控制。在以海陆相沉积为主的第四纪地层中包含很多气候信息，其中以孢粉信息最为敏感、价值最大，已广泛用于第四纪古气候与古环境研究。孢粉学主要是通过鉴定沉积物中不同木本和草本植物的花粉及蕨类植物的孢子所代表的不同植被类型的组合特征，采用一定的分析方法来定性或半定量恢复古环境、古植被和古气候。因而利用沉积物中的孢粉组合更迭研究是古环境、古气候研究的重要方法（宋长青和赵楚年，1999；王开发等，1983；郑卓和雷作淇，1992）。

　　许多学者在中国著名的河口地区如长江三角洲、珠江三角洲做了大量的孢粉-古植被更迭-古气候变化的研究。例如，黄镇国等（1982）在珠江三角洲发现晚更新世末次冰期以来，古气候有两个暖-冷旋回变化，年平均气温最大波动幅度达 7～9℃；郑卓和王建华（1998）对珠江三角洲北部地区的研究认为，31404 a B.P.以来的孢粉气候有明显变化，推论晚更新世亚间冰期的年平均气温比现今低 2～4℃，盛冰期则低至 6℃以上，到全新世中期以后形成了与现今相似的明显受季风影响的常绿阔叶林。张玉兰（2005）通过对长江三角洲前缘地区两个钻孔晚第四纪地层的研究划分出了 6 个孢粉组合带，并结合邻近钻孔的相关资料，恢复了该地区植被演替、气候波动的过程阶段。本研究根据区域部分钻孔孢粉分析结果，结合钻孔剖面年代数据，探讨该区域植被及古气候的演替过程。

　　1. 孢粉的实验室处理方法及步骤

　　本次研究中，孢粉样品取样 5～10 g（黏土或粉砂质样用 5 g，对于偏中粗砂的样品，采样时稍多一些量），前处理过程采用传统的重液浮选和氢氟酸法，外加 1 片石松（*Lycopodium*）孢子片剂计算孢粉浓度，孢粉样品化学处理具体步骤如下。

　　（1）称样加入 10% 浓度的 HCl，充分搅拌，待完全反应去除钙质成分后，洗酸，即放于离心机中离心，倒去清液，加水搅拌均匀，如此反复离心 3～5 次，有大量石英质时需再用氢氟酸再处理。

　　（2）加 15% 浓度的 KOH 搅拌均匀，水浴加热 2 h 左右以去除有机质，并不时搅拌，洗碱；若残余物质颗粒较粗时，可以在此时过筛，上离心机做离心，直至离心后清液清澈时为止，一般需 3～5 次。

　　（3）重液浮选两次。重液密度为 1.8～2.0 g/cm^3，第一次加入少量的重液，离心，倒上面清液入洗好的烧杯中；第二次加入样品体积两倍的重液，搅拌均匀后离心，清液依次倒入各自的烧杯中。用 3% 浓度的 HCl 稀释烧杯中的样品至原来密度的一半，即加入稀盐酸稀释至原来体积的两倍，然后把稀释后的样品转入离心管做离心，上面清液集中放置，以备重液回收。

　　（4）在离心管中的残余沉积物中加入无水酒精，充分搅拌后离心，倒掉上部液体，将管中的沉淀物晾干，使样品脱水。如果杂质过多可用超声波震荡除去细小杂质。

　　（5）重液回收（蒸发水法：放在烧杯中煮至密度达到 1.8～2.0 g/cm^3）。

　　（6）制片：用定量取液器按沉淀物/甘油为 1∶6 的比例向沉淀物中加入甘油，充分搅拌均匀后取一定体积（30～40 μL）滴在载玻片中央，盖上盖玻片，压出气泡；用加拿大树胶将盖玻片封好，封片胶的宽度在 1 cm 左右，盖玻片和载玻片上各占一半。制片完成之后，在 Nikon 生物显微镜下完成孢粉鉴定，每个玻片的孢粉统计数均超过 100 粒。

　　2. 孢粉统计结果

　　本研究总共分析涉及 5 个基准孔，钻孔代号分别为 YQ01、XG01、XJ01、JZ03 和 JZ04；其中 YQ01 钻孔分析 19 个样品，XG01 钻孔分析 37 个样品，XJ01 钻孔分析 81 个样品，JZ03 钻孔分析 43 个样品，JZ04 钻孔分析 44 个样品；共统计鉴定到 22582 粒花粉，平均每个样品约 100.9 粒。孢粉的统计结果总共有 54 个分类属种，其中木本植物 33 个，草本植物 12 个,蕨类孢子 9 个。根据钻孔的孢粉分析统计结果,钻孔中上部岩性为黏土或粉砂质黏土层的孢粉含量相对丰富;钻孔中下部以粉砂、粗砂砾层的孢粉含量相对较少。

五个钻孔的孢粉统计结果表明:整个钻孔剖面的孢粉种类以乔木和草本为主,蕨类植物含量相对较低。木本植物花粉种类主要有裸子种类的松属(*Pinus*)、冷杉属(*Abies*)和杉科(Taxodiaceae);被子植物乔木类包括桤木属(*Alnus*)、桦木属(*Betula*)、鹅耳枥属(*Carpinus*)、栗属(*Castanea*)、朴属(*Celtis*)、青冈属(*Cyclobalanopsis*)、水青冈属(*Fagus*)、枫香树属(*Liquidambar*)、栎属(*Quercus*)和榆属(*Ulmus*)。草本植物花粉主要有禾本科(Gramineae)、藜科(Chenopodiaceae)、蒿属(*Artemisia*)、百合科(Liliaceae)、蓼科(Polygonaceae)、茜草科(Rubiaceae)、毛茛科(Ranunculaceae)和莎草科(Cyperaceae),还有水生植物的香蒲科(Typhaceae)等。蕨类的孢子主要有蕨属(*Pteridium*)、水龙骨科(Polypodiaceae)、凤尾蕨属(*Pteris*)和紫萁属(*Osmunda*)等。

3. 孢粉组合带及古环境、古气候分析

1)孢粉组合带及气候意义

本小节中孢粉百分比含量的计算是将乔木、草本和蕨类的百分比以花粉总数为基数计算而获得(图 2-6-1～图 2-6-5)。根据孢粉分析结果,结合钻孔的岩性及孢粉的聚类结果,区域剖面可以划分成 5 个孢粉带,进一步可划分成 12 个亚带。由于研究区域沉积环境复杂多样,花粉带在不同钻孔的深度存在一些差异。

孢粉 1 带(*Pinus* + *Quercus* + *Cyclobalanopsis-Artemisia* + Chenopodiaceae + *Polypodiodes*):该孢粉带在 XJ01 钻孔中的深度最大(25 m),在其他钻孔中的深度较为接近。该孢粉带以针叶-阔叶混交林的松属和栎属花粉为主,除此之外,还有桤木属、榛属(*Corylus*)、桦木属、漆树属(*Toxicodendron*)和栗属。草本种类以蒿属、藜科、禾本科和莎草科为主,同时还有相当数量的毛茛科和蓼属等。

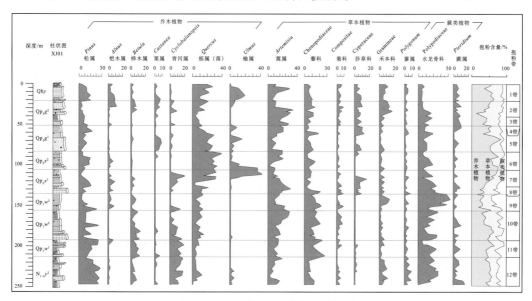

图 2-6-1 钻孔 XJ01 孢粉百分比图

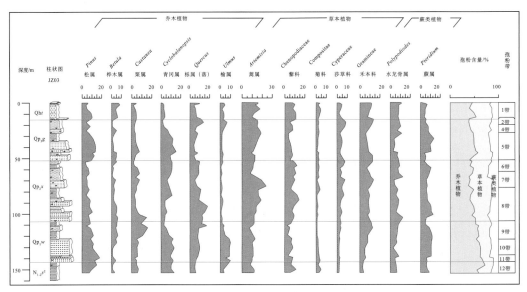

图 2-6-2　钻孔 JZ03 孢粉百分比图

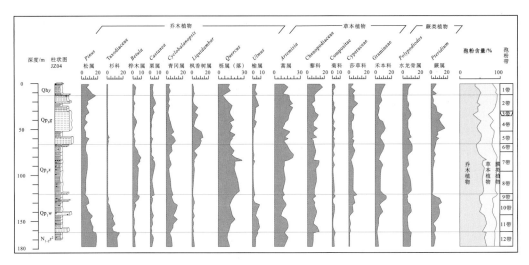

图 2-6-3　钻孔 JZ04 孢粉百分比图

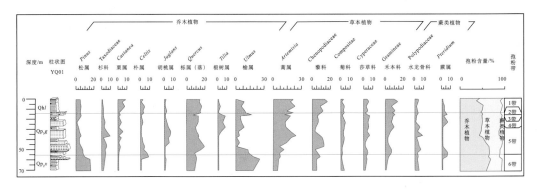

图 2-6-4　钻孔 YQ01 孢粉百分比图

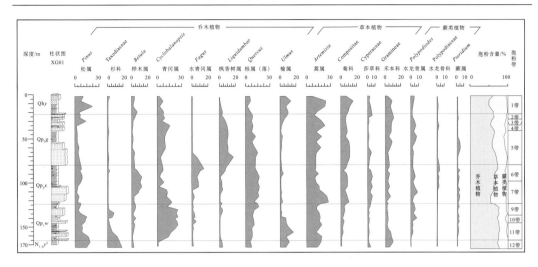

图 2-6-5　钻孔 XG01 孢粉百分比图

孢粉 2～5 带（*Quercus* + *Cyclobalanopsis* + *Liquidambar-Artemisia* + Chenopodiaceae）：该孢粉带的上层深度在 50～83 m（XJ01 钻孔的为 83 m，YQ01 钻孔的为 55 m）。该孢粉带的主要种类为阔叶类乔木的花粉，其中栎属和榆属的含量相对较高，尤其在 XJ01 钻孔中榆属花粉的含量增加较为明显。此外，该花粉带中亚热带常绿阔叶林的栎属和枫香树属也占有一定的比例。草本植物种类当中，以蒿属、藜科、禾本科和莎草科为主，但在 XJ01 钻孔中草本植物孢粉含量相对较低。蕨类孢子的百分比含量进一步减少，种类组成上仍然以水龙骨科和凤尾蕨属为主。

孢粉 6～8 带（*Pinus* + *Quercus* + *Betula-Artemisia* + Chenopodiaceae + Polypodiaceae）：除了钻孔 XJ01 和钻孔 YQ01 的孢粉带下层深度为 135 m 和 70 m 以外，其他三个钻孔的孢粉带下层深度为 100～120 m。该孢粉带浓度较 1 带有明显增加，孢粉种类从以针叶类为主演变成为落叶阔叶类占主要的群落。松属仍然是针叶类的主要成分，但杉科花粉迅速减少，其中以壳斗科的栎属、水青冈属、栗属、桦木科的桦木属为主。草本植物花粉以蒿属、藜科、禾本科和莎草科花粉为主。蕨类孢子种类较为简单，主要以水龙骨科占主要地位。

孢粉 9～10 带（*Pinus* + *Quercus-Artemisia* + Chenopodiaceae + Polypodiaceae）：该孢粉带的优势植物仍然以针叶类的松属花粉和壳斗科的栎属为主，在植被景观上体现出落叶林的植被景观，其他乔木的主要组成变化不大。在该孢粉带中，草本植物的花粉含量相对增加，例如蒿属和藜科；同时，蕨类植物孢子数量也增加，可能与冷干的环境有关。

孢粉 11 带（*Pinus* + *Cyclobalanopsis* + *Quercus-Artemisia* + *Pteridium*）：该孢粉带的主要特征表现为亚热带或北亚热带植被开始发育，并形成一定的常绿落叶阔叶混交林的景观。主要组成的种类有壳斗科的青冈属和栎属；典型的温带成分不占优势，例如桦木属、榛属和榆属的花粉含量相对不高。草本植物的花粉主要以菊科的蒿属和蕨类植物孢子为主，在植被中不占主要的优势。

孢粉 12 带（*Pinus* + Taxodiaceae + *Ulmus-Artemisia* + Polypodiaceae）：该带孢粉含量相对较少，浓度稍低。该带在 XJ01 钻孔中的深度最大，在 200 m 以下；在该孢粉带中，裸子植物花粉是含量相对较高的类群，主要包括松属和杉科。被子植物的主要种类由亚热带常绿阔叶林的青冈属和北亚热带落叶林的栗属、榆属和栎属及温带落叶林的桦木属、榆属。草本类花粉当中的蒿属、藜科花粉含量相对较高，还有一定含量的禾本科、莎草科和菊科等种类。蕨类孢子的水龙骨科含量最高，蕨属的孢子含量也相对较高。

本次孢粉分析还包括另外五个一般孔，结合聚类分析的结果将钻孔的孢粉划分出 6 个带，可与基准孔进行面上对比，详细描述如下。

1 带：钻孔剖面深度为 15～0 m（ZK05）、17～0 m（ZK07）、10～0 m（ZK08）、19～0 m（ZK10）和 13～0 m（ZK16）。本花粉带在早期阶段乔木种类含量较高，后期含量逐渐降低。乔木的主要种类有松属、栎属、桦木属、桤木属、槭属（*Acer*）和枫香树属，草本植物以蒿属、藜科、禾本科、莎草科和香蒲属（*Typha*），本阶段蕨类植物不多，含量较低，种类也较少。

2 带：钻孔剖面深度为 46～15 m（ZK05）、36～17 m（ZK07）、50～10 m（ZK08）、54～19 m（ZK10）和 37～13 m（ZK16）。与前一个孢粉带相比，本孢粉带的乔木种类在地层当中的含量有所增加，而且种类更加丰富，主要由松属、桦木属、栎属、青冈属、胡桃属（*Juglans*）、鹅耳枥属（*Carpinus*）、槭属、五加科和山核桃属（*Carya*）组成。草本植物的主要种类以蒿属、藜科、菊科、莎草科和禾本科为主。蕨类植物在本花粉带的含量较少。

3 带：钻孔剖面深度为 72～46 m（ZK05）、59～36 m（ZK07）、76～50 m（ZK08）、94～54 m（ZK10）和 74～37 m（ZK16）。此孢粉带在五个钻孔剖面的深度基本一致，跨越 23～26 m（ZK05、ZK07 和 ZK08）和 37～40 m（ZK10 和 ZK 16）；在 ZK05、ZK07 和 ZK08 钻孔剖面当中，乔木种类的百分比含量减少，总含量在 50%左右，松属和栎属含量不高，以栗属、山核桃属、桦木属和水青冈属占优势。而在此阶段当中，草本和蕨类植物的总含量增加，主要种类以蒿属、藜科和禾本科为主，同时菊科花粉和莎草科植物也占有一定的含量。

4 带：钻孔剖面深度为 108～72 m（ZK05）、105～59 m（ZK07）、111～76 m（ZK08）、130～94 m（ZK10）和 90～74 m（ZK16）。相比上一个花粉带，本阶段的乔木植物种类含量增加（除了钻孔 ZK16），以栎属、栗属、桦木属和松属为主要特征，在 ZK05 钻孔剖面中枫香树属含量大幅增加，而在 ZK07 钻孔剖面中杜英属（*Elaeocarpus*）出现高含量的孢粉。在草本和蕨类植物当中，该阶段以蒿属和藜科花粉占优势。

5 带：钻孔剖面深度约为 126～108 m（ZK05）、139～105 m（ZK07）、134～111 m（ZK08）、154～130 m（ZK10）和 134～90 m（ZK16）；本阶段木本植物花粉仍然占绝对优势，除了 ZK16 钻孔以外，其余钻孔乔木类花粉含量相对降低；尤其是松属花粉在所有钻孔剖面中的含量减少最显著，然而，在此阶段，栎属、青冈属、桦木属（*Betula*）和栗属（*Castanea*）花粉含量增加。草本和蕨类植物，依然以蒿属、藜科、禾本科、水骨龙科和凤尾蕨属（*Pteris*）占主要成分。

6 带：钻孔剖面深度约为 156～126 m（ZK05）、170～139 m（ZK07）、163～134 m

（ZK08）、178～154 m（ZK08）和 185～134 m（ZK16）m，本花粉带以乔木种类为主，其中主要的乔木有松属（*Pinus*）、栎属（*Quercus*）和青冈属（*Cyclobalanopsis*）；草本种类主要由蒿属（*Artemisia*）、藜科（Chenopodiaceae）和禾本科（Gramineae）。蕨类植物种类相对较少，在本花粉带当中主要由水龙骨科（Polypodiaceae）的孢子组成。

2）植被与气候演替过程

根据五个钻孔的孢粉记录，并结合年代数据，区域的植被演替过程可以划分为以下几个阶段。

（1）温带-北亚热带针叶-阔叶混交林。

孢粉 1 带（全新世以来）的种类组成揭示了该地区当时发育了针叶-阔叶混交林的森林景观，针叶类主要以松属为主，阔叶类以栎属、榆属、栗属和桤木属为主，除此之外，还有榛属、桦木属和漆树属等。在此阶段，草本植物也相当发育，植物群落以蒿属、藜科、禾本科、毛茛科、蓼属和莎草科构成。在中全新世后期，禾本科植物花粉含量剧增，可能跟人类活动如种植水稻有很大关系；到晚全新世，乔木花粉大量减少，表明人类活动影响显著增加，自然植被受到明显的干扰，在本阶段的气候温暖湿润，与现代气候相差无几。

（2）温带-北亚热带落叶阔叶混交林。

孢粉 2～5 带（约为中更新世—晚更新世）揭示了当时该地区以落叶阔叶林为主要的植被景观，相比前一阶段，以栎属为主要成分的阔叶林有明显的增加。此外，榆属植物在此阶段的森林中也有大量的扩张。同时，落叶阔叶林还有桤木属、桦木属、朴属、枫香树属和榛属等，而该阶段的草本植物变化不大。因此，根据青冈属和栎属的变化，能清晰地看到气候由暖变冷的过程，气候持续寒冷干燥。

（3）温带-亚热带针叶-阔叶混交林。

孢粉 6～11 带（约为早更新世—中更新世）的种类组成表明，当时植被中落叶阔叶类的成分明显增多，占绝对优势，常见的种类有栎属、栗属和桦木属，同时植被群落也有相当一部分针叶类成分如松属，杉科植物在此阶段逐渐减少；同时，常绿阔叶成分进一步减少；森林景观从常绿类型演变成为落叶类型。在草本植物中，禾本科、蒿属、藜科、菊科、莎草科和香蒲等都略有增加，但草本总含量并不高。蕨类植物以水龙骨科和凤尾蕨属等为主。因此，本阶段植被组成的最大特点是落叶阔叶类含量增加，草本植物种类增多，在一定程度上表明当时的气候相对干燥寒冷，气温比前一阶段有所下降。

（4）温带-亚热带针叶林。

根据五个钻孔的孢粉 12 带（约上新世—早更新世）的主要种类可知，当时植被组成以针叶类的乔木植物为主，常见松属、杉科和云杉属（*Picea*），孢粉谱中也出现一定含量的青冈属、栎属、水青冈属和桦木属。林下草本植物主要有禾本科、蒿属、毛茛科和伞形科（Apiacea），湿地植被种类有莎草科和香蒲属。蕨类植物有水龙骨科、凤尾蕨属和单缝孢子。根据孢粉的组成可以推测当时区域植被群落主要以亚热带针叶类为主，同时有亚热带常绿阔叶林和暖温带落叶林分布；从古植被面貌推测该时期气候总体偏暖湿润，亚热带针叶、常绿落叶阔叶混交林是该地区的地带性植被。

2.6.2　微体古生物数据分析

分析各钻孔总计 181 块样品的有孔虫、介形类等。样品取 20～40 g（干重），置于清水内用双氧水分解，以 240 目分析筛淘洗后，取筛上物置于蒸发皿内，烘干后放置于显微镜下挑选全部钙质标本；粗估一个门类样品超过 200 个个体后，即先行样品缩分，鉴定后再乘回计算出样品中全部标本总量，编绘分类数量统计图；数量超过 100 时，一般以算数值和常用对数值（红色）曲线表达；最后将筛上物（＞0.063 mm）颗粒称重确定，编绘全孔粗粉砂含量曲线。

1. XJ01 孔

全孔 1.35～245.30 m 取样 39 块。按照岩性特征，21.10 m 以上为全新世沉积，其中 5 个样品见多少不等的有孔虫和海相介形类，该层段底部连续 3 个测年数据显示属于 13 ka 以来沉积，19.80 m 处的测年结果是（3170±30）a B.P.，表明此处为河口下切沉积物，故造成所见微体古生物数量不多。有孔虫数量最多的样品中，以平旋壳类的广盐性种光滑筛九字虫 *Cribrononion laevigatum* Ho, Hu et Wang、异地希望虫 *Elphidium advenum* (Cushman)、螺旋壳类的同现卷转虫 *Ammonia annectens* Parker et Jones、毕克卷转虫变种 *A. beccarii* vars. (Lineé) 居多；也正是由于处在河口环境，海相介形类也不多。36.50 m、46.80 m、49.45 m、50.88 m 的样品中多见微体古生物，有孔虫最多达到近 400 枚，46.8 m 处瓷质壳较多，海相介形类最多不足 150 瓣（图 2-6-6），结合测年数据，判断该孔在 30 ka B.P.余之前发生构造断陷，造成 MIS3 海侵底板下降（图 2-6-7）。

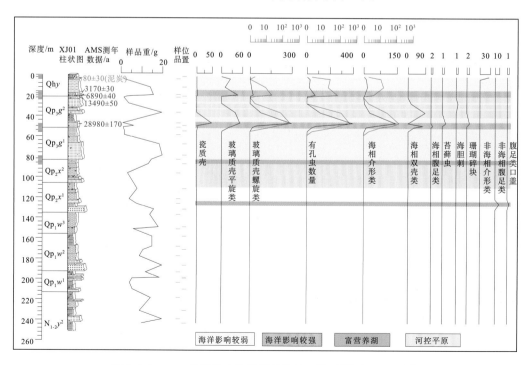

图 2-6-6　XJ01 孔微体古生物数量统计、¹⁴C 测年与 MIS 分期

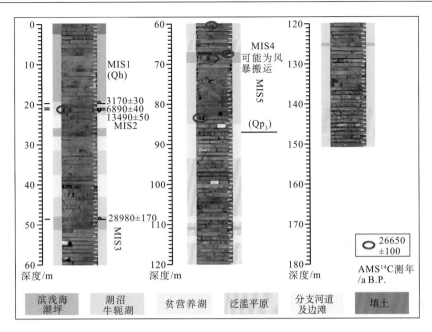

图 2-6-7　XJ01 孔岩心照片拼接、^{14}C 测年数据与沉积相、MIS 分期

有孔虫组合变化不大，依然是全新世出现的主要种，海相介形类则以偏正常海的属种陈氏新单角介 *Neomonoceratina chenae* Zhao et Whatley 和美山双角花介 *Bicornucythere bisanensis*（Okubo）为绝对优势种。

2. JZ04 孔

全孔 1.35～176.50 m 采样 28 个。按照岩石地层特征，13.00 m 以上为全新世沉积，下伏 MIS2 末次盛冰期的古河间地沉积层段，但 21.80 m 样品中所见微体古生物系溯河搬运所致。按照海侵时期古季风环境效应增强的基本判断，下伏灰色河流沉积层段对应暖期，则 73.00 m 黄褐色沉积物中所见海相介形类，由于有较多淡水介形类布氏土星介 *Ilyocypris bradyi* Sar 共生，可以判断为湖泊，同时经历了咸化过程。80.80 m 样品中多见广盐海相介形类腹结细花介 *Leptocythere ventriclivosa* Chen 和低盐海相介形类中华刺面介 *Spinileberis sinensis* Chen、斑纹三原介 *Sanyuania psaronius* Huang 的现象。该样品与下伏样品皆出现淡水介形类，判断为下部富营养湖向上为滨海湖泊的演化过程，并非海侵，甚至可能是风、水、鸟搬运海相介形类卵造成的再繁殖（图 2-6-8）。

3. JZ03 孔

全孔 0.50～153.00 m 采样 21 个。结合岩石地层特征，可见全新世海侵初期微体古生物最丰富，有孔虫数量最多达到近 5000 枚。14.50 m 和 3.50 m 沉积物测年分别为（4830±40）a B.P. 和（4660±30）a B.P.，显示为河口侵蚀环境。17.15 m 和 24.90 m 样品中有孔虫数量明显低于海相介形类，24.90 m 介形虫最多达 500 多瓣，且以广温广盐种典型中华美花介 *Sinocytheridea impressa*（Brady）为绝对优势种，同样的广温广盐种丰满陈氏介

Tanella opima Chen 为次要种，排第 3 的种即是中华刺面介，如此高优度、低分异度的组合反映为偏离正常海水的环境（图 2-6-9）。

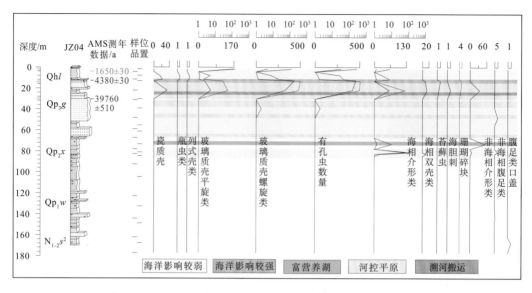

图 2-6-8　JZ04 孔微体古生物数量统计、^{14}C 测年与 MIS 分期

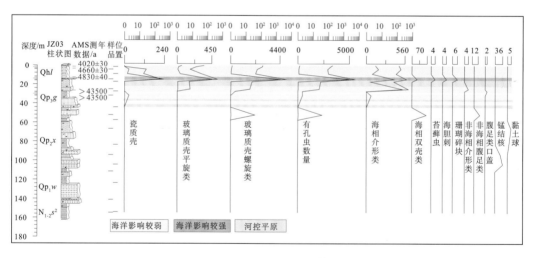

图 2-6-9　JZ03 孔微体古生物数量统计、^{14}C 测年与 MIS 分期

4. XG01 孔

全孔 2.00～173.50 m 分析样品 28 个，反映海侵迹象的海相微体古生物集中在 47.45 m 以上层段。按照还原性沉积特征，初步判断 MIS5 始自约 60 m 深度，瓷质壳有孔虫在该孔上部有较连续出现，可能反映略开放的环境，其他属种组合变化不大。有意义的是 47.45 m 出现两个暖水种有孔虫印度太平洋假轮虫 *Pseudorotalia indopacifica*（Thalmann）和施罗德假轮虫 *P. schroeteriana*（Parker et Jones），证实晚更新世黑潮暖流

分支偏向中国大陆（图 2-6-10）。93.55 m 样品尚见十瓣非海相淡水介形类与淡水腹足类白小旋螺 *Guraulys albus*（Muller），显示积水湖沼环境。

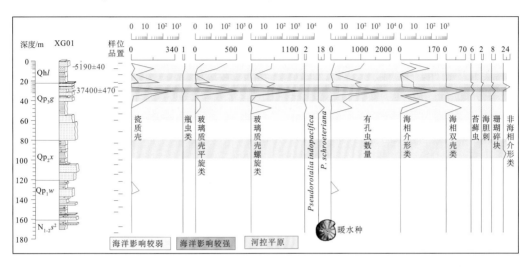

图 2-6-10　XG01 孔微体古生物数量统计、^{14}C 测年与 MIS 分期

5. YQ01 孔

全孔 1.60～72.00 m 分析样品 17 个。结合岩性和测年数据，确定揭露了全新世海侵层。13.10 m 微体很多，但是大量牡蛎出现显示为河口或强风暴搬运的微体古生物，这个层段偏蓝灰色，与已经报道的河北黄骅地区钻孔所见相同，可能为潟湖沉积。微体古生物中瓷质壳有孔虫有较丰富的出现，其中又以最耐受低盐环境的阿卡尼五玦虫圆形亚种 *Quinqueloculina akneriana rotunda*（Gerke）为主；平旋壳类有孔虫依然以光滑筛九字虫 *Cribrononion laevegatum* Ho, Hu et Wang 为主，但是波纹希望虫 *Elphidium crispum*（Lineé）也有较多出现；螺旋壳类中多室卷转虫 *Ammonia multicell* Zheng、无刺仿轮虫 *Pararotalia inermis*（Terquem）有较多出现；海相介形类中，广盐种典型中华美花介居多，偏开放海的陈氏新单角介次（图 2-6-11）。

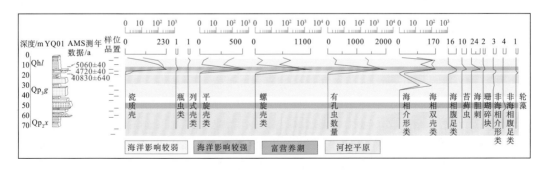

图 2-6-11　YQ01 孔微体古生物数量统计、^{14}C 测年与 MIS 分期

6. ZK05 孔

全孔 3.20～155.50 m 分析样品 25 个，判断出三个海侵层位样品中瓷质壳个体依然丰富，基本还是以阿卡尼五玦虫圆形亚种和光滑抱环虫 *Spiroloculina laevigata* Cushman et Todd 为主，顶部两三个样品中有孔虫以广盐性属种缝裂假上穿虫 *Pseudoeponides anderseni* Warren、中华假圆旋虫 *Psedogyroidina sinensis*（Ho, Hu and Wang）、多变假小九字虫 *Pseudononionella variabilis* Zheng 为主。全新世海侵层五个样品自下而上显示由近岸浅海向滨海湿地转换。42.83 m 见暖水种美丽星轮虫 *Asterorotalia pulchella*（d'Orbigny）、悦目星轮虫 *A. venusta* Ho, Hu et Wang、印度太平洋假轮虫、施罗德假轮虫出现，再次证实这四个种可以共生的现象。46.00 m 样品以下层段，出现 4 次钙质结核，显示经历干旱浓缩过程（图 2-6-12）。

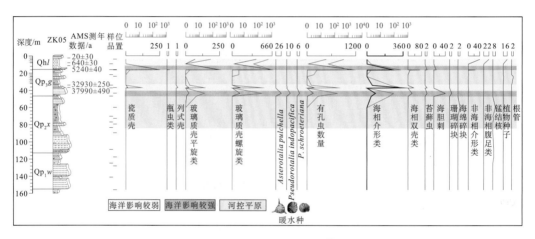

图 2-6-12　ZK05 孔微体古生物数量统计、^{14}C 测年与 MIS 分期

7. ZK09 孔

全孔 3.80～169.90 m 分析样品 23 个，有孔虫瓷质壳、瓶虫类、列式壳、平旋壳类、螺旋壳类皆有出现，基本可以确定三个海侵层位。42.68 m 和 64.08 m 见悦目星轮虫、美丽星轮虫、印度太平洋假轮虫、施罗德假轮虫 4 个暖水种（图 2-6-13）。

2.6.3　宏体生物分析

该区域钻孔中采集到的贝类宏体生物是地层沉积环境判断的一项重要依据。区域地层中主要在 70 m 以浅见宏观生物体，属晚更新世晚期以来温暖潮湿气候条件下水生动物体。将钻孔中完整与较完整的宏观生物体采集、清洗、晾干、密封、记录、分类及定名，其中大部分参考《中国海洋贝类图鉴》（张素萍，2008）来确定。就现今海域而言，黄、渤海为半封闭的浅海，常年水温季节性变化较大，为暖温带动物区系。这一区域既有冷水种，也有广温性水种类。本次收集的贝类除少数湖泊生丽蚌之外，多数为潮间带、潮下带、入海河口贝类。

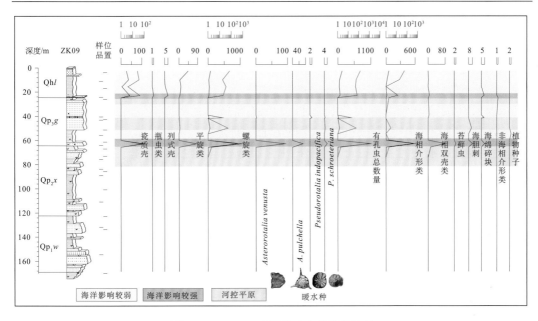

图 2-6-13　ZK09 孔微体古生物数量统计

1. 区域钻孔中的宏观生物体

滨海生宏观生物体：双壳纲（Bivalvia）蚶科（Arcidae）贝壳、双壳纲牡蛎科（Ostreidae）贝壳、双壳纲帘蛤科（Veneridae）贝壳、双壳纲蛤蜊科（Mactridae）贝壳、双壳纲扇贝科（Pectinidae）、腹足纲（Gastropoda）骨螺科（Muricidae）螺壳、腹足纲玉螺科（Naticidae）螺壳、腹足纲芋螺科（Conidae）螺壳、腹足纲马蹄螺科（Trochidae）、腹足纲汇螺科（Potamididae）。

湖泊生宏观生物体在钻孔中保存不完整，无法定名，推测为丽蚌。

2. 贝类实体及生长环境

以部分钻孔为例，选取其中完整而典型的宏体壳类生物推断其沉积演化环境。

1）钻孔 ZK05 贝壳及螺壳样品（图 2-6-14）评述

ZK05-1 采样位置：3.2 m，全新统上段深灰色淤泥质含粉砂黏土层中。

图 2-6-14　ZK05 典型宏体生物（左 ZK05-1、右 ZK05-2）

名称：中华拟蟹守螺 *Cerithidea sinensis*（Philippi, 1848）。

习性：生活在高潮区有淡水注入的泥或泥沙滩上。

ZK05-2 采样位置：15.46 m，全新统中段含贝壳砾质砂层中。

名称：双纹须蚶 *Barbatia bistrigata*。

习性：以足丝附着于潮间带中潮区至浅海石砾或其他物体上生活。

2）钻孔 ZK06 贝壳及螺壳样品（图 2-6-15）评述

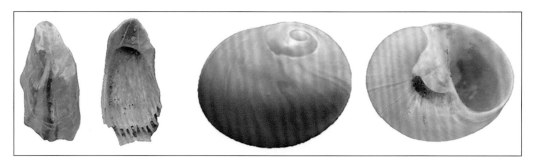

图 2-6-15　ZK06 典型宏体生物（左 ZK06-1、右 ZK06-2）

ZK06-1 采样位置：22.65 m，全新统中段含贝壳砾质砂层中。

名称：猫爪牡蛎 *Talonostrea talonata* Li et Qi, 1994。

习性：生活于低潮线附近至浅海，固着在砂、砾石或其他物体上。

ZK06-2 采样位置：44.75 m，上更新统上段灰色细砂夹粉砂层，对应 MIS3。

名称：广大扁玉螺 *Glossaulax reiniana*（Dunker, 1877）。

习性：广温性种类，生活在潮下带至浅海沙和泥沙质海底，在黄、渤海较常见。

3）钻孔 ZK07 螺壳样品（图 2-6-16）评述

ZK07-1 采样位置：22.25 m，全新统中段含贝壳砾质砂层中。

名称：线纹芋螺 *Conus striatus* Linnaeus, 1758。

图 2-6-16　ZK07 典型宏体生物（左 ZK07-1、右 ZK07-2）

习性：栖息于浅海沙质底，常见种。

ZK07-2 采样位置：53.05 m，上更新统下段深灰色含粉砂黏土层，对应 MIS5。

名称：蛎敌荔枝螺 *Thais gradata*（Jonas, 1846）。

习性：生活在潮间带中、下区岩石间或有碎砾石的砂泥质海滩。

2.7 多重标准划分地层

依据上述古地磁研究和 ^{14}C 测年数据，结合孢粉、古生物、化学分析等及岩石地层特征，进行第四纪多重地层综合对比划分。

多重地层划分的工作方法最初来自欧洲，扭转了苏联地学界过分依赖年代地层学的工作方法，而且其年代地层学多是元古界的研究，有着更多的不可确定性。多重地层划分首先突出了岩石地层学特征，继而突出了地层界面的穿时性，实际上对年代地层的要求更高了。

全国地层委员会（2002）提出第四系年代地层格架，主要是依据古地磁极性柱与国际通用的极性柱对比确定的，按照国际第四纪地层划分方案，2.58 Ma B.P.和 0.78 Ma B.P.为早更新世和中更新世开始的年代。同时，选择与之最近的沉积旋回开始层位作为岩石地层界线。显然，在一些靠近物源区的地点，第四系松散沉积物中有可能的沉积旋回开始与上述两条年代地层界线不符。如青海柴达木盆地边缘（沈振枢等，1992），就有在相当于 2.90 Ma B.P.的层位开始沉积旋回，所以有意见以 2.90 Ma B.P.为第四系下限。

地层对比必须有统一的地层代号和年代标定、年代时限。那些与全国地层委员会规范确定的年代地层界线不符的沉积旋回，即是岩石地层划分的内容；这样的做法即是多重标准划分地层。

目前，中更新统界线没有发现明显的岩石地层标志层，只好依据有可靠古地磁极性柱的钻孔 B/M 界线附近的岩石地层学特征外推完成。

晚更新世以来地层中的 MIS5、MIS3 和 MIS1 暖期地层明显受到全球海面变化和相应的夏季风增强的影响，50～60 m 的底界面标志层是反复发生潜育化、潜育化的含钙质结核杂色黏土层（李从先和范代读，2009），偏离海岸地区的钻孔甚至未见海侵层，只是在海侵发生时，由于降水增多出现富有机质沉积。

同样的情况也见于 MIS3 和 MIS1 暖期沉积地层。

MIS3 海侵地层单元是客观存在的，由于穿时性，在各地起始年代有差异，区域由于该期海侵层发育不完整，也曾获得 40 ka 余年代样品。JZ04 孔在此层段顶获（39760 ± 510）a B.P.、XJ01 孔为（37440 ± 470）a B.P.和（43870 ± 920）a B.P.的数据，显示该孔相当于 MIS3 的两层富有机质沉积年代倒置，可能因老碳影响所致。YQ01 孔见（40830 ± 640）a B.P.的数据。XJ01 孔在此层获（28980 ± 170）a B.P.的 ^{14}C 测年数据，由于（26.1 ± 2.6）ka B.P.和（27.8 ± 2.7）ka B.P.的 OSL 测年数据与之接近，故予以采纳使用，并作为多重地层划分的依据。

MIS3 和 MIS1 暖期沉积之间的 MIS2 是约 25～16 ka 的末次盛冰期，河谷区形成灰绿色硬黏土层，河间地区域形成浊黄棕色、红棕色黏土、粉砂质黏土、黏土质粉砂和砂沉积，颜色的显著特点使之成为区域对比的标志层。其年代学的依据是，河北省黄骅东

北方向羊二庄钻孔 ^{14}C 测年为（24900±380）a B.P.（李汉鼎等，1995），河北省黄骅港西侧 10 km 的 Hg6 孔在 24.5 m 深度的黄砂下伏灰色砂层中取样，^{14}C 测年为（23480±980）a B.P.（郭盛乔等，2005；张宗祜，1999），两个数据皆接近理论上的末次盛冰期开始年代。在上海浦东 PD119 孔 62 m 处见全孔唯一一层泥炭，^{14}C 测年为（14480±530）a B.P.（王强和李从先，2009），接近 16 ka B.P.末次冰消期开始的年代。

在北方，受全球海面下降变化影响的大河流较少，除局部末次盛冰期下切河谷地区外，其他河间地-泛滥平原地区则以海平面上升后引起地下水位抬升，造成沼泽化普遍出现为特征，水深足以生长挺水植物后埋藏形成基底泥炭，上覆海侵层序（李汉鼎等，1995）。最早基底泥炭测年为 10 ka B.P.（陈希祥，1988）。

由于各地河流输沙能力强弱不均，可以出现多层基底泥炭，例如河北省黄骅 Hg6 孔 15～20 m 之间就有三层泥炭，测年结果分别为（8510±90）a B.P.、（8680±90）a B.P. 和（10160±100）～（10520±170）a B.P.，指示历时 2 ka 的沉积地层（王强和田国强，1999）。

进入全新世海侵期，可依照 Klein（1971）潮坪沉积三段式确定地层的细分，即自下而上依次出现夹杂贝壳碎片的砂质潮下带、砂泥互层潮间带和泥质潮上带，且在渤海湾西岸钻孔地层得到很好的应用。然而，在温州温黄平原钻孔，由于钻孔位置前端与海洋隔离，全新世全部是泥质沉积（尚帅等，2013），故一些特例还是存在的。

区域全新统底部见 0.20 m 厚的砂质带，指示海侵初期潮下带沉积单元向陆地的推进；其后微体生物出现在近海稍深水的以瓷质壳为主的有孔虫组合，并随着河口沉积环境动荡，微体生物数量也大大减少。显然，水动力控制着微体生物组合的变化。而且从测年结果来看，几个钻孔显然都有不同，XG01 孔全新统测年明显发生倒置，是强水动力造成侵蚀后再沉积的结果；JZ04 孔和 YQ01 孔缺失 5～6 ka B.P.之前的沉积物；JZ03 孔始终是 3～4 ka B.P.沉积物；XJ01 孔则是 13 ka B.P.开始在海面上升背景下短暂形成富有机质沉积，随后 6～3 ka 在一个少受海洋影响的环境形成 1 m 厚的泥炭堆积。微体生物数量变化与近海平原接受的风暴潮频度、强度有关，主要是生态组合的意义，特别是一些特殊属种的生态意义的评判。开放海种在很浅地层即可出现，地层中相关解释不可依据现代南黄海地质调查轻言古水深。

在上述综合研究的基础上，得出区域第四纪下限及内部分组、分段划分的意见，并推演各时期的沉积环境与气候特征。综合分析并制作出区域各部分多重地层对比划分图（图 2-7-1）和第四纪年代地层表（表 2-7-1）。

钻孔 XJ01 多重地层对比划分图中众数曲线与柱状图结构变化趋势相当，砂性土众数值较大，黏性土整体众数值较小，其中粒度分析测试样品以砂性土为主（图 2-7-1）。测井曲线中 γ（API）值的变化与众数曲线整体上也是同步的，而 γ 值更为精密，能够在细节上反映沉积物结构与构造的变化。微体古生物测试显示，该区域海侵主要出现在 50 m 以浅的地层中，^{14}C 测年数据显示 50 m 以浅为 MIS3 以来的沉积物。本次工作利用古地磁测试数据可确定第四系底界和中更新统底界，两条界线符合前人资料所确定位置。气候地层主要依据孢粉分析来判断，并结合江苏沿海区域地层研究成果进行对比分析，然而区域沉积环境复杂，出现海陆交互相、河流相、湖泊相沉积，使得孢粉分析难以准确反映区域古气候环境变化，其中湖泊相沉积具有一定参考价值。

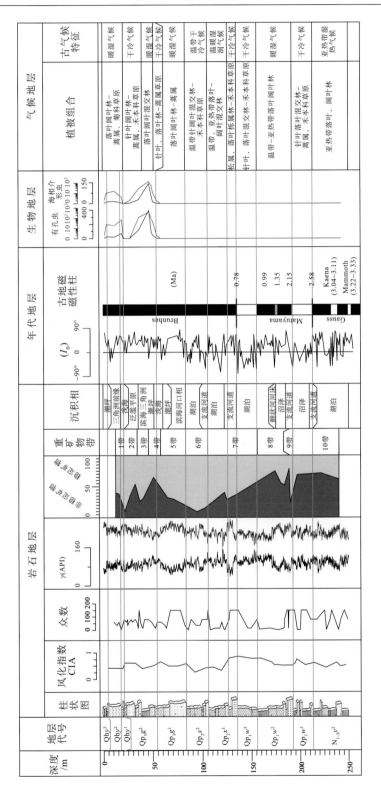

图 2-7-1　钻孔 XJ01 多重地层对比划分图

表 2-7-1　区域多重地层划分对比表

岩石地层单位（组）	段	主要岩性特征	厚度/m	沉积相	气候	年代/B.P.	气候期
滨尖组 / 连云港组	上段 Qhy^3	黄棕色粉砂粉质黏土、黄色粉砂灰色细砂，平行层理，块状层理；棕色粉砂质黏土，平行层理，波状层理	0.5~2.5	三角洲沉积体系；滨海相	暖湿	3~0 ka	MIS1
	中段 Qhy^2	深灰色淤泥质黏土夹粉细砂，平行层理；深灰色淤泥质黏土，水平层理，平行层理	8~18	滨岸相、滨海相；滨海相、滨岸相	暖湿	8~3 ka	MIS1
	下段 Qhy^1	深灰色黏土，平行层理，底部为含贝壳砾质砂；深灰色黏土，平行层理，块状层理，底部为含贝壳砾质砂	0.15~3	滨岸相、滨海相；滨海相、滨岸相	暖湿	11~8 ka	MIS1
灌南组	上段 Qp_3g^2	灰绿色粉砂夹黏土、黄棕色粉砂质黏土，以平行层理为主，见潜育化条带，含钙质，铁锰质斑点	8~13	河流相、泛滥平原	干冷	25~11 ka	MIS2
		深灰色粉砂质黏土，局部深灰色粉砂，平行层理，含海生贝壳碎片	2~8	湖沼相、滨海相	暖湿	45~25 ka	MIS3
		绿灰色、深灰色粉砂夹黏土、绿灰色粗砂，平行层理，粒序层理，块状层理，含钙质结核	6~12	辫状河相	干冷	75~45 ka	MIS4
	下段 Qp_3g^1	深灰色、灰绿色粉砂质黏土，平行层理，块状层理，含钙质结核	3~8	滨海相	暖湿	110~75 ka	MIS5
		深灰色、绿灰色粉砂夹黏土，平行层理，见砾质砂层，含海生贝壳碎片	5~12	三角洲前缘、滨海相	暖湿	130~110 ka	MIS5
小腰庄组	上段 Qp_2x^2	绿灰色、棕黄色黏土，潜育化，水平层理，斜层理，含铁锰质结核	12~23	积水湖沼相	干冷	0.26~0.13 Ma	MIS6~9
	下段 Qp_2x^1	深灰色、黄黄色细砂，灰色细粉砂，交错层理，含铁锰质结核	14~20	湖相、河流相	暖湿	0.6~0.26 Ma	MIS10~13
五队镇组	上段 Qp_1w^3	黄灰色砾质砂，粉砂质黏土，水平层理，分选差，砾石次棱角状，以石英为主，具河流"二元"结构	15~22	沼泽相、河流相	干冷	0.78~0.6 Ma	MIS14~21
	中段 Qp_1w^2	黄灰色黏土夹粉砂，潜育化，潜育化发育，含大量钙质结核	13~25	沼泽相、河流相	干冷	1.2~0.78 Ma	MIS22~35
	下段 Qp_1w^1	浅灰色粉砂质黏土、含砾粗砂，潜育化，潜育化发育，含钙质结核及铁锰质结，见碳质斑点	15~30	湖泊相	暖湿	1.6~1.2 Ma	MIS36~61
		灰色、浅灰色细砂，粉砂、粉砂质黏土，水平层理，斜层理	10~27	曲流河相、湖相	湿冷	2.58~1.6 Ma	MIS62~103

20 m 以浅由上而下为潮坪相—三角洲前缘相—浅海相—潮坪相沉积,其中 5 个样品见有孔虫和海相介形类。该层段底部连续 3 个测年数据显示属于 13 ka 以来沉积, 19 m 处测年为(3170±30)a B.P., 显示河口下切,故造成所见微体生物数量不多,有孔虫数量最多的样品中,是以平旋壳类的广盐性种光滑筛九字虫 *Cribrononion laevigatum* Ho, Hu et Wang、异地希望虫 *Elphidium advenum*(Cushman);螺旋壳类的同现卷转虫 *Ammonia annectens* Parker et Jones、毕克卷转虫变种 *A. beccarii* vars.(Lineé)居多。也正是由于处在河口环境,海相介形类也不多。整体气候较暖湿。

上更新统由上而下为泛滥平原相—三角洲平原相—浅海相—潮坪相—河口相,其中 36.5 m、46.8 m、49.45 m、50.88 m 样品中多见微体古生物,有孔虫最多达到近 400 枚, 46.8 m 瓷质壳较多,海相介形类最多不足 150 瓣,结合测年数据,判断该孔在 30 ka 余之前发生过构造断陷,造成 MIS3 海侵底板下降。上段地层黏性土层较厚,整体风化指数偏低,同时非稳定矿物含量较高,对应孢粉分析植被多以干冷气候条件下生长为主,其中 36~49 m 处各参数曲线发生明显变化,微体古生物变化尤为突出,指示为 MIS3 间冰期沉积地层。

65~83 m 处 γ 值与粒度分析显示为细砂且分选好,野外实地描述为绿灰色细砂,综合分析为滨海河口相沉积环境,微体古生物含量少。中更新统小腰庄组以湖相沉积为主,区域沉积地层多发育于暖期,地层中稳定矿物含量较高。

中更新统由上而下为湖泊相—辫状河相—湖泊相,沉积物以黏性土为主,该时期以湖相沉积为主,沉积环境稳定,风化指数小,物源中稳定矿物含量较高,孢粉分析可参考,且显示区域上气候较为暖湿,各参数指示气候类型与沉积环境一致。底部含砾砂层为河流相沉积物,区域上经历短暂干冷气候时期,沉积古地理环境与上覆下伏地层差异较大,岩石地层中确定为中更新统底界标志层,古地磁测试 B/M 界线与此相吻合。

下更新统由上而下为湖泊相—辫状河相—沼泽相,沉积物以黏性土为主,湖相沉积地层较厚,沉积物经历多次后期滞水、浅水、出露环境,发生化学作用,该组地层物源以非稳定矿物为主,风化指数较高,孢粉分析显示早更新世早期、中期、晚期分别为干冷、暖湿、干冷气候条件下的植被类型。第四系底界划分依据古地磁 M/G 界线划定,深度位置与前人资料区域位置相近,岩石地层为含钙质结核细—粉砂层。

新近系顶部为湖泊相棕色黏土,地层潴育化强烈,风化指数值较高,非稳定矿物含量高,孢粉分析显示为亚热带湿热气候条件下的植被类型。

第3章 第四纪沉积环境与岩相古地理

3.1 沉积物粒度变化与环境演化

3.1.1 粒度变化特征

本章涉及粒度分析，采用激光粒度分析仪进行测试，用于阐明该区沉积物的粒度变化特征，揭示沉积动力特征及物质来源。

为了对不同钻孔、深度样品的成因类型进行联系、对比，统一采用马登-温德华粒级标准进行沉积物粒级划分（田明中和程捷, 2009）。结合国家海洋局粒级分类标准，将 4Φ（0.063 mm）和 8Φ（0.004 mm）作为细砂、粉砂与黏土的分界线，结合 Shepard 沉积物分类方法，即以细砂-粉砂-黏土为三角端元界定沉积物的类型。以 XJ01 钻孔为例，其沉积物分类图解如图 3-1-1 所示，可见整体以细砂及粉砂为主，表现出显著的远源特征。

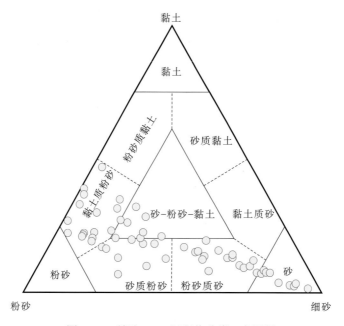

图 3-1-1 钻孔 XJ01 沉积物分类三角图解

提取粒级参数信息的方法包括数理统计法和图解法，前者基于各粒级百分比列表计算，后者常运用一些累计曲线分析表示，较简便、直观。频率累计曲线以粒径作横坐标，体积百分比为纵坐标，将粒径分级的含量依次投到图上连成曲线。其峰型直接反映沉积物粒径的分布特征，可直观认识粒度粗细、分选好坏等特征的变化，用于推测不同沉积环境与水动力条件。以钻孔 XJ01 为例，整体沉积物累计频率曲线归纳为三种类型

（图 3-1-2）：①单峰形态，峰值位于 0.1 mm 处，即以细砂为主，峰形不对称，偏向较细粒径，表现为分选较好；②双峰形态，两个峰值分别为 0.005 mm 和 0.01 mm，即以粉砂为主，表现为分选中等，可能与周期性变化的水动力条件有关；③多峰形态，在粉砂、细砂区间不同程度上均出现峰值，表现出分选较差，与较强的水动力有关。

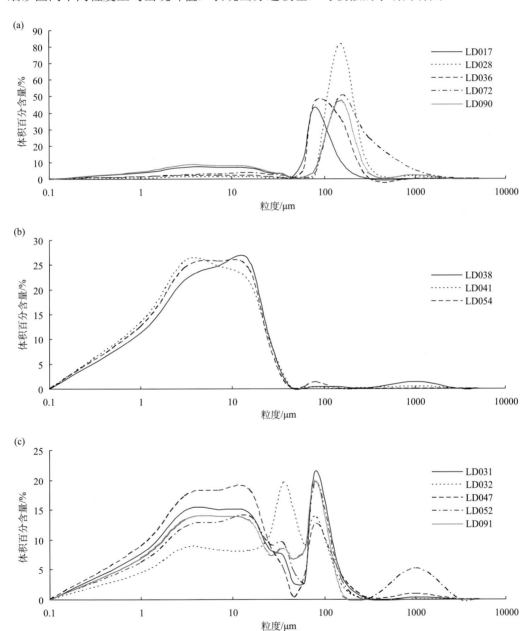

图 3-1-2　钻孔 XJ01 累计频率曲线峰型特征图

（a）单峰形态特征；（b）双峰形态特征；（c）多峰形态特征

　　概率累计曲线以沉积物粒径 Φ 为横坐标，对应的概率累计百分含量为纵坐标，显示为连续的、展开的曲线，其粒度范围和斜率的变化即反映沉积条件的差异。以钻孔 XJ01 为例，采用曹伯勋提出的以 3Φ（粒径 $d=0.125$ mm，细砂的下限）为界，概率累计曲线第一节点对应粒径 $<3\Phi$，且砂砾含量 $>50\%$ 的称为粗粒型，反之为细粒型，归纳出整体沉积物概率累计曲线特征分为 3 种类型（图 3-1-3）：①一段式，浊流砂特征，无截点，粒径在 $1\Phi \sim 8\Phi$，表现为较快水流条件下分选较差；②二段式细粒型，节点在 $4\Phi \sim 6\Phi$，沉积物由两个组分组成，缺少牵引滚动组分，跳跃组分含量为 $40\% \sim 70\%$，悬浮组分含量为 $20\% \sim 30\%$，跳跃总体分选好于悬浮总体，整体粒径在 $3\Phi \sim 9\Phi$，表明沉积物总体粒径偏小，以粉砂、黏土质粉砂为主；③三段式粗粒型，节点在 $1\Phi \sim 4\Phi$，沉积物由两个组分组成，牵引滚动组分小于 20%，跳跃组分总体含量为 $30\% \sim 60\%$，悬浮组分含量为 $20\% \sim 40\%$，悬浮组分总体分选较其他组分差，整体粒径在 $1\Phi \sim 3\Phi$，表明沉积物总体粒径偏大，以细砂为主，含少量粉砂。

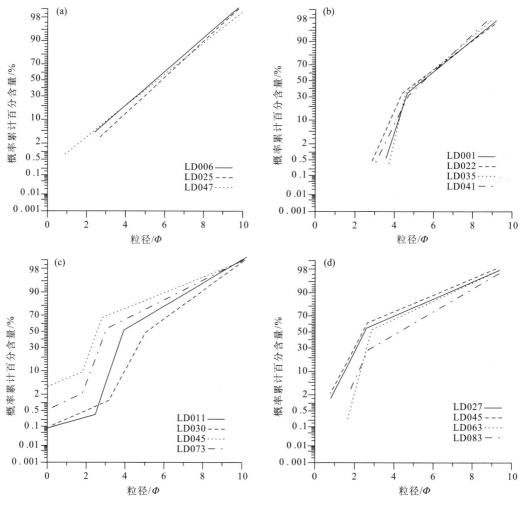

图 3-1-3　钻孔 XJ01 概率累计曲线特征图

（a）一段式；（b）、（d）二段式；（c）三段式

众数指频率分布最高的颗粒粒径值，是数理统计法分析的一种，以样品频率曲线的峰值为众数值，用于反映沉积物的物质来源。以钻孔 XJ01 为例，不同层为沉积物粒度众数随深度变化频繁，局部可见尖峰拐点，可能暗示了沉积环境变化频繁。

本次测试各钻孔粒度变化特征众数图显示，众数粒径所在区间为（0～200），砂质土层中岩性以细砂与粉砂为主，变化频繁，同一厚层中存在多个正粒序沉积旋回，测试结果与钻孔柱状图岩性序列相一致，能够将频率曲线和概率累计曲线放在整体的序列上进行对比。

纵向变化上，粒度参数和各粒级百分含量随深度变化的波动性频繁，有众多的尖峰拐点，表明沉积环境变化较频繁（Sahu，1964）。

沉积物粒度参数是反映沉积物来源和沉积环境的重要指标。粒度参数散点图是区分不同成因沉积物类型的有效方法，尽管不同沉积物的某些点可以互相穿插，但成因环境界线仍然非常明显；可作为分析沉积环境的一项参考依据（张璞等，2005）。

3.1.2　沉积环境

砂和黏土是该区第四纪沉积物的重要组成部分，其搬运方式主要包括悬移、跃移和底面推移，体现在沉积物的粒度特征上，其作为成因标志的主要内容之一，为反演区域沉积环境和水动力条件提供了依据。该区第四纪地层属滨海平原区废黄河三角洲，以河流相、湖泊相、滨海相沉积为主，表现为含有较高比例的细砂和粉砂。伴随着气候冷暖更替的影响，海水侵蚀基准面持续变化，交替沉积砂性、黏性土层，沉积物粒度众数振荡变化；同时，直接影响到水系变迁，导致相应沉积物相的变化，表现出河流冲积相、海相及湖相土层穿插、叠置。

以钻孔 XJ01 为例（图 3-1-4），0～20 m 沉积物粒度众数振荡变化，整体较低；频率曲线主要为单峰形态，略向粉砂偏移，暗示了可能有海水跃移组分的加入。其概率曲线以二段式为主，跃移组分分选较好，表现为水动力条件中等，可能反映了三角洲前缘沉积特征。20～55 m 沉积物粒度众数较高，振荡变化曲线有异常较高值；频率曲线主要为单峰形态，明显不对称，可能暗示了水动力条件的突变。其概率曲线以二段式为主，暗示潮坪带沉积特征。55～85 m 沉积物整体众数较高，频率曲线主要为单峰形态，概率曲线以二段式为主，局部可见三段式，可能反映河口坝三角洲沉积特征。85～135 m 沉积物众数变化较大，频率曲线可见单峰、双峰、多峰形态，概率曲线包括二段式、三段式特征，表现出分选较差，水动力条件不稳定，暗示支流河道沉积特征。135～155 m 沉积物众数变化大，频率曲线可见双峰、多峰形态，暗示可能存在快速沉积过程，概率曲线以一段式为主，表现出混合运移特征，反映曲流河道沉积特征。155～190 m 沉积物众数整体较低，频率曲线可见单峰、双峰形态，概率曲线为四段式，表现出细砂分选较好，含少量粗砂与粉砂，与湖泊沉积的特征一致。190～210 m 沉积物众数变化较大，频率曲线可见多种形态，概率曲线多样，反映其分选较差，水动力条件不稳定，表现出支流河道沉积特征。210～240 m 沉积物粒度特征与 155～190 m 层位相似，而众数变化较大，推测两者虽然都是湖泊沉积特征，但经历了不同气候环境。

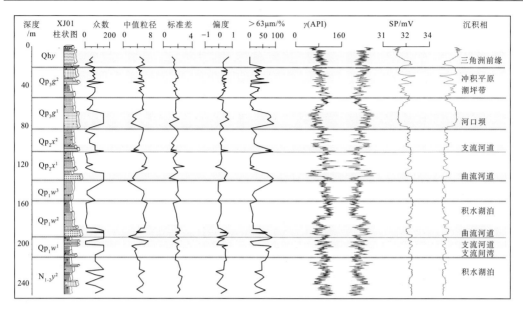

图 3-1-4　钻孔 XJ01 粒度分析各参数曲线与测井曲线对比图（红色曲线为镜像曲线）

　　综上，钻孔 XJ01 的粒度分析展示出以砂层为主的沉积特征，0~80 m 为滨海相沉积，深部则为河流相沉积，局部可见湖滨砂层。同一层位沉积物随深度表现出一定的粒序规律。综合多钻孔不同层位沉积物粒度特征表明，该区自第四纪以来经历多次气候环境变化，地层沉积变化频繁。早更新世以寒冷气候为主，中间出现过数次间冰期，表现出广泛的河流相沉积，其余时间以湖泊和沼泽沉积为主。中更新世气候特征总结为“两冷夹一暖”，且冷暖和干湿波动幅度大，特别是早期气候波动较大导致沉积物岩性变化频繁，河流发育，且周期性较强。晚更新世由间冰期过渡到冰期，综合钻孔数据共揭示了两次海侵，表现出河口湾相与潮间带沉积的粒度分析结果。全新世整体为暖期，气候条件与现代相当，区内发生海侵，同时晚期废黄河经过形成下切河流。

　　粒度分析作为沉积相的一个参考因素，可指示古地理环境。本次利用粒度分析方法对判断沉积环境起到了一些作用，但具体使用时还需仔细而全面地考虑。另外，沉积地层具有层理性，采样有时难免跨越微层理，使得测试结果难以反映真实沉积环境，粒度分析可能以偏概全。

　　总之，本次钻孔粒度分析以砂层为主，0~80 m 以滨海相为主，80 m 以深以河流相为主，也见湖滨砂层，所测样品沉积环境变化较频繁，同一层位砂层由下而上沉积动力规律性强，粒序沉积显著。整体水动力多为高能水流沉积，滨海相与河流相差异较明显，河流相频率分布图多为双峰和多峰，分选差，表明河流沉积物质中物源一般在两种以上，较少见短距离搬运沉积。

3.2　沉积相与沉积体系

　　区域地层沉积体系可分为滨海滨岸相、河流泛滥平原相、陆相湖泊与沼泽三大类，滨海滨岸相在区域多见潮坪相、三角洲平原、三角洲前缘、滨岸浅海相，河流泛滥平原相见支流河道、曲流河道、牛轭湖，陆相湖泊与沼泽见沼泽、湖泊、入湖河道。以上在整个中国东部沉降海岸沿海平原都已经得到证实，然而其间又有许多不可分割的联系。

　　潮坪砂体有三种类型，第一类是暴风浪作用下在高潮线附近堆积形成的砂堤或贝壳堤，为长条形或新月形，平行岸线排列，位于潮上带沉积层上；第二类形成于低潮线附近，在三角洲前展的过程中逐渐出现在潮间带和平原上，其重要特点是砂体两侧均可发现向海和向陆延伸的砂层，瓯江三角洲的南翼即发育这种砂体；第三类是河流泥沙供给断绝后，三角洲侵蚀后退，细粒沉积物被搬运至外海或其他海岸地带，粗粒的砂或贝壳堆积在高潮线，形成平行于岸线的砂堤或贝壳堤，上覆于潮坪沉积层的侵蚀面之上。形成于三角洲废弃之后的这种类型的潮坪砂体，在渤海湾西岸和苏北沿岸均发现多例，是黄河往返注入渤海或黄海的记录（王颖，1964；李从先等，1985；李从先和李萍，1982；赵希涛等，1979；蔡爱智，1982；Li and Li，1987；王颖和朱大奎，1996；王强等，2007）。在一条垂直于海岸线的剖面上可以同时揭示出第二和第三类砂体（图 3-2-1）（李从先等，1965；李从先和李萍，1982）。

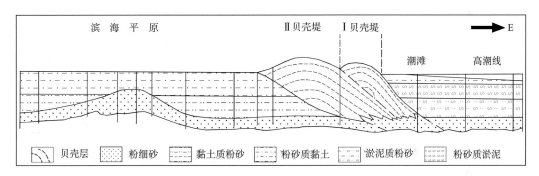

图 3-2-1　潮坪带砂体剖面（据李从先等，1982）

　　三角洲前展，主河流延伸，河流漫滩，在河流两侧形成泛滥平原。泛滥平原沉积大多为河湖相，以泥质沉积物为主，含植物根茎和碎屑，由于频繁的水位波动和断续的挺水植物生长而夹铁锰结核，多为块状，偶见层理，常常出现多层泥炭，最多可达 6～7 层，厚度数厘米至数十厘米不等，泥炭层多呈透镜状，而且在相邻的钻孔或探坑中泥炭的层数不同，厚度不等。在南方的三角洲平原沉积中不仅可见腐木层，甚至可见成片的埋藏古树群，如在珠江三角洲四会市等地。但在泛滥平原的沉积物中也发现海相微体古生物壳体，可能系风暴潮或涨潮流沿支流带来的；偶尔可见完整的近江牡蛎或长牡蛎壳体，如在太湖东部的练塘地区，可能是海水曾经沿支流溯河而上到达该地所致。

　　潮坪相在区域普遍存在，沉积时期在晚更新世以后。上更新统下段，整个区域除五队村到陈家港一线附近遭遇后期河流侵蚀而缺失之外，其余区域均有分布。上更新统上段潮坪相沉积基本未遭侵蚀，五队村到陈家港一线沉积较厚，向两侧逐渐变薄，田楼镇附近未见沉积。全新统除废黄河附近之外潮坪相沉积物都有覆盖。判别依据为微体古生物测试、贝壳种类指示、钻孔岩性、相邻钻孔间岩性对比，潮坪相的判别直接影响区域海侵的判别，潮上带由于水动力相对较小，往往以深灰色黏性土为主，见脉状层理、波状层理和粉砂透镜体，处于低洼地的沉积物黏土含量更高，潮间带沉积的均匀韵律性互层往往出现在水动力强弱周期性变化且强度基本稳定的环境，潮下带水动力较大，以深灰色、深绿灰色砂性土为主，见粉砂、粉砂夹黏土层和细砂夹粉砂层，含海相贝壳碎片及牡蛎。

滨岸浅海相沉积存在于全新统中段下部，全区均匀覆盖，未缺失，为深灰色淤泥质黏土，沉积厚度 2～5 m，富有机质，见生物扰动印迹。

三角洲主体及三角洲前缘，区域晚更新世以来地势较为平坦，通过钻孔揭露难以完善三角洲整体形态，但可以划分出大致范围，判别依据钻孔岩性、相邻钻孔间岩性对比。三角洲主体部分以灰黄色粉砂为主，见平行层理、波状层理，在沉积速率较大的区域见碳质植物残体、淤泥质黏土团块。三角洲前缘以绿灰色细砂为主，块状层理，分选好，具嗅味（图 3-2-2）。

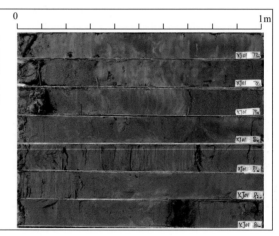

　　　　三角洲前缘沉积，绿灰色细砂，水平层理、平行层理、脉状层理、块状层理、粒序层理，分选好，局部见圆状钙质结核砾石，夹15cm厚碳质植物残体(在南方的三角洲平原沉积中不仅可见腐木层，甚至可见成片的埋藏古树群)，底部滨海生贝壳富集，但多为碎片，钻孔岩心中未见完整贝壳。
　　　　该地层对应MIS5早期，测区发生大范围海侵，同时曲流河经此地入海，形成河口相沉积

图 3-2-2　区域三角洲前缘沉积层

支流河道、曲流河道、牛轭湖沉积，在区域普遍存在于早更新统与中更新统地层中，由于区域地层在进入晚更新世时沉降加快，之前的第四纪时期沉降相对较慢，区域在长达 2.4 Ma，有效沉积只有 100 m 左右，经历了沉积—风化—侵蚀等多次循环演变过程，使得原生地层在横向与纵向上都失去了完整性。河道的判别主要依靠钻孔岩性特征，相邻钻孔偶尔可以捕捉到曲流河道的部分区段轨迹，支流河道以粉砂为主，见粒序层理、交错层理、脉状层理、斜层理、波状层理，厚度相对较薄。曲流河道多见河流"二元"结构，见平行层理、斜层理、交错层理，部分层位粒度粗，分选差。牛轭湖往往出现在曲流河道地层内部，以黏性土为主，灰色，含有机质（图 3-2-3）。

沼泽、湖泊、入湖河道，区域湖泊与洼地沉积物相近，沉积厚度与范围不同，主要存在于早更新统与中更新统地层及上更新统冰期地层中。在湖泊相沉积地层中，湖心带水动力小，沉积物为黏土，具水平层理、块状层理，潜育化发育，呈浅灰绿色或浅棕色，地层颜色会受后期化学作用改造，过渡带沉积一般为黏土质粉砂与粉砂质黏土，在垂向上形成粗细变化构成的水平层理，湖岸带沉积受到湖浪作用较强，在地势平坦的地区沉

积物以粉砂为主，分选极好，入湖河道位于湖滨带，粒径较大，见粉砂、细砂，分选好（图 3-2-4）。

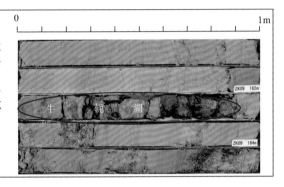

浅绿灰色含砾砂，局部黄灰色，砾石棱角状—次棱角状，砂状结构，层状构造，可见斜层理、粒序层理、交错层理、脉状层理、波状层理。
　　上部见粉砂，向下含砾中粗砂为主，中部为牛轭湖沉积的灰色黏土，下部夹砾质粗砂层，具河流"二元"结构，属曲流河道沉积

图 3-2-3　区域曲流河道沉积图

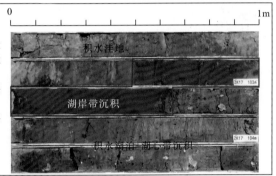

积水洼地，棕灰色粉砂质黏土，平行层理、波状层理，含少量钙质结核及铁锰质浸染斑点，见生物扰动印迹。
　　湖岸带沉积，深黄灰色细砂，斜层理、平行层理，分选好。
　　积水湖泊-湖心带沉积，暗棕灰色黏土，块状层理，潜育化条带构成网状，含钙质及铁锰质结核

图 3-2-4　区域湖泊相沉积体系特征图

　　根据区域地质特征与气候背景，将 2.6 Ma B.P.作为区域第四纪的开始，相当于高斯正向极性时和松山反向极性时的分界。世界各地的各种证据都表明在 2.6 Ma B.P.前后发生了强烈的降温事件，区域地层由棕红色的厚层黏土变为粉砂与含砾砂。上新世末期，区域气候长期炎热湿润，湖泊、雨林交替出现，地层普遍覆盖棕红色、浅绿灰色黏土，厚度 10～30 m。该黏土层作为第四系之下基底，广泛下伏于第四纪地层，区域第四纪空间环境就建立在该层基底之上。根据我国的气候变化特征，早更新世的气候演化大致可分为早、中、晚三个时期，在每个时期内部都包含了冰期与间冰期的交替。该时期的地层经历了原始的沉积—剥蚀—再沉积多个循环过程，且不同区域循环次数与方式不同，导致同一时期横向地层沉积规律出现混乱。另外，后期地层遭受压实作用与地下水作用的差异，更增加了地层横向的无序性，上述各种因素为区域地理环境恢复工作带来不精确性。

3.3　上新世末期岩相古地理特征

　　该时期，区域处于整体沉降阶段。据地层岩性特征判断，当时以湖泊环境为主，南

部为入湖河道及湖岸带。中新世中晚期盐城古湖就开始发育，经历数次扩张与收缩，到
上新世古湖覆盖范围涉及本区，甚至覆盖本区域全部。植被景观以乔木植物为主，其次
为蕨类植物，再次为草本植物。区域东南部沉积棕红色黏土夹少量粉砂层，砂层底部见
钙质结核，其余区域为浅绿灰色黏土，局部含 20～30 cm 厚蒙脱石。多种记录综合指示
区域上新世末处于炎热湿润气候区。

3.4　早更新世早期岩相古地理特征

早更新世早期（2.6～1.6 Ma B.P.），气候时期相当于阿尔卑斯山地区的拜伯冰期和部
分拜伯-多瑙间冰期，总体以干冷为主，晚时转暖，区域南部长江三角洲地区植被主要为
以松、冷杉为主的针叶林和以干旱的禾本科等草本植物组成的针叶-草原植被环境，气温
比现代平均低 8～9℃（吴标云，1985）。往南邻区植被景观中草本植物含量占绝对优势，
乔木植物含量较新近纪降低，灌木植物花粉及蕨类植物孢子含量也降低。

根据本次孢粉分析，区域早更新世早期植物景观中，乔木植物较上新世略减少，种
类以松属（*Pinus*）、桦木属（*Betula*）、青冈属（*Cyclobalanopsis*）、枫香树属（*Liquidambar*）、
栎属（*Quercus*）为主；草本植物相对增加，种类以蒿属（*Artemisia*）、藜科（Chenopodiaceae）、
禾本科（Gramineae）居多，也有蓼属（*Polygonum*）、毛茛科（Ranunculaceae）；蕨类植
物较上新世减少较多，种类以水龙骨科（Polypodiaceae）、蕨属（*Pteridium*）为主，整体
显示为气候偏冷的特征，推测该时段区域属温带稀疏草原气候区。

区域岩性分布及地貌特征：整体上，由南东向北西地势逐渐升高，岩性依次为黏
土—粉砂质黏土—中砂、细砂—粉砂质黏土—粉砂—细砂，河网密布，盐城古湖北岸落
在区域南部范围，并在附近出现河间洼地。田楼乡—滨海港镇一线往北是一条宽约 15 km
的范围性曲流河（河道长期摆动形成），河水向东蜿蜒流入盐城古湖，曲流河往北地势逐
渐隆起，众多支流河向南汇入曲流河道，以现在东陬山所在位置为分水岭，北部支流向
北流出区域（图 3-4-1）。

该时期，区域南北具有一定差异性，东南部樊集乡、滨淮镇、废黄河口一带以湖泊
为主，但已经处于湖泊过渡带甚至阶段性湖岸带，堆积一套漫滩与湖泊相间的黄棕色、
浅绿灰色粉砂质黏土和黏土夹粉砂，间或夹有入湖河道相与边滩相的黄棕色、灰色细砂，
埋深 160～210 m，厚度 15～30 m。湖泊西岸平建乡、大有镇一带发育一套河流阶地与
河间洼地相黄棕色粉砂质黏土和黏土，局部夹支流河道相黄棕色粉砂，埋深介于 145～
165 m，厚度 10～20 m。响水县南河镇一带发育数条支流河道，沉积一套浅灰色、棕黄
色细砂、含砾砂、黏土质粉砂，局部是河流阶地堆积的粉砂质黏土，埋深介于 140～
160 m，厚度 15～20 m。五队村、头罾乡、滨淮农场一带甚至横贯整个区域中部堆积一
套曲流河道带沉积的浅绿灰色、棕黄色细砂、粉砂与暗棕色含粉砂黏土，河流二元结构
明显，夹牛轭湖沉积，埋深介于 140～180 m，厚度 20～40 m。北部五图河农场向东至
海岸一带，堆积一套支流河道、河间洼地、阶地沉积，沉积物为灰黄色、浅绿灰色粉砂、
细砂，含钙质胶结物和石英砾石，多数钻孔见一个沉积旋回，上部为浅黄灰色、浅绿灰
色含粉砂黏土，整体埋深介于 120～160 m，厚度 15～35 m。东陬山几乎没有覆盖层，

其附近及往北区域堆积一套河流相浅黄灰色细砂、粉砂，含钙质胶结物，夹洼地相浅绿灰色含粉砂黏土，埋深介于 120～140 m，厚度 10～20 m。

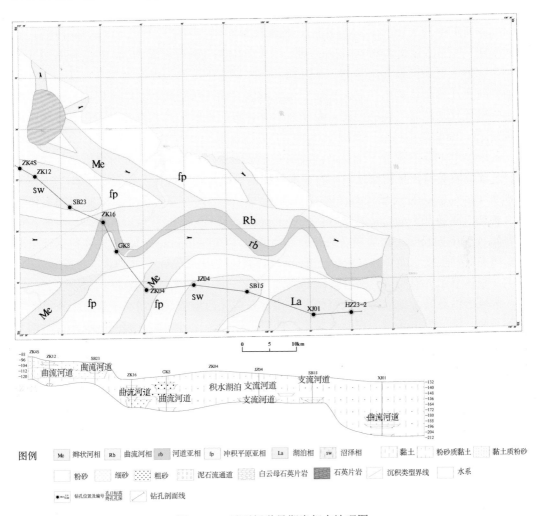

图 3-4-1　早更新世早期岩相古地理图

　　上新世到早更新世早期地理演化特征：响应全球性气候变化趋势及区域性地层继承性沉降的特征，区域在早更新世早期接受持续性堆积，气候环境由炎热多雨变为干冷，区域植被景观也随环境发生巨大变化，草本植物增多。上新世盐城古湖几乎覆盖全区域，东陬山与开山岛作为湖中岛屿出露，到早更新世水量减少，湖面缩小，湖岸向南移动，湖水退去之后区域主要发育曲流河水系，形成以河流泛滥相为主的冲积地貌。早更新世早期早时河流以溯源下切为主，之后开始堆积，随着气候环境的变化，晚时河道发生变迁，区域多见阶地与洼地沉积。

3.5　早更新世中期岩相古地理特征

早更新世中期（1.6～1.2 Ma B.P.），气候时期相当于阿尔卑斯山地区的部分拜伯-多瑙间冰期、多瑙冰期和多瑙-贡兹间冰期。这个时期的气候以温暖为主，并夹有冰期气候的波动，是早更新世最为温暖的一个时期。当时华北地区的气温比现在高数度，南方哺乳动物向北迁移到达黄土高原，长江三角洲地区气候有所转暖，盆地沉积速率加快，沉积物中出现反映温暖气候的孢粉，海平面上升。海门地区见海相有孔虫（江苏省地质调查研究院，2009a）。

区域温度上升的背景下孢粉组合发生了一定的变化。根据本次孢粉分析，植物景观中，区域植被类型较早期变化较小，乔木植物孢粉数量相对减少，种类以松属（*Pinus*）、桦木属（*Betula*）、青冈属（*Cyclobalanopsis*）、栎属（*Quercus*）为主；草本植物变化不大，种类以蒿属（*Artemisia*）、藜科（Chenopodiaceae）、禾本科（Gramineae）居多，也有蓼属（*Polygonum*）、香蒲属（*Typha*）、伞形科（Umbelliferae）；蕨类植物数量较早期小幅增加，种类以水龙骨科（Polypodiaceae）、蕨属（*Pteridium*）、里白属（*Hicriopteris*）为主，整体显示为温带-亚热带落叶阔叶林，推测该时段区域气候温暖湿润。

区域岩性分布及地貌特征：整体上，由南东向北西地势逐渐增高，岩性大致以灌河口到平建一线为界，东侧为粉砂质黏土，西侧为细砂和粉砂质黏土相间沉积。该时期气候转暖，湖泊面积增大，湖岸向北移到陈家港，向西到平建乡，湖岸往西发育数条曲流河及支流河，河水向东流入湖泊，东陬山北侧支流也向东流入湖泊，河道间为洼地与阶地，河间洼地主要出现在洋桥农场到灌西盐场一带周围（图3-5-1）。

该时期，区域东西具一定差异性，在东侧的湖泊相沉积中滨淮镇、滨海港镇一带堆积一套湖泊相湖心带沉积，岩性以棕绿灰色黏土、含粉砂黏土为主，潜育化条带构成网状，含铁锰质结核，埋深介于130～180 m，厚度20～30 m。往西到灌河口—平建一线堆积湖泊过渡带及湖心带沉积，岩性为浅棕灰色、黄棕色粉砂质黏土，夹浅灰色细砂、粉砂，埋深介于130～150 m，厚度15～20 m。田楼镇、响水县城、老舍乡一带发育一套曲流河道沉积，岩性为河床相、漫滩相浅绿灰色细砂、粉砂，夹牛轭湖沉积的暗棕灰色黏土，埋深介于125～140 m，厚度10～15 m。四队镇、五图河农场、五队村一线堆积一套入湖河道沉积的浅绿灰色含砾砂、细砂，含钙质胶结物，埋深介于100～150 m，厚度10～20 m。两河道之间主要为泛滥平原沉积的黄棕色粉砂质黏土。灌西盐场周围覆盖沼泽相黄棕色含粉砂黏土及边滩相浅灰色粉砂，埋深130～150 m，厚度15～20 m。向北发育数条入湖河道，堆积河床相、漫滩相、泛滥河流相浅黄灰色细砂、粉砂，含石英砾石、钙质胶结物，埋深介于110～140 m，厚度10～20 m。

早更新世早期到中期地理演化特征：早更新世早期到中期是一个气候相对转暖的过程，孢粉分析显示区域植物景观变化不大，只有喜暖植物少量增加，降水量的增加使湖泊面积扩大，但大部分区域处于湖泊过渡带，湖水动力增大，粉砂与黏土质粉砂增多，曲流河迁出区域，地势高差缩小，曲流河水系演变为网状水系，在原曲流河道范围多发育沼泽与支流河道，河流整体流向由西向东，东陬山北部河流流向发生变化，由早期的向北为主变为向东为主。

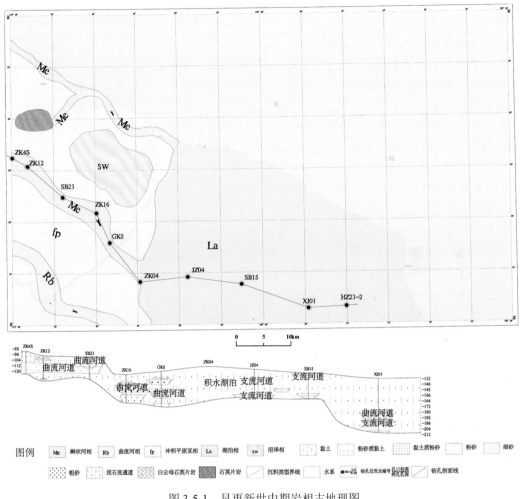

图 3-5-1　早更新世中期岩相古地理图

3.6　早更新世晚期岩相古地理特征

早更新世晚期（1.2～0.78 Ma B.P.），气候时期相当于阿尔卑斯山地区的贡兹冰期和贡兹-民德间冰期。气候寒冷干燥，华北平原北部出现冻土地貌，冬季风加强，气温比现在低 8～9℃，东部平原生长暗针叶林，长江流域植被覆盖面积大大缩小，长江水量减少，长江三角洲地区古地理环境发生明显变化，地层中见反映干冷气候的孢粉。

根据本次孢粉分析，植物景观中，区域植被类型较中期有明显变化，乔木植物孢粉数量相对减少，但种类增多，出现喜冷植物，种类以松属（*Pinus*）、冷杉属（*Abies*）、桦木属（*Betula*）、青冈属（*Cyclobalanopsis*）、大戟属（*Euphorbia*）、冬青属（*Ilex*）、栎属（*Quercus*）为主；草本植物数量增加，种类以蒿属（*Artemisia*）、藜科（Chenopodiaceae）、莎草科（Cyperaceae）和禾本科（Gramineae）居多，也有蓼属（*Polygonum*）、香蒲属（*Typha*）、伞形科（Umbelliferae）；对于蕨类植物，南部个别钻孔数量增加，北部未见明显变化，种类以水龙骨科（Polypodiaceae）、蕨属（*Pteridium*）为主，显示为温带针叶-落叶混交林、禾本科草原，推测当时气候干冷。

　　区域岩性分布及地貌特征：整体上，南部地势趋于平坦，北部东陬山周围覆盖区高出南部数十米，岩性以粉砂质黏土为主，头罾乡周围堆积黏土，以东陬山为中心细砂呈放射状分布于四周，细砂条带之间发育阶地及河间洼地相粉砂质黏土。受到地形与气候的影响，区域湖泊水面扩大，但水位相对较浅，降水量减小，使入湖河道减少，部分水域封闭，形成富营养湖，沉积含有机质黏土，湖岸为泛滥平原相（图3-6-1）。

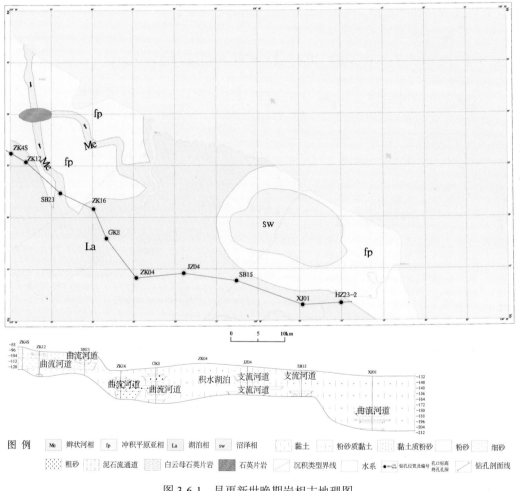

图 3-6-1　早更新世晚期岩相古地理图

　　该时期，以头罾乡为中心、半径约10 km范围内沉积一套富营养湖相暗棕色黏土、含粉砂黏土，含有机质及钙质结核，见植物根系状潜育化条带，层顶发育古土壤层，埋深介于125～145 m，厚度10～15 m。富营养湖周围为泛滥平原相，沉积暗绿灰色粉砂质黏土，顶部缺失，埋深 135～145 m，厚度约 10 m。泛滥平原相沉积在区域面积较小，仅限于滨海港镇附近，其余除东陬山附近，甚至到四队镇、五图河农场、燕尾港一带堆积一套湖泊相、边滩相棕色、黄棕色、绿灰色粉砂质黏土、含粉砂黏土、粉砂，其中粉砂为中层、中薄层夹层，局部见钙质胶结砂磐，埋深介于 95～155 m，厚度为 10～20 m。东陬山周围覆盖一套支流河道、漫滩、阶地沉积的浅灰绿色、黄棕色含砾砂、粗砂、细砂夹浅黄绿色、黄棕色粉砂质黏土，具河流二元结构，见斜层理、交错层理，埋深介于 100～115 m，厚度为 10～15 m。

早更新世中期到晚期地理演化特征：早更新世中期到晚期是一个气候转冷的过程，孢粉中见冷杉，降水量减少，原有的网状水系规模缩小，演化为沼泽与湖泊，地势更加平坦，入湖水量减少，湖泊覆盖面积变化较大，指示浅水湖岸带、过渡带环境，局部水域封闭，演变为富营养湖。

3.7　中更新世早期早时岩相古地理特征

中更新世早期早时（0.78～0.60 Ma B.P.），地磁场极性发生倒转，地磁极性期由松山负向极性时转变为布容正向极性时，气候寒冷而干燥。冬季风强烈，相当于大姑冰期，青藏高原和西北山地的冰川规模扩大。区域构造上保持原来下降的格局，南侧的盐城古湖完全消失（郭盛乔等，2000）。该时期沉积地层较薄，局部甚至缺失，在对东部地层的研究中，部分学者采用二分法，将中更新世早期与中期合并研究。由于区域中更新统底部广泛发育河流冲积相沉积，特征鲜明，故采用三分法研究该地层。

根据本次孢粉分析，区域中更新世早期早时的植物景观中出现大量草本植物，乔木植物种类增多但是数量减少，蕨类植物的数量较之前也明显减少。乔木植物种类以松属（*Pinus*）、桤木属（*Alnus*）、山核桃属（*Carya*）、胡桃属（*Juglans*）、枫香树属（*Liquidambar*）、栎属（*Quercus*）、山矾属（*Symplocos*）为主，草本植物种类以蒿属（*Artemisia*）、藜科（Chenopodiaceae）、菊科（Compositae）、百合科（Liliaceae）、禾本科（Gramineae）居多，蕨类植物种类以金毛狗属（*Cibotium*）、水龙骨科（Polypodiaceae）、蕨属（*Pteridium*）为主，反映温带季风气候之下的稀疏禾本科草原景观，推测该区为干冷气候环境。

区域岩性分布及地貌特征：整体上，区域内河网密布，由于河水下切作用，地势起伏不平，岩性以含砾砂、粗砂、中砂、细砂、粉砂、黏土质粉砂为主，小范围河间洼地与泛滥平原发育粉砂质黏土。区内现曲流河道，河水由西向东流出该区，并有数条支流河道在两侧汇入，构成辫状水系。盐城古湖的消失使水系侵蚀作用加强，堆积相对减弱，可能也是该期地层较薄或缺失的一个因素（图 3-7-1）。

该时期，老舍乡、大有镇、滨淮镇、滨海港镇一线堆积一套支流河道沉积的浅灰色、棕黄色细砂，具斜层理、平行层理，两侧为漫滩相、阶地沉积的棕黄色粉砂质黏土，含钙质结核及南河镇、平建乡附近的河间洼地相浅黄灰色含粉砂黏土，地层中潜育化条带构成网状，埋深介于 105～135 m，厚度 10～15 m。田楼镇、五队村、陈家港镇、滨淮农场、废黄河口一带有曲流河流经，堆积一套浅绿灰色、黄棕色含砾砂、细砂、粉砂，具河流二元结构，见河床相、漫滩相、牛轭湖沉积，埋深介于 100～125 m，厚度 5～

15 m。曲流河道以北堆积一套以泛滥平原相为主，穿插支流河道、阶地与河间洼地相的沉积物，砂性土主要为河床相与漫滩相及洼地边滩相棕黄色细砂、粉砂，黏性土主要为沼泽相浅灰色夹网状潜育化条带的含粉砂黏土、黏土。局部地层缺失，埋深约 100 m，厚度 5～10 m。东陬山附近和区内往北主要堆积河流相的棕黄色细砂、粉砂，埋深 85～100 m，厚度约 5 m，局部缺失。

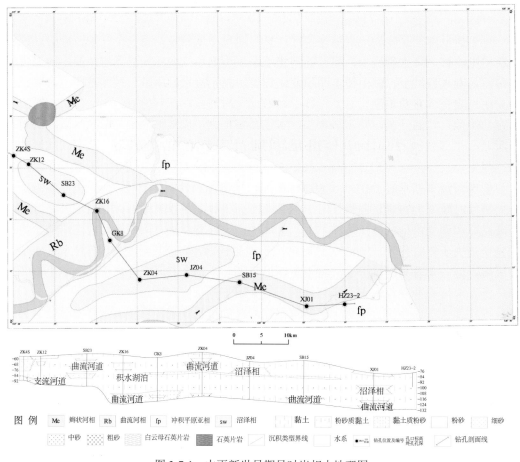

图 3-7-1　中更新世早期早时岩相古地理图

早更新世晚期到中更新世早期地理演化特征：该区域在结构上仍然保持下沉的整体格局与趋势，地磁极性发生倒转，气候响应季风气候区背景，由暖湿变为干冷，降水量减少。随之植被景观发生改变，草本植物比例增加。该区地理环境发生巨大变化，之前晚期的盐城古湖完全消失，曲流河流经区域，沉积物以河流冲积相组成的冲积平原为主，局部夹沼泽相夹层，冲沟与阶地构成高低起伏地形，但整体北高南低的趋势未变。

3.8　中更新世早期晚时岩相古地理特征

中更新世早期晚时（0.60～0.30 Ma B.P.），气候温暖湿润，是第四纪一个非常温暖的时期。华北地区气温高于现在 5～7℃，在黄土高原发育具有特色的"红三条"（由三层棕红色的古土壤层构成），华南地区广泛发育网纹红土，海平面上升，长江三角洲地区发现海侵层，孢粉显示以麻栎、青冈栎、榆、槐为主，反映温暖湿润气候。

根据本次孢粉分析，区域中更新世早期晚时的植物景观中，乔木植物种类和数量都增加，草本植物比例减少，蕨类植物所占比例也减少。乔木植物种类以松属（*Pinus*）、桤木属（*Alnus*）、桦木属（*Betula*）、朴属（*Celtis*）、青冈属（*Cyclobalanopsis*）、栎属（*Quercus*）、榆属（*Ulmus*）为主，草本植物种类以蒿属（*Artemisia*）、藜科（Chenopodiaceae）、菊科（Compositae）、百合科（Liliaceae）、莎草科（Cyperaceae）、禾本科（Gramineae）居多，蕨类植物种类以金毛狗属（*Cibotium*）、水龙骨科（Polypodiaceae）为主，显示为温带、亚热带落叶-阔叶混交林，推测为温暖湿润的亚热带季风气候环境。

区域岩性分布及地貌特征：整体上，通过早时河流冲积对地貌的改造作用，区域地势更加平坦，气温升高，降水量增加，水域面积扩大，以湖泊为主，网状水系的泛滥平原次之，伴有数条不同时期的入湖河道，河道两侧发育阶地河间洼地。从南向北岩性主要顺序为粉砂质黏土—细砂—粉砂质黏土—黏土—粉砂质黏土—细砂—粉砂—黏土。沉积速率相对较大，地层较厚（图 3-8-1）。

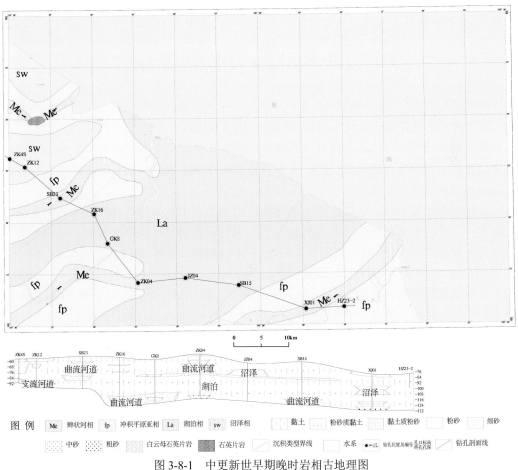

图 3-8-1　中更新世早期晚时岩相古地理图

　　该时期，区域西南角与东南角均为泛滥平原沉积，其中樊集乡、滨淮镇、滨海港镇一线堆积支流河道沉积，见河床相、漫滩相细砂，响水县、平建乡一线发育入湖河道，堆积河床相、漫滩相、入湖河口相细砂。砂性土主要为棕黄色、绿灰色、灰色细砂、粉砂、黏土质粉砂，支流河道沉积的灰色粉砂见平行层理、波状层理；黏性土主要为绿灰色、黄棕色含粉砂黏土、粉砂质黏土，含钙质及铁锰质结核，埋深介于 65～125 m，厚度 30～40 m。湖泊面积在晚时不断发生变化，最大时几乎覆盖整个区域，即使面积缩小也占据大部分区域，地层发育一套黄绿色、绿灰色黏土、含粉砂黏土，潜育化强烈，潜育化条带构成网状，局部钙质胶结物富集，见富铝化沉积，埋深介于 70～120 m，厚度 25～40 m。区域西北部东陬山周围发育河流泛滥冲积地层，支流河道与入湖河道相间，并有沼泽分布，五图河农场附近沉积入湖河道为棕黄色，浅灰色含砾砂、粉砂，具河流二元结构，向北主要堆积一套阶地、沼泽相棕色、黄绿色、黄棕色黏土、含粉砂黏土，其次为漫滩相、河床相浅黄灰色粉砂夹粉砂质黏土与黄棕色细砂，埋深介于 65～90 m，厚度 10～25 m。

　　中更新世早期早时到晚时地理演化特征：经历早时短暂的干冷气候环境之后，晚时气候变得温暖湿润，最热时年均温可达到亚热带气候区温度，使区域普遍发育一到两层富铝化黏土层，降水量增加，水域面积扩大，区域植物景观由温带稀疏草原-针叶林演变为温带-亚热带落叶阔叶林，早期起伏地形再次趋于平坦，局部长期积水，潜育化强烈。

3.9　中更新世晚期岩相古地理特征

　　中更新世晚期（0.30～0.13 Ma B.P.）进入冰期气候环境，在东部山地可能有冰川活动，称为庐山冰期，浙江天目山的年均气温较现在低 10℃，长江三角洲地区温度显著降低，海水退出三角洲河口带，区域南部邻区的孢粉演化趋势为温带落叶阔叶林—温带针阔叶混交林—常绿落叶阔叶混交林—禾本科草原，气候由暖凉转为温暖湿润，在短暂的温暖湿润之后又变得干凉。

　　根据本次孢粉分析，区域中更新世晚期的植物景观中，乔木植物种类增加，但数量相对减少，出现耐寒植物，亚热带植物几乎消失，草本植物比例相对增加，蕨类植物所占比例未发生明显变化。乔木植物种类以冷杉属（Abies）、松属（Pinus）、桤木属（Alnus）、朴属（Celtis）、榛属（Corylus）、化香树属（Platycarya）、栎属（Quercus）、榆属（Ulmus）为主，草本植物种类以蒿属（Artemisia）、藜科（Chenopodiaceae）、百合科（Liliaceae）、禾本科（Gramineae）居多，蕨类植物种类以水龙骨科（Polypodiaceae）、蕨属（Pteridium）为主，指示温带针阔叶混交林—禾本科草原，推测为温带干冷气候。

　　区域岩性分布及地貌特征：整体上，区域下沉趋势未变，地势向东南逐渐降低，主要发育湖泊相粉砂质黏土。晚时，在间冰期转变为富营养湖，区内西南角范围见泛滥平原相粉砂质黏土，同时发育河流相黏土质粉砂，东陬山周围堆积河流相细砂，河流发源于东陬山或者是流经该区的支流河道。总之，以粉砂质黏土为主，局部出现黏土质粉砂及细砂（图 3-9-1）。

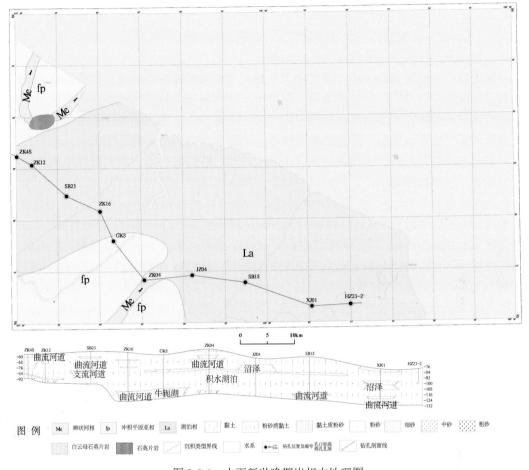

图 3-9-1　中更新世晚期岩相古地理图

该时期，响水县、五队村、南河镇、老舍乡所在范围内堆积一套泛滥平原相棕黄色粉砂质黏土，局部发育河床相、漫滩相灰黄色细砂、粉砂，晚时发育古土壤层，埋深介于 45～70 m，厚度 15～20 m。上述范围向东向北为大范围湖泊沉积，以湖心带浅绿黄色黏土、含粉砂黏土为主，潜育化发育，含钙质及铁锰质结核，局部地层中见过渡带及湖岸带灰黄色黏土质粉砂、粉砂，晚时由于气候转暖，演变为富营养湖，地层中见泥炭层及淡水丽蚌，埋深介于 50～100 m，厚度 10～20 m。东陬山以北堆积物为河流泛滥相黄棕色、绿棕色粉砂质黏土、黏土质粉砂、粉砂，具河流二元结构，见平行韵律层理，晚时地下水位高，潜育化发育，埋深介于 50～65 m，厚度 10～15 m。

中更新世中期到中更新世晚期地理演化特征：中期到晚期主要是一个由暖变冷的过程，但晚期的气候波动较大，出现过数次间冰期，降水量减少，植被景观由落叶阔叶林演变为禾本科草原，地表水域面积变化不大，水动力相对减缓，地势更加平坦，中期到晚期的继承性明显，环境缓慢演变，地层未发现明显间断。

3.10　晚更新世早期岩相古地理特征

晚更新世早期 MIS5（130～75 ka B.P.）进入一个相对温暖湿润的气候期，全球年平均气温比现在高约 3℃，海平面上升，东部平原发生海侵，长江流量增加，大量泥沙输送到长江下游地区，长江三角洲地区河床开始快速堆积，植被为亚热带常绿阔叶林，区域南部邻区经历全面海侵，成为滨海滨岸环境，微体古生物指示为暖期气候。

根据本次孢粉分析，区域晚更新世 MIS5 时期的植物景观中，乔木植物种类和所占比例增加，耐寒植物减少，亚热带植物增加，草本植物的种类也有所增加，蕨类植物所占比例未发生明显变化。乔木植物种类以松属（*Pinus*）、铁杉属（*Tsuga*）、桤木属（*Alnus*）、桦木属（*Betula*）、朴属（*Celtis*）、榛属（*Corylus*）、鹅耳枥属（*Carpinus*）、栗属（*Castanea*）、青冈属（*Cyclobalanopsis*）、化香树属（*Platycarya*）、水青冈属（*Fagus*）、胡桃属（*Juglans*）、栎属（*Quercus*）、榆属（*Ulmus*）为主，草本植物种类以蒿属（*Artemisia*）、菊科（Compositae）、藜科（Chenopodiaceae）、莎草科（Cyperaceae）、百合科（Liliaceae）、禾本科（Gramineae）、蓼属（*Polygonum*）、香蒲属（*Typha*）居多，蕨类植物种类以水龙骨科（Polypodiaceae）、蕨属（*Pteridium*）为主，指示为温带落叶阔叶林，推测为温暖湿润气候环境。

微体古生物分析：对区域有孔虫的分析中见暖水种美丽星轮虫 *Asterorotalia pulchella*（d'Orbigny）、悦目星轮虫 *A. venusta* Ho, Hu et Wang、印度太平洋假轮虫、施罗德假轮虫出现，是该时期海侵较为有力的证据，多个钻孔的微体古生物分析显示该时期为滨海与滨岸环境。

区域岩性分布及地貌特征：整体上，晚更新世东部地层进入快速沉降时期，气候变得温暖湿润，降水量增加，早期早时区域发生海侵，同时曲流河由此入海，形成河口三角洲沉积环境，区内南部以细砂、中砂为主，北部以淤泥质粉砂质黏土为主，晚时河口迁出，演变为滨海潮坪带，区内普遍沉积淤泥质黏土、淤泥质黏土夹粉砂，地层中常见海生贝壳与其碎片（图 3-10-1）。

该时期，区域东南部大有镇、滨淮农场、滨淮镇一带堆积一套三角洲前缘相、潮间带相的深绿灰色细砂、深灰色黏土夹粉砂，见块状层理、脉状层理、波状层理及粉砂透镜体，含牡蛎碎片，其上覆盖潮间带相深灰色粉砂质黏土和潮下带的深灰色黏土质粉砂、粉砂，具嗅味，埋深 45～80 m，厚度 10～30 m。七套、平建中山河口一线沉积三角洲支流河道，但主体依然以水下为主，岩性为深灰色中砂、细砂，夹侧蚀泥炭团块，上覆潮间带深灰色粉砂质黏土，埋深 40～80 m，厚度 15～35 m。田楼镇、南河镇、陈家港镇一带堆积三角洲前缘相深灰色细砂，块状层理，往西南响水县附近堆积潮坪相、湖沼洼地相深灰色黏土及粉砂质黏土，上覆潮坪相、潟湖相深灰色淤泥质黏土，夹粉砂薄层、极薄层，脉状层理、波状层理、水平层理构成平行层理，见海生贝壳和碳质植物残体，埋深介于 40～70 m，厚度 10～25 m。陈家港镇以东 MIS5 时期沉积物局部遭受后期河流侵蚀缺失。五图河农场到灌河口一线往西北方向大部分时间位于三角洲平原区，堆积一套潮坪相深灰色淤泥质黏土夹粉砂及潮汐通道沉积的深灰色粉砂，三角洲平原下伏一层三角洲前缘相沉积物，埋深介于 30～60 m，厚度 5～25 m。

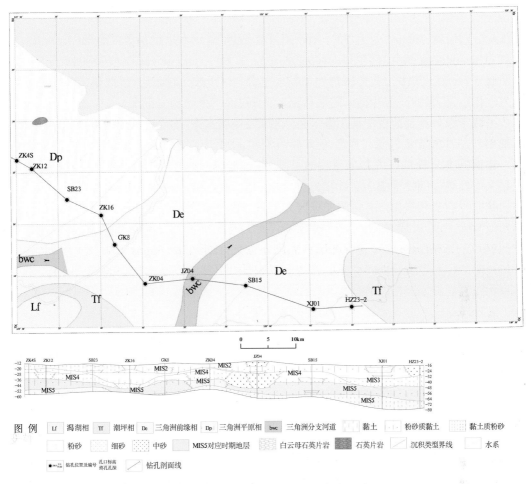

图 3-10-1 晚更新世早期岩相古地理图

中更新世晚期到晚更新世早期地理演化特征：区域中更新世晚期气候干冷，到末期普遍沉积间断，在泛滥平原发育古土壤层，进入晚更新世早期东部地层加速下沉，同时全球海平面升高，受气影响该区发生海侵，气候温暖湿润，在河流与海水的共同作用之下，地形格局重新分布，整体趋势依然没有发生变化。区域植物景观由以草本为主变为落叶阔叶林，并出现水生植物。

3.11 晚更新世 MIS4 对应时期岩相古地理特征

晚更新世晚期 MIS4（75～45 ka B.P.）全球性气候变冷，导致全球海面下降，长江水系流量减少，海平面降低导致河流向下侵蚀作用加强，长江三角洲地区的孢粉为松-常绿栎-青冈带，之后榆属和桦木属增多，草本植物增多，指示冷湿气候环境，区域南部邻区孢粉指示为稀疏草原景观，反映干冷气候条件，微体古生物以陆相介形虫为主。

根据本次孢粉分析，区域晚更新世 MIS4 时期的植物景观中，乔木植物种类以松属

（*Pinus*）、栗属（*Castanea*）、青冈属（*Cyclobalanopsis*）、枫香树属（*Liquidambar*）、栎属（*Quercus*）、榆属（*Ulmus*）为主，草本植物所占比例较高，草本植物种类以蒿属（*Artemisia*）、藜科（*Chenopodiaceae*）、莎草科（*Cyperaceae*）、禾本科（*Gramineae*）、蓼属（*Polygonum*）、香蒲属（*Typha*）居多，蕨类植物种类以水龙骨科（*Polypodiaceae*）、蕨属（*Pteridium*）为主，指示温带针叶-落叶林、蒿属草原，推测当时气候相对干冷。

　　区域岩性分布及地貌特征：整体上，区域为辫状水系，南部和北部为河流泛滥平原，局部出现沼泽及支流河道，中部发育曲流河道，河床下切较深，并向东北方向流出区域，由南向北岩性顺序为黏土质粉砂—粉砂—黏土质粉砂—粉砂—细砂—粉砂—粉砂质黏土—粉砂—细砂（图 3-11-1）。

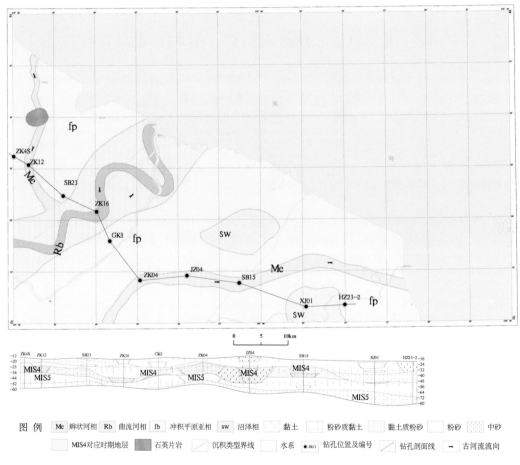

图 3-11-1　晚更新世 MIS4 对应时期岩相古地理图

　　该时期，区域田楼镇、陈家港、三圩盐场一线往南堆积一套河流泛滥相灰色、黄灰色、绿灰色黏土质粉砂、粉砂质黏土，局部发育支流河道，见河床相、漫滩相沉积，在老舍乡、南河镇、滨淮农场、滨海港镇一线较明显，堆积较厚，岩性特征主要为灰色粉砂，河道两侧发育小范围河间洼地沉积，部分钻孔未见该时期沉积物，河流泛滥沉积埋深介于 25～55 m，厚度 0～20 m。新沂河一带为曲流河道，堆积一套河床相、漫滩相、边滩相深灰色、深绿灰色细砂、中砂、含砾粗砂，具河流二元结构，陈家港镇往北，部分区段河流下切使上更新统下段缺失，埋深介于 20～60 m，厚度 10～20 m。五图河农场、灌西盐场一线往北为泛滥平原，河道相对较少，堆积一套漫滩相、河床相黄棕色、灰色粉—细砂及泛滥平原相、沼泽相绿灰色、黄棕色粉砂质黏土，部分支流河向南汇入曲流河，埋深介于 20～45 m，厚度 5～15 m。

晚更新世早期到晚更新世晚期地理演化特征：MIS5 到 MIS4 时期气候变冷，海平面下降，区域发生海退，植被景观变化明显，由落叶阔叶林演化为以蒿属草原为主的景观，曲流河道流经该区，两侧发育泛滥河流、沼泽、阶地，整体为曲流河水系。在河流冲积作用下使原来平缓的地形变得高地起伏，但南北高差相对减小。

3.12　晚更新世 MIS3 对应时期岩相古地理特征

晚更新世晚期 MIS3（45～25 ka B.P.）气候变暖，我国各地降水量普遍增加，长江水动力增强，三角洲不断向海域推进，形成了海侵期三角洲沉积体系（吴标云，1985），孢粉为落叶栎-常绿栎-松-禾本科带。区域往南发生大规模海侵，形成滨海、滨岸环境，见海相介形虫与有孔虫，部分有孔虫指示热带亚热带气候环境。

根据本次孢粉分析，乔木植物种类以松属（Pinus）、铁杉属（Tsuga）、桤木属（Alnus）、桦木属（Betula）、朴属（Celtis）、榛属（Corylus）、鹅耳枥属（Carpinus）、栗属（Castanea）、青冈属（Cyclobalanopsis）、化香树属（Platycarya）、水青冈属（Fagus）、山核桃属（Carya）、栎属（Quercus）、枫香树属（Liquidambar）、榆属（Ulmus）为主，草本植物种类以蒿属（Artemisia）、菊科（Compositae）、藜科（Chenopodiaceae）、莎草科（Cyperaceae）、百合科（Liliaceae）、禾本科（Gramineae）、香蒲属（Typha）居多，蕨类植物种类以水龙骨科（Polypodiaceae）、蕨属（Pteridium）为主，指示为温带落叶阔叶混交林，推测为温暖湿润气候环境。

微体古生物分析：区域该时期微体生物较多，较为典型的有孔虫见目星轮虫、美丽星轮虫、印度太平洋假轮虫、施罗德假轮虫 4 种暖水种，也见瓷质壳类。

区域岩性分布及地貌特征：整体上，随着环境的变化，区域发生海侵，成为滨海环境，但是海水未漫及整个区域，西南角属陆地范围，由东到西出现潮坪、潮汐通道、咸水潟湖、泛滥平原，水动力的差异使岩性差异较大，依次沉积黏土质粉砂—粉砂质黏土—细砂—砂—粉砂质黏土—细砂—粉砂质黏土—粉砂（图 3-12-1）。

该时期，樊集乡、滨淮镇附近堆积一套潮间带相深灰色黏土质粉砂夹黏土，见水平层理、波状层理、透镜体，局部夹含砾砂中厚层，含牡蛎碎片，埋深介于 40～55 m，厚度 10～15 m。南河镇、平建乡、头罾乡、中山河口一带附近沉积一套潮上带相深灰色黏土夹粉砂，粉砂为薄层、极薄层，波状层理，含贝壳碎片，富有机质，潮上带沉积物向北呈条带状可延伸至埒子口，埋深介于 25～40 m，厚度 3～15 m。四队镇、五图河农场、五队村一带附近堆积一套潟湖相深灰色含粉砂黏土和潮汐通道沉积的粉砂，富有机质，含贝壳碎片，埋深介于 20～45 m，厚度 5～15 m。在潟湖西南方向，响水县城周围，为泛滥平原，沉积物极薄甚至未沉积。东陬山往北潟湖相沉积范围较小，岩性特征为深灰色黏土，埋深介于 30～35 m，厚度约 5 m。

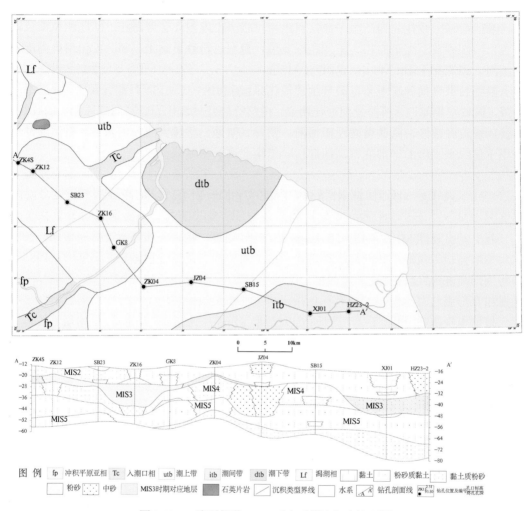

图 3-12-1　晚更新世 MIS3 对应时期岩相古地理图

晚更新世 MIS4 到 MIS3 对应时期地理演化特征：MIS4 到 MIS3 时期气候由干冷变得暖湿，区域周围由温带蒿属草原为主演变为落叶阔叶混交林为主的植物景观，发生大面积海侵，海岸线延伸到田楼镇—老舍乡附近，原来的曲流河道最先有海水进入，后来演变为潟湖与潮下带，沼泽演化为潮间带，其余多为潮上带，到 MIS3 晚期，河流由此入海，局部成为三角洲前缘，整体地形再次趋于平坦。

3.13　晚更新世 MIS2 对应时期岩相古地理特征

晚更新世晚期 MIS2（25～11 ka B.P.）也称盛冰期，暖温带主要包括长江河谷南北地带，受北方寒冷气候影响比较大，常绿叶林曾一度消失，年平均气温比现今低约 5℃，黄土的南界曾达到杭州—南昌—长沙一线，长江三角洲地区孢粉分析结果显示为松-榆-落叶栎带，植被为针阔叶混交林，温度和降水量较低，区域往南草本植物占绝对优势，反映温凉略干的气候条件。

根据本次孢粉分析，区域晚更新世 MIS2 时期的植物景观中，乔木植物种类以松属（*Pinus*）、桤木属（*Alnus*）、桦木属（*Betula*）、栗属（*Castanea*）、榛属（*Corylus*）、青冈属（*Cyclobalanopsis*）、栎属（*Quercus*）、榆属（*Ulmus*）为主，草本植物所占比例较高，草本植物种类以蒿属（*Artemisia*）、藜科（Chenopodiaceae）、莎草科（Cyperaceae）、禾本科（Gramineae）、蓼属（*Polygonum*）、香蒲属（*Typha*）、石竹科（Caryophyllaceae）居多，蕨类植物种类以水龙骨科（Polypodiaceae）、蕨属（*Pteridium*）为主，指示温带针叶-落叶林、蒿属-禾本科草原，推测当时气候相对干冷。

区域岩性分布及地貌特征：整体上，区域以泛滥平原沉积环境为主，南部有曲流河通过，降水量较小，使支流河道稀疏，水量及河流规模不大，沼泽较少，岩性由南向北依次为粉砂—细砂—粉砂—粉砂质黏土—粉砂—粉砂质黏土，全区以粉砂质黏土为主（图 3-13-1）。

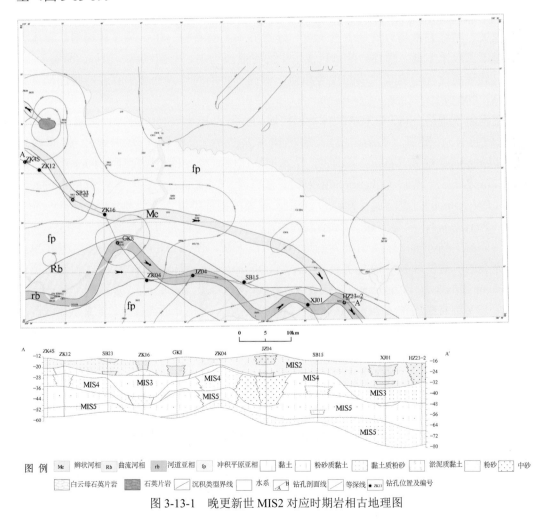

图 3-13-1　晚更新世 MIS2 对应时期岩相古地理图

该时期，区域南部响水县、五队村、平建乡、大有镇、樊集乡、大淤尖一带为曲流河道，堆积一套河床相、漫滩相、边滩相、牛轭湖沉积的黄灰色、黄棕色粉砂、细砂，水平层理、脉状层理构成平行层理，埋深介于 15～40 m，厚度 10～20 m。曲流河道往北为河流泛滥平原，沉积一套漫滩相、河流泛滥相黄棕色、灰黄色粉砂、粉砂质黏土，波状层理、脉状层理，见铁锰质斑点，埋深介于 15～30 m，厚度 5～10 m。

晚更新世 MIS3 到 MIS2 对应时期地理演化特征：气候由暖湿转变为干冷，周围环境植物景观由温带落叶阔叶混交林为主演变为蒿属-禾本科草原为主，海平面降低，海水退出该区，整个环境由滨海变为泛滥平原，降水量较小，地表径流稀疏，潮汐通道在海退之后由于上游河流改道演变为曲流河道。

3.14　全新世岩相古地理特征

全新世（11 ka B.P.～现今）是一个温暖湿润的时期，对应 MIS1，全球海平面上升，在 6 ka B.P.前后温暖气候达到顶峰，区域早期地层缺失，见中期与晚期地层，沉积环境相近，中晚两段未见明显分界。区域往南全新世孢粉组合特点总体反映为常绿、落叶阔叶林植被，常绿乔木类以青冈、栲为主，落叶乔木主要有松、栎、榆、朴树等。草本类在该带下部以禾本科、藜科、莎草科及水生的香蒲属为主，上部以蒿、藜科、蓼属为主。总的气候环境比现今更暖湿或与现今相似，但这一时期的气候变化仍存在冷暖波动（萧家仪等，2005）。

根据本次孢粉分析，乔木植物种类以松属（*Pinus*）、桤木属（*Alnus*）、桦木属（*Betula*）、朴属（*Celtis*）、栗属（*Castanea*）、胡桃属（*Juglans*）、栎属（*Quercus*）、枫香树属（*Liquidambar*）、榆属（*Ulmus*）为主，草本植物比例减少，种类以蒿属（*Artemisia*）、菊科（Compositae）、藜科（Chenopodiaceae）、莎草科（Cyperaceae）、禾本科（Gramineae）、蓼属（*Polygonum*）、香蒲属（*Typha*）为主，蕨类植物种类以水龙骨科（Polypodiaceae）、蕨属（*Pteridium*）、凤尾蕨属（*Pteris*）为主，气候与植物景观可参考现今。

微体古生物分析：区域南部为三角洲，河口下切，微体古生物数量不多，有孔虫以平旋壳类的广盐性种光滑筛九字虫 *Cribrononion laevigatum* Ho, Hu et Wang、异地希望虫 *Elphidium advenum*（Cushman），螺旋壳类的同现卷转虫 *Ammonia annectens* Parker et Jones、毕克卷转虫变种 *A. beccarii* vars.（Lineé）居多，海相介形类较少。北部滨岸浅海及潮坪环境中微体古生物中瓷质壳有孔虫有较丰富的出现，其中又以最耐受低盐环境的阿卡尼五玦虫圆形亚种 *Qunqueloculina akneriana rotunda*（Gerke），平旋壳类有孔虫依然以光滑筛九字虫为主。

区域岩性分布及地貌特征：整体上，全区底部普遍沉积含贝壳砾质砂，为海岸线快速移动沉积物，水动力较大，海水潮汐能量的差异性使沉积物分选极差，但钙质砾石多呈次圆状，贝壳绝大多数为滨海环境生活种属，埋深介于 14～21 m，厚度约 15 cm，系海侵初期潮下带向陆地的推进。上覆滨岸浅海环境的深灰色淤泥质黏土，富有机质，具嗅味，见生物扰动印迹，埋深介于 10～21 m，厚度约 5 m。上覆地层大致以老舍乡—南河镇—中山河口一线为界，界线东南主要堆积一套深灰色、绿灰色、黄灰色细砂、粉砂，往北向下尖灭，地层最厚处 13 m，界线往北主要堆积一套潮坪相、潟湖相深灰色淤泥质黏土，局部夹粉砂薄层、极薄层，脉状、波状层理，南部地层偶见"千层饼"构造，厚度 10～15 m。全区地表约 3 m 以浅主要为潮坪相沉积，岩性由原生的深灰色淤泥质黏土受到氧化变为灰棕色黏土（图 3-14-1）。

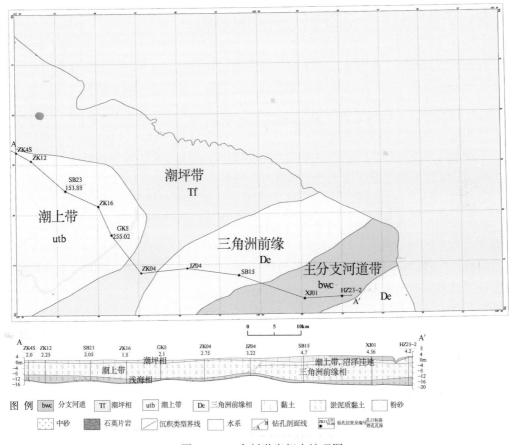

图 3-14-1　全新世岩相古地理图

　　晚更新世 MIS2 对应时期到全新世地理演化特征：区域上地理环境发生巨大变化，气候环境由干冷变得暖湿，周围环境由温带针叶-落叶林、蒿属-禾本科草原演变为以温带落叶阔叶混交林为主的景观，降水量增加，随着海平面的升高，经历一定时间的沉积间断之后发生全面海侵，海岸线越过该区，MIS2 对应时期河流冲积造成的地形差异之后几乎消失，地势变得极为平坦。

第4章 前第四纪地质

4.1 地层分区概述

古黄河三角洲位于江苏省北部,地处扬子地层与苏鲁造山带地层区的接合部,因地质构造发展演化的不同,形成了各有特色的地层系统。以淮阴—响水断裂为界,分为两个大区,西北侧为苏鲁造山带(秦岭—大别—苏鲁高压超高压变质带的东端)地层区,东南侧属扬子地层区下扬子地层分区。

苏鲁造山带地层区在区域内仅西北东陬山地区出露中—新元古代云台岩群花果山岩组($Pt_{2-3}Yh$),区内扬子地层区下扬子地层分区地层在东部海域开山岛有新元古代震旦纪地层周岗组(Z_1z)基岩出露。其余地区全被第四纪地层所深覆盖。

前新近纪地层在各地层区变化较大,差异明显。新近纪地层在各区无明显差异,《江苏省及上海市区域地质志》(江苏省地质矿产局,1984)、《连云港幅1:25万区域地质调查报告》(中国地质科学院地质研究所和江苏省地质调查研究院,2008)中将区域新近纪地层以淮阴—响水断裂为界分为南北两区,北区为宿迁组($N_{1-2}s$),南区为盐城组($N_{1-2}y$)。

4.2 苏鲁造山带地层区地层

区域中淮阴—响水断裂以北西属苏鲁造山带地层区,苏鲁造山带发育的地层主要有新太古代—古元古代东海杂岩、中元古代锦屏岩群、中—新元古代云台岩群和中—新生代地层,缺失震旦纪至侏罗纪地层。区内前第四纪地层仅发育中—新元古界云台岩群花果山岩组及新近系宿迁组。缺失震旦纪至古近纪沉积(表4-2-1)。

4.2.1 云台岩群花果山岩组

1994年,江苏省地质矿产局区域地质调查大队完成的《墩尚幅、连云港镇幅、连云港市幅、东辛农场幅区域地质调查(1:50000)报告》中命名为中—新元古代云台岩群($Pt_{2-3}Y$),由下部的竹岛岩组($Pt_{2-3}Yzh$)和上部的花果山岩组($Pt_{2-3}Yh$)组成。江苏省地质调查研究院(2002)将云台岩群归入新元古代。中国地质科学院地质研究所和江苏省地质调查研究院(2008)完成的《连云港幅1:25万区域地质调查报告》中,云台岩群仅包括花果山岩组,时代属中—新元古代,而竹岛岩组相当于锦屏岩群中的韩山岩组。该岩群主要分布于淮阴—响水断裂西北与区域外海州—泗阳断裂以东之间的狭长地区,主要在东陬山等孤立山丘出露,其他地区为第四系覆盖。主要岩性为白云钠长片麻岩、

表 4-2-1　区域地层简表

年代地层			岩石地层	
界	系	统	苏鲁造山带地层区	扬子地层区
新生界	第四系	全新统	淤尖组、连云港组	
		更新统	灌南组、小腰庄组、五队镇组	
	新近系		宿迁组	盐城组
	古近系			缺失
中生界	白垩系			浦口组
	侏罗系			缺失
	三叠系			
古生界	二叠系		缺	大隆组、龙潭组、孤峰组、栖霞组
	石炭系			船山组、黄龙组、和州组、高骊山组、金陵组
	泥盆系			五通组
	志留系		失	茅山组、坟头组、高家边组
	奥陶系			汤头组、汤山组、牯牛潭组、大湾组、红花园组、仑山组
	寒武系			观音台组、炮台山组、幕府山组、荷塘组
新元古界	震旦系			灯影组、黄墟组、苏家湾组、周岗组
中元古界			云台岩群	埠城岩群、张八岭岩群

白云钠长浅粒岩、绿帘钠长角闪岩、含黄铁矿钠长浅粒岩、白云钠长石英片岩、二云变粒岩等。原岩为一套酸性火山—细碧岩—碎屑沉积岩，经历了早期的绿片岩相变质作用和晚期绿帘蓝片岩相的变质叠加。该岩群经历了强烈的韧性剪切变形，形成不同规模的剪切岩片，使原岩正常沉积序列受到改造，呈现无序的特点，形成了大量的糜棱岩及构造片岩，地表可见叠置厚度大于 3400 m。

　　区内仅东陬山山体出露有花果山岩组，主要岩性为一套白云母石英片岩。经钻孔揭露，该组在东陬山周围第四系覆盖层之下也有分布，与上覆宿迁组为角度不整合接触。主要岩性为白云母钠长石英片岩、钠长阳起石片岩、白云母石英片岩、黑云钠长变粒岩、白云母钠长片麻岩等。从其沉积岩性来看，其沉积大地构造环境应为活动性大陆边缘。

　　YQ01 钻孔云台岩群花果山岩组剖面（图 4-2-1）如下。

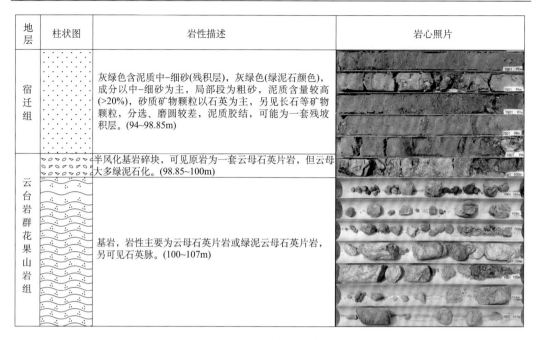

地层	柱状图	岩性描述	岩心照片
宿迁组		灰绿色含泥质中-细砂(残积层)，灰绿色(绿泥石颜色)，成分以中-细砂为主，局部段为粗砂，泥质含量较高(>20%)，砂质矿物颗粒以石英为主，另见长石等矿物颗粒，分选、磨圆较差，泥质胶结，可能为一套残坡积层。(94~98.85m)	
云台岩群花果山岩组		半风化基岩碎块，可见原岩为一套云母石英片岩，但云母大多绿泥石化。(98.85~100m)	
		基岩，岩性主要为云母石英片岩或绿泥云母石英片岩，另可见石英脉。(100~107m)	

图 4-2-1　YQ01 钻孔花果山岩组柱状图

上覆地层：宿迁组（$N_{1-2}s$）灰绿色含泥质中—细砂

~~~~~~~角度不整合~~~~~~

下伏地层：云台岩群花果山岩组（$Pt_{2-3}Yh$）　　　　　　　　　　　　　　　　厚>8.15 m

（2）98.85～100 m，半风化基岩碎块，原岩为一套云母石英片岩，但云母大多绿泥石化。

（1）100～107 m，基岩，主要为云母石英片岩或绿泥云母石英片岩，另可见石英脉。

区域上，区域云台岩群与皖东地区的张八岭岩群、宿松—太湖地区的宿松群上部及红安—大悟地区的红安群上部可以对比，它们在岩性组合、变质作用、时代归属等各个方面的特征都极为相似，属同一大地构造环境的产物。

4.2.2　新近系宿迁组

岩性主要为灰白、灰绿色粗砂、中细砂夹多层黏土、含砂黏土，局部含较薄的砾石层。厚度变化较大，沉积物受断陷盆地控制，区域上该组最大厚度大于 80 m，地表见不整合于王氏群之上，盆地内不整合于变质基底及白垩纪、古近纪地层之上，分布范围较广。

1. 钻孔 JZ03 宿迁组剖面

上覆地层：五队镇组（Qp_1w）浅灰绿色砂质砾层，夹一层黏土质粉砂

----------------------平行不整合--------------------------

宿迁组（$N_{1-2}s$）　　　　　　　　　　　　　　　　　　　　　　　　　　厚 85.20 m

上段（$N_{1-2}s^2$）由两个沉积旋回组成。　　　　　　　　　　　　　　　　　厚 76.20 m

旋回一：

（27）144.40～148.25 m，浅灰绿色黏土，颜色以灰绿色为主，局部见棕黄色及棕色斑点，黏土含量大于 95%，泥状结构，斑杂状构造，水平层理，稍湿，硬塑。144.45 m 处见铁锰质斑点及碳质条带。146.50～147.60 m 为暗黄绿色黏土夹层，可见铁锰质结核及钙质结核。湖泊，湖心带沉积。　　厚 3.85 m

（26）148.25～152.75 m，浅绿色含粉砂黏土，颜色以暗黄绿色为主，见大量紫红色斑块，黏土含量大于 95%，泥状结构，层状构造，水平层理、平行层理，富铝化沉积，见铁染质紫红色黏土斑块及黄色黏土斑点。湖泊，湖心带沉积。　　厚 4.50 m

（25）152.75～152.90 m，亮灰色黏土，颜色以亮灰色为主，黏土含量大于 95%，泥状结构，块状层理。湖泊，湖心带沉积。　　厚 0.15 m

（24）152.90～157.40 m，淡黄绿色黏土，颜色以淡黄绿色为主，见褐色斑点，黏土含量>95%，泥状结构，斑杂状构造，潮湿，硬塑，见铁锰质斑点及棕黄色黏土斑块。152.90～153.10 m 处见深灰色碳质团块，153.6～154.25 m 为斑杂状构造自上而下，见灰色黏土层，层厚 10 cm，紫红色黏土条带及 20 cm 厚灰绿色黏土。湖泊，湖心带沉积。　　厚 4.50 m

（23）157.40～160.95 m，亮灰色含粉砂黏土，颜色以亮灰色为主，见褐黄色斑点，黏土含量 80%～90%，泥状结构，斑杂状构造，潮湿，坚硬，见铁锰质斑点及条带。湖泊，湖心带沉积。　　厚 3.55 m

（22）160.95～164.46 m，灰黄色黏土质粉砂，颜色以灰黄色为主，见淡浅灰绿色团块，粉砂含量 55%～65%，粉砂状结构，斑杂状构造，稍湿，含铁锰质斑点和直径<0.1 cm 钙质结核，夹 0.1～0.3 cm 灰白色粉砂层，见植物根系印迹。164.40～164.46 m 处见浅蓝色黏土质粉砂层。湖泊，过渡带沉积。　　厚 3.51 m

旋回二：

（21）164.46～165.41 m，淡灰色黏土，颜色以淡灰色为主，见棕黄色及棕色斑点，黏土含量>95%，泥状结构，块状层理，稍湿，硬塑，见铁锰质结核，其中 164.55～164.65 m、165.06～165.12 m 处较为富集。湖泊，湖心带沉积。　　厚 0.95 m

（20）165.41～169.03 m，淡黄绿色黏土，颜色以淡黄绿色为主，见棕色网状条带，黏土含量>95%，泥状结构，块状层理，稍湿，硬塑，见铁锰质结核。166.02～167.80 m 处见棕色网状黏土条带。湖泊，湖心带沉积。　　厚 3.62 m

（19）169.03～180.37 m，浅绿色黏土，颜色以浅绿色为主，见棕色及黄色斑点，黏土含量>95%，泥状结构，块状层理，稍湿，硬塑，见铁锰质斑点。171.00～171.48 m 处夹灰绿色黏土层，175.56～176.90 m 处见黑色碳质斑点，178.65～178.86 m 处夹 0.1～0.3 cm 厚灰色黏土层。湖泊，湖心带沉积。　　厚 11.34 m

（18）180.37～181.84 m，棕灰色黏土，颜色以棕灰色为主，黏土含量>95%，泥状结构，以层状构造为主，稍湿，硬塑，见棕色及黄色黏土斑块及铁锰质斑点。湖泊，湖心带沉积。　　厚 1.47 m

（17）181.84～183.04 m，淡绿色黏土，颜色为灰绿色为主，黏土含量>95%，泥状结构，块状层理，潮湿，硬塑-可塑，见灰色黏土团块。182.90～183.04 m 处夹灰色黏土层，该层中见铁锰质结核。湖泊，湖心带沉积。　　厚 1.20 m

（16）183.04～184.72 m，灰绿色黏土，颜色以淡绿色为主，见白色团块，黏土含量>95%，泥状结构，块状层理，潮湿，硬塑-可塑，见灰色黏土团块。湖泊，湖心带沉积。　　厚 1.68 m

（15）184.72～185.13 m，淡绿色含粉砂黏土，颜色以淡绿色为主，见黑色斑点，黏土含量 80%～

90%，泥状结构，斑杂状构造，潮湿，硬塑，见铁锰质结核。湖泊，湖心带沉积。 厚 0.41 m

（14）185.13～190.12 m，灰绿色粉砂质黏土，颜色以灰绿色为主，见棕色条带及白色斑块，黏土含量 70%～80%，泥状结构，块状层理，稍湿，硬塑，含大量钙质结核，见铁锰质斑点。186.40 m 处见直径 5 cm 的铁锰质结核，186.90～188.05 m 处粉砂含量为 65%左右，188.20～188.40 m 为淡绿色黏土夹层，188.40～188.57 m 为灰色黏土夹层，该层见棕色斑点。湖泊，湖心带沉积。 厚 4.99 m

（13）190.12～190.90 m，淡黄绿色含粉砂黏土，颜色以淡黄绿色为主，见黄棕色条带，黏土含量 75%～85%，泥状结构，斑杂状构造，见铁锰质斑点。190.43 m 处见直径 0.5 cm 的钙质结核。湖泊，湖心带沉积。 厚 0.78 m

（12）190.90～193.06 m，淡灰色含粉砂黏土，颜色以淡灰色为主，见淡绿色夹层，黏土含量 80%～90%，泥状结构，块状层理，稍湿，硬塑。191.40～191.95 m 处见铁锰质斑点，191.50～191.55 m 处见绿色黏土层。湖泊，湖心带沉积。 厚 2.16 m

（11）193.06～196.16 m，棕黄色黏土，颜色以棕黄色为主，见淡绿色，黏土含量>95%，泥状结构，斑杂状构造，稍湿，硬塑，见铁锰质斑点。195.30～196.16 m 处多为淡绿色黏土。湖泊，湖心带沉积。 厚 3.10 m

（10）196.16～201.88 m，淡绿色黏土，颜色以淡绿色为主，见棕黄色条带，黏土含量>95%，泥状结构，层状构造，潮湿，硬塑，见 0.1～0.3 cm 厚水平黏土纹层。197.90～199.00 m 处见碳质斑点及铁锰质斑点，199.00～200.63 m 棕黄色水平条带较为密集。湖泊，湖心带沉积。 厚 5.72 m

（9）201.88～202.82 m，棕色黏土，颜色以棕色为主，见绿色条带，黏土含量>95%，泥状结构，团块构造，潮湿，硬塑-可塑，见灰绿色黏土条带。湖泊，湖心带沉积。 厚 0.94 m

（8）202.82～207.36 m，灰绿色粉砂质黏土，颜色以灰绿色为主，见棕色条带及灰色夹层，黏土含量 65%～75%，潮湿，硬塑，泥状结构，层状构造，水平层理，全段见斑杂状黏土。202.82～203.85 m 处夹 0.3～0.8 cm 厚的灰色黏土层，205.02～205.98 m 处见棕色黏土团块，206.00～207.36 m 处夹 0.5～4 cm 厚的粉砂层。湖泊，湖心带沉积。 厚 4.54 m

（7）207.36～209.15 m，灰色粉砂质黏土，颜色以灰色为主，见黄棕色斑点，黏土含量 50%～60%，泥状结构，斑杂状构造，稍湿，可塑，见铁锰质浸染斑点。湖泊，湖心带沉积。 厚 1.79 m

（6）209.15～214.56 m，灰黄色粉砂质黏土夹粉砂，颜色以灰黄色为主，见灰绿色条带及棕色团块，黏土含量 50%～60%，泥状结构，层状构造，稍湿，可塑，见铁锰质斑点及灰绿色粉砂条带。209.80～210.67 m 处夹 0.3～1 cm 厚灰色粉砂水平层理，211.65～213.90 m 处夹棕色黏土团块。湖泊，湖心带沉积。 厚 5.41 m

（5）214.56～218.22 m，灰色粉砂质黏土，颜色以灰色为主，见深棕色斑点，黏土含量 65%～75%，泥状结构，斑杂状构造，稍湿，硬塑，见铁锰质斑点、棕色黏土团块及灰白色粉砂条带。215.40～217.25 m 夹 0.2～1 cm 厚灰色水平黏土层，216.43 m 有碳质斑点。湖泊，湖心带沉积。 厚 3.66 m

（4）218.22～220.60 m，淡绿色黏土质粉砂，颜色以淡绿色为主，见棕色及黑色斑点，粉砂含量 60%～70%，粉砂状结构，斑杂状构造，稍湿，见碳质斑点及铁锰质斑点。220.40～220.60 m 处见铁锰质条带，含直径 0.2～0.5 cm 的砾石，次棱角状，石英质。湖泊，过渡带沉积。 厚 2.38 m

-----------------------平行不整合-------------------------

下段（$N_{1-2}s^1$） 厚 9.00 m

旋回一：

（3）220.60～224.57 m，棕黄色砂质砾，颜色以棕黄色为主，砾石含量 70%～75%，砾石全部为石

英质，直径 0.5～7.0 cm，次棱角状，分选极差，粉砂中见铁锰质浸染条带。洪积扇。 厚 3.97 m

（2）224.57～225.18 m，棕红色含砾砂，颜色以棕红色为主，砂含量 75%～85%，砾石直径 0.2～0.3 cm，次棱角状，分选极差。224.87～224.90 m 处为白色粉砂层，225.00～225.18 m 处黏土含量达 60%，并见灰绿色黏土条带及碳质斑点。洪积扇。 厚 0.61 m

（1）225.18～229.60 m，棕黄色砂质砾，颜色以棕黄色为主，砾石含量 70%～75%，砾石全部为石英质，直径 0.5～10.0 cm，次棱角状，分选极差。227.00～227.75 m 处取样较完整，夹 0.5 cm 厚黏土层。洪积扇。 厚 4.42 m

〜〜〜〜〜〜〜角度不整合〜〜〜〜〜〜〜

下伏地层：云台岩群花果山岩组（$Pt_{2-3}Yh$）含榴石绿泥绿帘钠长阳起石片岩

2. 钻孔 YQ01 宿迁组剖面

上覆地层：五队镇组（Qp_1w）青灰色粉—细砂与黏土互层

----------------------平行不整合----------------------

宿迁组上段（$N_{1-2}s^2$） 厚 9.85 m

旋回一：

（2）89.00～94.00 m，粉细砂、黏土与中粗砂互层，构成沉积旋回，颜色较杂，90.00～91.00 m 段呈淡灰黄色（土黄色），91.00～94.00 m 段以浅灰色—灰白色为主，略显灰绿色，局部段呈浊黄色铁锈色，成分以粉—细砂为主，粉—细砂含量>70%，91.00 m 以浅淡灰黄色粉—细砂分选一般，泥质含量较高，为泥质粉砂结构，91.00 m 以深粉—细砂分选较好，泥质含量较少，矿物颗粒以石英为主，另外，中—粗砂中多见砾石，砾石成分以石英为主，见少量长石等砾石，分选中等，磨圆一般。总体显示韵律层理，局部粉—细砂中可见斜层理、水平层理，具河流二元结构。曲流河道，上部出现短期牛轭湖沉积。 厚 5.00 m

（1）94.00～98.85 m，灰绿色含泥质中—细砂（残积层），灰绿色（绿泥石颜色），成分以中—细砂为主，局部段为粗砂，泥质含量较高（>20%），砂质矿物颗粒以石英为主，另见长石等矿物颗粒，分选差，磨圆较差，泥质胶结，可能为一套残坡积层，结构与成分不成熟，为近源物质。残坡积胶结层。

厚 4.85 m

〜〜〜〜〜〜〜角度不整合〜〜〜〜〜〜〜

下伏地层：云台岩群花果山岩组（$Pt_{2-3}Yh$）白云母钠长石英片岩

3. 钻孔 ZK12 宿迁组剖面

上覆地层：五队镇组（Qp_1w）灰绿色含砾粗砂

----------------------平行不整合----------------------

宿迁组（$N_{1-2}s$） 厚 45.74 m

上段（$N_{1-2}s^2$） 厚 43.89 m

旋回一：

（11）135.56～144.50 m，浅灰绿色含粉砂黏土。 厚 8.94 m

（10）144.50～147.20 m，浅灰绿色粉砂质黏土。 厚 2.70 m

（9）147.20～151.60 m，浅灰绿色黏土。　　　　　　　　　　　　　　　厚 4.40 m

（8）151.60～152.70 m，浅灰绿色含粉砂黏土。　　　　　　　　　　　　厚 1.10 m

（7）152.70～166.20 m，浅灰绿色黏土。　　　　　　　　　　　　　　　厚 13.50 m

（6）166.20～171.10 m，灰白色含黏土粉砂。　　　　　　　　　　　　　厚 4.90 m

旋回二：

（5）171.10～173.05 m，浅灰棕色黏土。　　　　　　　　　　　　　　　厚 1.95 m

（4）173.05～178.20 m，灰白色含黏土粉砂。　　　　　　　　　　　　　厚 5.15 m

（3）178.20～179.45 m，棕褐色含砾细砂。　　　　　　　　　　　　　　厚 1.25 m

--------------------平行不整合--------------------

下段（$N_{1-2}s^1$）　　　　　　　　　　　　　　　　　　　　　　　厚 1.85 m

旋回一：

（2）179.45～179.95 m，棕黄色含粉砂黏土。　　　　　　　　　　　　　厚 0.50 m

（1）179.95～181.30 m，棕黄色风化层。　　　　　　　　　　　　　　　厚 1.35 m

～～～～～～～角度不整合～～～～～～～

下伏地层：云台岩群花果山岩组（$Pt_{2-3}Yh$）含绿泥白云母石英片岩

据本次工作钻孔及其他资料，区域宿迁组（$N_{1-2}s$）厚度 0～80 m 以上不等，厚度变化较大，自东陬山向四周增厚，与上覆下更新统五队镇组呈平行不整合接触，下与云台岩群花果山岩组变质岩系呈角度不整合接触。本组岩相横向变化较大，山麓地区岩性较粗，砂砾分选性、磨圆度均差，属洪积-坡积相沉积；山麓外源，分选渐好，局部具斜层理或夹砂透镜体，属冲-洪积相或河、湖过渡相沉积；平原地区岩性较细，以黏土夹粉-细砂为主，属河湖相沉积。一般具多个旋回，由粗—细沉积物构成一个正韵律层，通常中、下部粗颗粒的分选、磨圆相对上部较差，沉积构造以水平层理为主，伴有小型交错层理，局部发育冲刷剥蚀面。可分为上下两段。

下段（$N_{1-2}s^1$）：由一个不完整的韵律层构成，岩性以灰绿色、棕黄色黏土、含粉砂黏土、砂质砾为主，成因属湖相、洪积相。厚度一般不超过 10 m，自沉降中心地带向边缘地带减薄、尖灭，分布局限（图 4-2-2）。

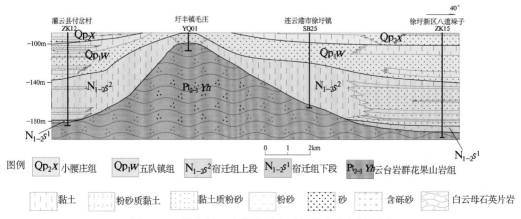

图 4-2-2　付岔村—八道垛子宿迁组钻孔联合剖面图

上段（$N_{1-2}s^2$）：由两个完整的粗—细的正韵律层构成。下部粗颗粒由灰白色、灰绿色、浅绿色、棕灰色、灰黄色砾质粗砂、中粗砂、粉细砂、黏土质粉砂组成，分选中等—差，结构比较松散，成分以石英为主，常见粒序层理、水平层理、平行层理，局部见斜层理，河流二元结构发育；砾石多为石英质，以次棱角状为主。上部细颗粒由灰色、棕灰色、棕黄色、棕色、棕红色、灰绿色、淡绿色黏土、含粉砂黏土、粉砂质黏土组成，致密坚硬，具水平层理，铁锰结核、钙质结核发育。下部粗颗粒属河流相，上部细颗粒属湖泊相。

该组在上、下段之间可见沉积间断面，与下段相比，上段分布更为广泛，几乎超覆于整个苏鲁造山带地层区（仅东陬山地区缺失），且厚度较大，但仍以沉降中心较厚且发育两个完整的沉积旋回，边缘或隆起地带较薄，仅发育一个沉积旋回直至尖灭，如区域西南部田楼镇东盘村 JZ03 孔上段厚度可达 75.20 m，而香河村扁担河北岸 ZK13 孔仅厚 3.05 m。

据区域资料，该组所含孢粉中木本植物占 50%，草本植物占 34.3%，蕨类孢子占 15.7%，孢粉组合为栎-山毛榉-槭-枫香-禾本科-藜科-水龙骨，反映了温暖湿润的亚热带-暖温带气候条件。

区域宿迁组从其岩性、岩相、孢粉组合等特征可与分布于淮阴—响水断裂以南东的盐城组对比，其下段时代属中新世，上段属上新世。

4.3　扬子地层区地层

据钻探资料，在区域淮阴—响水断裂以南，基底为中元古界郯城岩群和张八岭岩群，属扬子板块基底，上覆有震旦系—二叠系海相及海陆交互相沉积；中生代燕山期以来，以断陷活动为主，在盆地内形成白垩系浦口组红色膏盐盆地沉积；古近纪以来为中国东部沉降带，沉积了巨厚的新生代河湖相沉积（表 4-3-1）。

表 4-3-1　扬子地层区地层表

年代地层			岩石地层	代号	厚度/m	主要岩性
新生界	新近系	上新统	盐城组	$N_{1-2}y$	55～>240	上部：土黄、灰黄、浅灰色黏土、砂质黏土与黄灰、灰白色砂层、含砾砂层、砂砾层互层
		中新统				下部：棕红色黏土、粉砂质黏土与浅灰、灰白色砂、含砾砂、砂砾互层，局部夹玄武岩
中生界	白垩系	上统	浦口组	K_2p	0～1593	上部：咖啡、暗棕、红棕色泥岩、粉砂质泥岩，夹含钙质粉砂岩，普遍含石膏，夹沥青质细砂岩，含石膏细砂岩，局部夹薄层凝灰岩，含轮藻及少量介形虫
						下部：浅棕、灰白色钙质砂砾岩、砂砾岩、砾岩，夹细砂岩、粉砂岩及泥岩，含轮藻和孢粉及少量介形虫

年代地层			岩石地层	代号	厚度/m	主要岩性
上古生界	二叠系	上统	大隆组	P_3d	>27.1	深灰、灰黑色泥岩、含白云质泥岩、砂质泥岩，含硅质及钙质，上部夹薄层灰岩，下部夹少量碳质泥岩
		中统	龙潭组	$P_{2-3}l$	999.64	上部：黑色泥岩，含粉砂质泥岩与灰、灰黄色石英砂岩互层，夹煤层或煤线，含腕足类、菊石、珊瑚、蜓及较多植物化石
						下部：黑色泥岩与长石细砂岩
			孤峰组	P_2g	>55	上部：黑色含碳质硅质泥岩
						下部：灰黑色硅质泥岩夹多层石灰岩薄层，含磷质与黄铁矿结核，富含菊石、珊瑚、腕足类、头足类、瓣鳃类、苔藓虫
			栖霞组	P_2q	131～220	上部：深灰、灰黑色含泥灰岩、含燧石结核
						中部：深灰、灰黑色含硅质灰岩、含泥灰岩、细晶灰岩
						下部：深灰色燧石灰岩
						底部：深灰色泥晶灰岩夹粉砂质泥岩
						富含珊瑚、腕足类、瓣鳃类、苔藓虫、牙形刺
	石炭系	下统	船山组	C_2P_1c	72.5	深灰、灰黑色球状泥晶、细粉晶生物屑灰岩，局部为浅色泥晶、细粉晶灰岩及深灰色含泥质生物屑泥晶灰岩，产蜓、牙形刺、珊瑚、腕足类、海百合茎
		上统	黄龙组	C_2h	70.62	上部：微肉红、灰白色生物屑细粉晶灰岩、泥晶生物屑灰岩
						下部：生物屑中晶灰岩，产蜓、有孔虫、牙形刺
		下统	和州组	C_1h	55.35	上部：深灰、紫黄色中厚层泥质灰岩，夹厚层灰岩、白云岩及少量钙质泥岩，底部为含砾泥灰岩
						下部：浅灰等色泥质灰岩与钙质页岩互层，夹泥岩
						富含蜓科、有孔虫、腕足类、牙形刺、苔藓虫
			高骊山组	C_1g	59.67	灰色、灰黑色砂岩、粉砂岩及灰绿、灰色白云岩，夹有少量碳质泥岩、黏土岩
			金陵组	C_1j	83.64	灰、灰黑色中厚层微一细晶灰岩，含珊瑚、腕足类、牙形刺
	泥盆系	上统	五通组	D_3w	140～156	上部：杂色泥岩夹石英细砂岩、砂质泥岩
						中部：石英细砂岩与泥岩互层，夹少量泥质粉砂岩，含鳞木、始鳞木等植物
						下部：灰白色中、细粒砂岩、细砂岩、含砾砂岩、细砾岩夹泥岩
下古生界	志留系	下统	茅山组	S_1m	95～578	上部：灰黄、灰黑色泥岩、深灰色绢云母泥质粉砂岩，夹灰色中细砂岩
						中部：紫棕色含泥粉细砂岩、含泥石英细一中砂岩、细砂岩、绢云母细砂岩及棕红色泥岩薄层或条带
						下部：灰白、微绿灰色含泥粉细砂岩、绢云母泥质细砂岩、细砂岩与黑灰、黑色泥岩、含粉砂泥岩及泥质粉砂岩不等厚互层

续表

年代地层			岩石地层	代号	厚度/m	主要岩性
下古生界	志留系	下统	坟头组	S_1f	>88~593	上部：深灰、青灰色粉砂质泥岩、含粉砂泥岩、泥岩夹泥质粉砂岩、长石石英细砂岩 中部：灰白、青灰、绿灰色长石石英细砂岩、岩屑石英细砂岩夹泥岩、粉砂质泥岩及粉砂岩 下部：浅灰色、青灰色含泥质细砂岩、浅灰色细砂岩夹灰色含砂质泥岩，含腕足类、瓣鳃类化石
	奥陶系	上统	高家边组	O_3S_1g	>307.1	灰—灰黑色泥岩、含粉砂质泥岩，间夹浅灰—灰色含泥岩屑长石石英细砂岩、含泥含硅岩屑石英细砂岩、泥质粉砂岩，含笔石化石
			汤头组	O_3t	>43.34	浅紫红色、浅灰绿、灰色钙质泥岩及钙质粉砂岩，下部含丰富的藻类及动物残片化石
		中统	汤山组	$O_{2-3}t$	>302.61	上部：灰、浅灰色砂质生物灰岩、泥质灰岩及瘤状灰岩，具鲕状构造，富含藻类、珊瑚、头足类及腕足类等化石 下部：灰色、黄绿色钙质泥岩及泥质灰岩，含腕足类及苔藓虫
			牯牛潭组	O_2g	12.4	深灰色泥岩、泥灰岩及瘤状、条带状泥灰岩，含燧石条带及腕足类化石
			大湾组	$O_{1-2}d$	>244.52	上部：灰黄灰绿色页岩，夹泥质灰岩 中部：灰黑色薄—中厚层含碎屑生物碎屑微晶灰岩及微晶生物碎屑粉屑灰岩 下部：灰色灰岩
		下统	红花园组	O_1h	206	上部：灰、浅灰色生物碎屑灰岩为主，夹具生物碎屑砂岩结构的燧石层 下部：浅灰色厚层砂屑亮晶灰岩，夹亮晶含团块藻鲕砂屑灰岩为主，或含砾屑生物碎屑灰岩
			仑山组	O_1l	99	上部：浅灰、灰白色厚层—中厚层含白云质灰岩为主，夹灰质白云岩 中部：灰、浅灰色中厚层含燧石条带白云质灰岩、灰质白云岩 下部：深灰、灰黑、浅灰色中厚层含灰质白云岩与含白云质灰岩互层
	寒武系	上统	观音台组	$\text{\Large\textepsilon}_{2-3}O_1g$	368	上部：浅—深灰色中—厚层白云岩，夹含燧石结核和条带白云岩 下部：浅—深灰色中—厚层灰质白云岩、白云岩夹白云质灰岩，含燧石结核或条带
		中统				
		下统	炮台山组	$\text{\Large\textepsilon}_{1-2}p$	271.7~460	灰、深灰色含泥质白云岩、白云岩、凝块石、核型石白云岩、少量白云质灰岩，夹硅质岩、含泥质灰岩、泥质粉砂岩条带
			幕府山组	$\text{\Large\textepsilon}_1m$	223.5	粉—细晶白云岩，少量凝块石白云岩，粉—细晶（白云质、含泥质、微含磷、含粉砂质）灰岩，夹硅质岩和含泥质白云岩
			荷塘组	$\text{\Large\textepsilon}_1ht$	110~300	黑色含碳质（含灰质、黄铁矿、磷质）泥岩、灰黑色碳质页岩

续表

年代地层		岩石地层	代号	厚度/m	主要岩性
新元古界	震旦系 上统	灯影组	Z_2d	>656	上段：灰、灰黄色中厚层微粉晶白云岩、灰质白云岩、石英砂灰岩不等厚互层
					中段：灰色中厚层粉晶灰岩、碎屑灰岩、石英砂灰岩为主，夹棕黄色厚层粉晶白云岩、灰质白云岩和钙质砂、粉砂岩
					下段：灰、灰黄色中厚层粉细晶白云岩、白云质灰岩夹粉微晶灰岩、细晶石英砂岩，含燧石团块和条带
		黄墟组	Z_2h	>331	上段：灰、深灰色中厚层石英砂灰岩，粉—巨晶灰岩、白云质微晶灰岩，夹泥质灰岩、灰黄色千枚状薄层粉砂质泥岩、粉砂岩，局部夹鲕粒灰岩，含藻类
					下段：灰、灰黄色千枚状厚层含细晶磷灰岩中细粒钙质石英砂岩，夹千枚状粉砂质泥岩、石英砂灰岩，上部为千枚状粉砂质泥岩、页岩、粉砂岩，含藻类
	震旦系 下统	苏家湾组	Z_1s	>639.97	上段：浅灰、灰黄、灰绿色含砾千枚状泥质粉砂岩，含砾千枚状泥质石英粉砂岩，偏上局部夹含铁质不等粒长石石英砂岩透镜体及细砂岩带
					下段：灰、灰绿、黄绿色含砾千枚状砂质泥岩，下部夹薄层千枚状粉砂质泥岩，上部夹青灰色不等粒石英砂岩条带
		周岗组	Z_1z	407.9	上部：灰、深灰色绢云千枚岩、石英绢云千枚岩，局部夹白云石大理岩
					中部：灰绿色变质钙质长石英砂岩
					下部：灰绿、灰色变质长石砂岩夹千枚状砂质泥岩及绢云千枚岩
中元古界		埤城岩群	Pt_2P	>480	上部：深灰绿色黑云（角闪、绿帘、阳起、绿泥、绢云）斜长变粒岩夹黑云（透闪、阳起、绿泥、二云）片岩、绿泥大理岩，具黄铁矿化
					下部：深灰色黑云（角闪、阳起）斜长变粒岩与灰白色斜长（二长、黑云、钾长）浅粒岩互层，夹灰绿色（黑云）斜长角闪岩、黑云（阳起、绿泥、绢云、钙质石英）片岩

4.3.1　新元古界

区内新元古界仅发育震旦系，分布在淮阴—响水断裂南东响水—灌河口一带，呈狭长状分布，为一套浅海碳酸盐岩、碎屑岩沉积。区域仅开山岛出露有下震旦统周岗组，其他皆为第四系所深覆盖。根据钻孔揭示，覆盖区基底存在灰绿色千枚岩、云母片岩，深灰色硅质灰岩，砂岩，推测为震旦纪沉积地层。淮安一带淮阴—响水断裂附近存在黄墟组、灯影组。参考区域地质资料，将区域震旦系自下而上分为周岗组、苏家湾组、黄墟组、灯影组。

1. 震旦系

1）周岗组（Z_1z）

周岗组为一套浅变质千枚岩系。主要岩性：下部为灰绿、灰、灰紫色变质长石砂岩夹千枚状砂质泥岩及绢云千枚岩；中部为灰白、灰绿色变质钙质长石石英砂岩、变质长石石英砂岩夹千枚状砂质泥岩，局部为互层，偶夹含砾砂岩、砂砾岩及薄层大理岩等；上部为灰、深灰色绢云千枚岩、石英绢云千枚岩、白云质绢云千枚岩夹千枚状泥质石英砂岩及千枚状钙质砂质泥岩，局部夹白云石大理岩。厚 407.9 m。与上覆苏家湾组整合接触，与下伏埠城岩群角度不整合接触。时代属早震旦世。

周岗组为扬子地层区出露最老的地层，仅出露于开山岛，未见顶底，过去曾划归莲沱组，根据《江苏省岩石地层》（江苏省地质矿产局，1997）的清理意见采用周岗组。钻探揭示，覆盖区内该组地层在淮阴－响水断裂以南有分布。海域开山岛岛屿范围以震旦纪地层周岗组（Z_1z）组成一向 NWW 向倾斜的单斜，岛屿西侧地层产状为倾向 270°、倾角 45°，岛屿东侧地层产状为倾向 280°、倾角 73°。岛内地层产状自西向东，倾向变化不大，而倾角逐渐变陡。

开山岛上分布的周岗组（Z_1z）为一套轻微变质的千枚岩系，主要岩性为浅灰－灰黑色变质石英杂砂岩夹薄层状灰绿色绢云母千枚岩、石英绢云千枚岩和白云母石英片岩。变质石英杂砂岩层厚为 20～50 cm，千枚岩和片岩呈薄层状夹层产于变质石英杂砂岩中，层厚小于 10 cm。根据岩性对比，认为开山岛变碎屑岩属周岗组上段，时代为早震旦世早期末。

周岗组为晋宁运动基底隆起剥蚀后地台型沉积碎屑岩。据区域资料，组内千枚岩-千枚状粉砂岩-细粒长石砂岩-细粒石英砂岩常组成完整或不完整的粒序层，其底部常含下伏变质岩（片岩、石英岩、大理岩等）砾石。

2）苏家湾组（Z_1s）

苏家湾组主要岩性：下段为灰、灰绿、黄绿色含砾千枚状砂质泥岩，下部夹薄层千枚状粉砂质泥岩，上部夹青灰色不等粒石英砂岩条带，厚度大于 149.8 m；上段为浅灰、灰黄、灰绿色含砾千枚状泥质粉砂岩，含砾千枚状泥质石英粉砂岩，偏上局部夹含铁质不等粒长石石英砂岩透镜体及细砂岩条带，厚度 490.2 m。时代属早震旦世。

3）黄墟组（Z_2h）

黄墟组主要岩性：下段为灰、灰黄色千枚状厚层含细晶磷灰石中细粒钙质石英砂岩，夹千枚状粉砂质泥岩、石英砂灰岩，上部为千枚状粉砂质泥岩、页岩、粉砂岩，含藻类，厚度大于 124 m；上段为灰、深灰色中厚层石英砂灰岩，粉－巨晶灰岩、白云质微晶灰岩，夹泥质灰岩、灰黄色千枚状薄层粉砂质泥岩、粉砂岩，局部夹鲕粒灰岩，含藻类，厚 207 m。下以铁锰质白云岩与下伏苏家湾组含砾千枚状粉砂质泥岩，上以白云质灰岩与上覆灯影组白云岩均呈整合接触。时代为晚震旦世。

4）灯影组（Z_2d）

灯影组自下而上可分为三段，下段为灰、灰黄色中厚层粉细晶白云岩、白云质灰岩夹粉微晶灰岩、细晶石英砂灰岩，含燧石团块和条带，厚 392 m；中段以灰色中厚层粉晶灰岩、碎屑灰岩、石英砂灰岩为主，夹棕黄色厚层粉晶白云岩、灰质白云岩和钙质砂、粉砂岩，厚 0～127 m；上段为灰、灰黄色中厚层微粉晶白云岩、灰质白云岩、石英砂灰岩不等厚互层，厚度大于 137 m。区域上灯影组下与黄墟组整合接触，上与荷塘组呈平行不整合接触。时代为晚震旦世。

2. 震旦纪岩相古地理概述

早震旦世初期海水广泛海侵，形成下扬子海。早震旦世至晚震旦世早期初，沉积了一套浅变质—轻微变质碎屑岩（包括周岗组、苏家湾组、黄墟组下段），厚度大于 1170 m，为滨海-浅海陆架环境沉积。晚震旦世早期末至晚期，为碳酸盐岩台地沉积环境，沉积了碳酸盐岩（黄墟组上段）、镁质碳酸盐岩（灯影组），厚度大于 863 m。此后由于桐湾运动，地壳上升，海水退出，沉积结束。

4.3.2　下古生界

区域下古生界发育较齐全，包括寒武系、奥陶系、志留系，在本区中部、东部滨海隆起上广泛分布。

1. 寒武系

寒武系分布于陈家港一带、新淮河口背斜及滨淮倒转向斜北部，主要为一套浅海碳酸盐岩夹海陆交互相碎屑岩。区域仅观音台组在新淮河口一带有钻孔揭示，其他地区未有揭露。参考《滨淮农场幅、盐城市幅 1∶250000 区域地质调查报告》（江苏省地质调查研究院，2009b），区域寒武系自下而上分为荷塘组、幕府山组、炮台山组、观音台组。

1）荷塘组（$\in_1 ht$）

荷塘组主要岩性为黑色含碳质（含灰质、黄铁矿、磷质）泥岩、灰黑色碳质页岩，厚 110～300 m。与下伏灯影组为平行不整合接触，时代属早寒武世。

荷塘组分布于区域陈家港一带，呈狭长状，两侧边界由北东向断裂控制。在布格重力异常图上，以局部重力异常低为特征，结合该地区地质特征及各时代地层物性资料，推断该重力低异常由寒武纪早期碎屑岩及位于其两侧的北东向断裂引起。

2）幕府山组（$\in_1 m$）

幕府山组主要岩性：粉—细晶白云岩，少量凝块石白云岩，粉—细晶（白云质、含泥质、微含磷、含粉砂质）灰岩，夹硅质岩和含泥质白云岩，厚 223.5 m。与下伏荷塘组整合接触，时代属早寒武世。

3）炮台山组（$\in_{1-2} p$）

炮台山组主要岩性：灰、深灰色含泥质白云岩、白云岩、凝块石、核型石白云岩、少量白云质灰岩，夹硅质岩、含泥质灰岩、泥质粉砂岩条带，厚 271.7～460 m。与下伏幕府山组整合接触，时代属早寒武世晚期至中寒武世。

4）观音台组（$\in_{2-3} O_1 g$）

1997 年江苏岩石地层清理沿用观音台组，下部为浅—深灰色中—厚层灰质白云岩、白云岩夹白云质灰岩，含燧石结核或条带；上部为浅—深灰色中—厚层白云岩，夹含燧石结核和条带白云岩，厚 368 m。与下伏炮台山组整合接触。时代属中寒武世晚期至早奥陶世早期。

观音台组主要分布于新淮河口一带，为新淮河口背斜的核部地层。XG01 钻孔为本次工作施工的钻孔，揭露观音台组，厚度大于 11.45 m。

XG01 钻孔观音台组剖面如下。

上覆地层：盐城组（$N_{1-2}y$）淡绿色黏土夹白色粉砂

～～～～～～～～～～～～～～角度不整合～～～～～～～～～～～～～～～～～

观音台组（$\epsilon_{2-3}O_1g$）　　　　　　　　　　　　　　　　　　　　　厚度 > 11.45 m

220.55～232.00 m，灰白色—白色白云岩，顶部半米厚属风化壳，成分由白云岩砾石及褐黑色土壤组成。221.00～228.00 m，由于强烈风化，含较多淡绿色及土黄色黏土类物质，硬度小于指甲，往下黏土类物质逐渐减少。228.00 m 往下，白云岩较完好，硬度大部分大于指甲小于小刀，仅局部小于指甲。白云岩为块状构造，属原生白云岩，滴盐酸有微弱气泡，泥晶结构，性脆。显微镜下观察为细晶结构，主要由白云石组成，含微量铁泥质；白云石为半自形粒状，粒径一般在 0.05～0.10 mm，镶嵌状集合体。铁泥质分布在白云石晶粒之间。未见底。

2. 奥陶系

奥陶系在区域中部、东部第四系覆盖层之下广泛分布，据《滨淮农场幅、盐城市幅 1∶250000 区域地质调查报告》（江苏省地质调查研究院，2009b），区域奥陶系自下而上分为仑山组、红花园组、大湾组、牯牛潭组、汤山组、汤头组。其中大湾组、牯牛潭组、汤山组、汤头组在区域及邻区有钻孔揭示，仑山组、红花园组虽未有揭露，但在区域新淮河口一带存在观音台组，大有镇一带存在大湾组，推测其间发育有仑山组、红花园组。

1）仑山组（O_1l）

仑山组主要岩性：上部以浅灰、灰白色厚层—中厚层含白云质灰岩为主，夹灰质白云岩；中部为灰、浅灰色中厚层含燧石条带白云质灰岩、灰质白云岩；下部为深灰、灰黑、浅灰色中厚层含灰质白云岩与含白云质灰岩互层，总厚 99 m。与下伏观音台组白云岩呈整合接触。时代属早奥陶世。

2）红花园组（O_1h）

区域上，红花园组岩性可作二分：上部以灰、浅灰色生物碎屑灰岩为主，夹具生物碎屑砂岩结构的燧石层，厚 92.7 m，含红藻、牙形刺、腕足类化石；下部为浅灰色厚层砂屑亮晶灰岩，夹亮晶含团块藻鲕砂屑灰岩为主，或含砾屑生物碎屑灰岩，厚 112.91 m，含牙形刺、头足类化石。与下伏仑山组整合接触。时代属早奥陶世。

3）大湾组（$O_{1-2}d$）

大湾组区域上主要岩性：上部为灰黄灰绿色页岩，夹泥质灰岩；中部为灰黑色薄—中厚层含碎屑生物碎屑微晶灰岩及微晶生物屑粉晶灰岩；下部为灰色灰岩，总厚度大于 244.52 m。与下伏红花园组为整合接触。时代属早—中奥陶世。

（1）JZ04 钻孔为本次工作施工的钻孔，揭露大湾组，厚度大于 5.1 m。

上覆地层：盐城组（$N_{1-2}y$）淡绿色夹灰—灰黑色黏土

～～～～～～～～～～～～～～角度不整合～～～～～～～～～～～～～～～～～

大湾组（$O_{1-2}d$）　　　　　　　　　　　　　　　　　　　　　　　　厚度 > 5.10 m

②284.90～288.50 m，风化壳，286.60 m 以浅为土黄色，局部灰绿色，286.60 m 以深为灰绿色，局部土黄色。夹杂 40% 以上的钙质砾石或结核。　　　　　　　　　　　　　　厚 3.60 m

①288.50～290.00 m，灰色虫孔粒屑灰岩，灰色，矿物成分以方解石为主，滴盐酸有强烈气泡，粒

度 0.1～0.5 mm，胶结物为泥质，粒屑结构，虫孔构造。虫孔直径多 1～3 mm，一般充填有后期方解石。显微镜下观察为微晶结构，岩石主要由方解石组成，含微量铁泥质；方解石为粒状，粒径一般小于 0.01 mm，镶嵌状集合体。铁泥质分布方解石晶粒之间。　　　　　　　　　　厚 1.50 m

（2）滨海地区普查找煤钻井大湾组综合剖面。

上覆地层：牯牛潭组（O_2g）为深灰色泥岩、泥灰岩及瘤状、条带状泥灰岩

———————— 整合 ————————

大湾组（$O_{1-2}d$）为灰色石灰岩，揭露厚度　　　　　　　　　　244.52 m

④灰、深灰色薄层状、中厚层状石灰岩，含腕足类：*Paurorthis* sp.小正形贝（未定种）、*Sinorthis typica* 标准中华正形贝、*Pseudomimella* sp.假似态贝（未定种）、*Martellia ichangensis* 宜昌马特贝、*Westonia* sp. 魏斯顿贝（未定种）；牙形刺：*Distacodus* 端齿刺、*Paltodus* 短矛刺、*Oistodus* 箭刺、*Drepanodus* 镰刺、*Panderodus unicostatus* 单棱潘德尔刺。　　　　　　　　　　厚 88.80 m

③灰、浅灰、肉红色厚层状结晶灰岩，含少量燧石结核，底部含腕足类：*Punctolira* sp.斑洞贝（未定种）、*Sinorthis* sp.中华正形贝（未定种）、*Schedophyla*?牌族贝?（未定种）。　　　　　　厚 22.41 m

②灰、浅灰、肉红色中厚层状灰岩及薄层泥质灰岩。　　　　　　　　　　厚 48.49 m

①灰、浅灰、底部深灰色中厚层状结晶灰岩及含硅质灰岩，下部含藻类：*Dimorphosiphon rectangulare* 直角两形管藻、Dasycladaceae 粗枝藻科；牙形刺：*Belodina* 针刺、*Drepanodus* 镰刺。　　　　厚 84.82 m

未见底。

　　由上述剖面可知，区域大湾组主要为一套灰色石灰岩，多见于平建乡—大有镇一带的钻孔中，组成背斜的核部或翼部。产有角石化石、直角两形管藻及中华正形贝等化石。根据岩性、生物特征可看出为一套介壳相碳酸盐岩，反映为开阔台地-陆棚斜坡相的沉积环境。

　　4）牯牛潭组（O_2g）

　　从原"汤山组"中划出牯牛潭组，后广为引用。区域上，主要岩性为灰黄色薄—中厚层含微晶生物碎屑粉屑灰岩。

　　据滨海地区普查找煤钻井揭露，区域牯牛潭组为深灰色泥岩、泥灰岩及瘤状、条带状泥灰岩，含燧石条带及腕足类化石，厚 12.4 m。与下伏大湾组整合接触，时代属中奥陶世。

　　5）汤山组（$O_{2-3}t$）

　　区域上，该组下段为肉红色薄—中厚层含泥质生物碎屑微晶灰岩，含头足类及牙形刺；上段以灰、微肉红色厚层含粉屑生物碎屑微晶灰岩为主，其岩层面常具干裂纹构造。富含头足类及牙形刺。与下伏牯牛潭组整合接触，时代属中—晚奥陶世。

　　据滨海地区普查找煤钻井揭露，区域汤山组上部为灰、浅灰色砂质生物灰岩、泥质灰岩及瘤状灰岩，具鲕状构造，富含藻类：*Dimorphosiphon* sp.双型管藻；珊瑚：*Favistella* sp.蜂房星珊瑚（未定种）；头足类：*Ephippiorthoceras* sp.马鞍角石（未定种）、*Gorbyoceras* sp.戈尔比角石（未定种），厚 90.55 m。下部为灰色、黄绿色钙质泥岩及泥质灰岩，含腕足类：*Orthis* sp.正形贝；厚 212.06 m。未见底。

　　6）汤头组（O_3t）

　　区域上为一套灰黄、灰白色中薄层瘤状泥灰岩、泥质灰岩夹泥岩，局部可变为页岩

夹瘤状灰岩，富含三叶虫化石。其下与汤山组浅灰色中厚层龟裂纹灰岩，上与高家边组灰黑色硅质岩为界，均呈整合接触。时代属晚奥陶世。

据滨海地区普查找煤钻井揭露，区域汤头组主要岩性为浅紫红、浅灰绿、灰色钙质泥岩及钙质粉砂岩，灰岩呈瘤状分布，下部含丰富的藻类及动物残片化石。厚度大于 43.34 m，未见底。

3. 志留系

志留系主要分布在小喜滩向斜的核部及滨淮倒转向斜的南东翼，为一套海相碎屑岩。据区域资料自下而上分为高家边组、坟头组、茅山组。地表未出露，滨淮地区有钻孔揭示茅山组，而小喜滩一带未有钻孔揭示。根据小尖集钻孔中见有奥陶纪地层，滨海县城钻孔见石炭纪地层，两者之间相距较大，经重力勘探（小喜滩一带基岩视密度介于石炭系与奥陶系之间）推测，两者间有志留纪地层存在。

1）高家边组（O_3S_1g）

区域上，高家边组岩性以灰—灰黑色泥岩、含粉砂质泥岩为主，间夹浅灰—灰色含泥岩屑长石石英细砂岩、含泥含硅岩屑石英细砂岩、泥质粉砂岩。与下伏奥陶纪地层为整合接触，时代为晚奥陶世至早志留世。

2）坟头组（S_1f）

区域上，岩性大致可分为三部分：上部为深灰、青灰色粉砂质泥岩，含粉砂泥岩，泥岩夹泥质粉砂岩、长石石英细砂岩；中部为灰白、青灰、绿灰色长石石英细砂岩、岩屑石英细砂岩夹泥岩、粉砂质泥岩、粉砂岩；下部为浅灰、青灰色含泥质细砂岩，浅灰色细砂岩夹灰色含砂质泥岩，含腕足类、瓣鳃类化石。与下伏高家边组为整合接触，时代属早志留世。

3）茅山组（S_1m）

区域上可分为三部分：上部为灰黄、灰黑色泥岩、深灰色绢云母泥质粉砂岩，夹灰色中细砂岩；中部为紫棕色含泥粉细砂岩、含泥石英细—中砂岩、细砂岩、绢云母细砂岩及棕红色泥岩薄层或条带；下部为灰白、微绿灰色含泥粉细砂岩、绢云母泥质细砂岩、细砂岩与黑灰、黑色泥岩、含粉砂泥岩及泥质粉砂岩不等厚互层。与下伏坟头组整合接触，时代属早志留世晚期。

滨海 I-9 钻孔揭露茅山组为黑灰色细砂岩与青灰色黏土质（粗）粉砂岩互层，揭露厚度 13 m，与上覆盐城组为角度不整合接触。根据岩性对比，与区域茅山组上段相当。

滨海地区普查找煤 II1-2 钻孔茅山组剖面（邻区资料）如下。

上覆地层：新近系盐城组（$N_{1-2}y$）灰绿、黄绿、红棕色黏土

～～～～～～～～～～～角度不整合～～～～～～～～～

茅山组（S_1m）　　　　　　　　　　　　　　　　　　厚>162.60 m

⑩灰白色硅质石英砂岩，偶夹黄绿及红棕色泥岩。　　　　厚>24.10 m

⑨灰绿、紫色粉砂岩含石英细砾。产鱼类：Placodermi 盾皮鱼纲、Crossopterygii 总鳍鱼目。

　　　　　　　　　　　　　　　　　　　　　　　　　厚9.10 m

⑧灰白色硅质石英砂岩，含少量石英细砾。　　　　　　　厚6.80 m

⑦暗紫色粉砂岩含石英细砾，具灰绿色斑块，具水平层理。　　　　　　厚 6.20 m

⑥灰绿色中细粒砂岩，夹灰绿色泥砾，具水平层理。　　　　　　　　　厚 47.50 m

⑤暗棕色粉砂岩，含蓝灰及灰绿色斑块，夹灰绿色石英细砂岩。　　　　厚 22.00 m

④灰及绿色黏土质细砂岩、硅质石英砂岩，夹一薄层灰绿色泥岩。　　　厚 18.30 m

③浅灰、灰绿色中细粒砂岩及棕红、灰绿色粉砂岩、泥岩。　　　　　　厚 16.20 m

②浅灰绿、灰白色石英砂岩，局部虫管构造发育。　　　　　　　　　　厚 12.60 m

①灰绿色砂质黏土岩及棕红色粉砂岩（未见底）。　　　　　　　　　　厚>8.90 m

该剖面可分为上下两部分：上部为灰白、灰绿色中细粒石英砂岩夹紫色含石英细砾粉砂岩，水平层理发育；下部为灰绿、浅灰色中细粒砂岩及灰绿、棕红色黏土岩、粉砂岩。根据岩性对比，该剖面与区域茅山组中段相当。

4. 早古生代岩相古地理概述

寒武纪初期，再次发生海侵形成下扬子海。早寒武世中期，水动力较弱，沉积了一套黑色碳质页岩、碳质泥岩（荷塘组），为还原环境，属滨岸-潟湖沉积环境。早寒武世晚期至晚奥陶世中期，海侵范围扩大，为台地碳酸盐岩潮坪、浅滩环境，先沉积了一套镁质碳酸盐岩（幕府山组、炮台山组、观音台组、仑山组），然后沉积一套灰质碳酸盐岩（红花园组、大湾组、牯牛潭组、汤山组、汤头组）；晚奥陶世晚期至早志留世早期，沉积环境为浅海-半深海，沉积物以灰-灰黑色泥岩（高家边组）为主，说明为弱还原沉积环境；早志留世中期，为滨-浅海环境，沉积物以细砂岩（坟头组）为主，颜色变浅，且长石、岩屑增多，说明海水变浅；早志留世晚期，为滨海相沉积环境，沉积物为灰白、灰、灰黑色夹紫、棕紫色泥岩-细砂岩夹中砂岩（茅山组），说明地壳抬升，海水更浅；中志留世-中泥盆世，地壳上隆，海水退出，沉积结束。

4.3.3　上古生界

区内第四系覆盖层之下上古生界发育较齐全，且均有钻孔揭露，包括泥盆系、石炭系、二叠系，其中泥盆系、石炭系及中二叠统栖霞组、孤峰组组成滨淮倒转向斜的翼部，二叠系龙潭组及大隆组组成核部。

1. 泥盆系

区内泥盆系仅发育五通组，滨淮倒转向斜的两翼均有钻孔揭示。

五通组为一套海陆交互相的沉积。区域上岩性大致分为三部分：上部为杂色泥岩夹石英细砂岩、砂质泥岩；中部为石英细砂岩与泥岩互层，夹少量泥质粉砂岩，含植物化石；下部为灰白色中-细粒砂岩、含砾砂岩、细砾岩夹泥岩。与下伏茅山组为平行不整合接触。时代为晚泥盆世。

滨海地区普查找煤五通组综合剖面如下。

上覆地层：金陵组（C_1j）泥灰岩

——————————　整合　——————————

五通组（D_3w）　　　　　　　　　　　　　　　　　　厚度>315.20 m

⑬深灰色黏土岩，黏土质粉砂岩及黏土质细砂岩。产植物 *Leptophloeum rhombicum* 斜方薄皮木、*Sublepidodendron* sp.亚鳞木（未定种）、*S. mirabile* 奇异亚鳞木、*Platyphyllum* sp.阔叶（未定种）、*Laevigatosporites* sp.光面单缝孢（未定种）。　　　　　　　　　　　　　　　　　　　　　厚 10.00 m

⑫浅灰色灰质石英砂岩及灰、深灰、灰绿色粉砂岩、黏土岩，鲕粒发育。产植物化石碎片（未见底）。　　　　　　　　　　　　　　　　　　　　　　　　　　　　　　　　　　　厚度＞56.20 m

⑪浅灰色石英砂岩及灰色含铝质黏土岩（未见顶），上部铝质黏土岩中产植物 *Platyphyllum* sp.阔叶（未定种）。　　　　　　　　　　　　　　　　　　　　　　　　　　　　　　　　厚 12.70 m

⑩浅灰、灰白色硅质石英砂岩。　　　　　　　　　　　　　　　　　　　　　　　　厚 8.20 m

⑨灰绿色黏土岩夹少量砂质条带。　　　　　　　　　　　　　　　　　　　　　　　厚 3.00 m

⑧浅灰、灰白色石英砂岩（未见底）。　　　　　　　　　　　　　　　　　　　　厚度＞8.60 m

⑦灰绿、局部为灰黑色硅质石英砂岩，夹少量棕红色砂质条带（未见顶）。　　　　厚度＞69.50 m

⑥紫红色粉砂岩与灰绿、灰黑色硅质砂岩互层。　　　　　　　　　　　　　　　　　厚 16.30 m

⑤灰绿色、灰黑色硅质石英砂岩，夹少量紫红色粉砂岩薄层。　　　　　　　　　　　厚 56.30 m

④紫红色粗粉砂岩，夹灰绿色黏土岩斑块。　　　　　　　　　　　　　　　　　　　厚 7.70 m

③灰黑、灰绿色硅质石英砂岩，夹少量黑色粉砂岩。　　　　　　　　　　　　　　　厚 35.60 m

②灰黑色粗粉砂岩，有水平层理。含较多炭化植物化石碎片，产孢粉：*Punctatisporites* spp.圆形光面孢（未定多种）、*Perotriletes* sp.周壁孢（未定种）、*Retusotriletes* spp.弓脊孢（未定多种）、*Apiculatisporites* sp.圆形锥瘤孢（未定种）、*Verrucosisporites* sp.圆形块瘤孢（未定种）、*Convolutispora* sp.蠕瘤孢（未定种）、*Crassispora* sp.厚环孢（未定种）、*Densosporites* spp.套环孢（未定多种）、*Endosporites* spp.环囊孢（未定多种）、*Histricosporites* sp.锚刺孢（未定种）、*Ancyrospora* sp.具环锚刺孢（未定种）。

　　　　　　　　　　　　　　　　　　　　　　　　　　　　　　　　　　　　　　厚 4.70 m

① 灰绿色硅质石英砂岩，夹少量棕红色粉砂岩（未见底）。　　　　　　　　　　厚度＞26.40 m

剖面岩性可分为两部分：上部为浅灰、灰白、深灰色石英砂岩、黏土岩、粉砂岩，产植物；下部为灰绿、灰黑、紫红色石英砂岩、硅质砂岩、粉砂岩、少量黏土岩，具水平层理，产有大量孢粉。厚度大于 315 m，根据其植物碎片及孢粉，时代应属晚泥盆世。根据岩性及化石对比，该剖面与区域五通组中段相当。

2. 石炭系

石炭系分布在滨淮倒转向斜的两翼，位于泥盆系的内侧。区域上自下而上分为金陵组、高骊山组、和州组、老虎洞组、黄龙组、船山组，据滨海地区普查找煤资料，区域缺失老虎洞组。

1）金陵组（$C_1 j$）

区域上该组岩性为灰、灰黑色中厚层微-细晶灰岩，含珊瑚、腕足类化石和牙形刺。与下伏五通组整合接触。

滨海地区普查找煤金陵组综合剖面如下。

上覆地层：高骊山组（$C_1 g$）灰色钙质细砂岩、粉砂岩

———————— 整合 ————————

金陵组（$C_1 j$）　　　　　　　　　　　　　　　　　　　　　　　　　　　　　厚 55.90 m

⑤灰色微晶－细晶灰质白云岩。 厚 6.00 m

④灰、深灰色砂质结晶灰岩，产珊瑚：*Syringopora subramnlosa* 微多枝笛管珊瑚；腕足类：

Ptycho maletoechia kinglingensis 金陵褶房贝；牙形刺：*Polygnathus* 多颚刺。 厚 17.00 m

③深灰色粉砂岩、黏土岩，产植物化石：*Sublepidodendron mirabile* 奇异亚鳞木。 厚 7.20 m

②灰色中粗粒硅质石英砂岩。 厚 7.70 m

①灰色、深灰色砂质白云岩、砂质灰质白云岩，底部为钙质砂岩，产珊瑚：*Syringopora subramulosa*
微多枝留管珊瑚；牙形刺：*Ozarkodina* 奥泽克刺、*Polygnathus* 多颚刺、*Hindeodella* 欣德刺、
Spathognathodus 窄颚齿刺、*Pseudopolygnathus* 假多颚刺。 厚 18.00 m

———————————— 整合 ————————————

下伏地层：五通组（D_3w）灰黑色黏土岩、黏土质砂岩

由剖面可知，区域金陵岩组岩性为灰、深灰色白云岩、石英砂岩、部分灰岩，生物
以珊瑚、腕足类、牙形刺为主，时代为早石炭世。

2）高骊山组（C_1g）

区域上高骊山组岩性可分为两个部分：上部为灰紫、灰白等色石英砂岩、粉砂岩、
粉砂质泥岩，局部含细砾，底见数厘米厚赤铁矿层，含植物化石；下部为杂色粉砂岩、
页岩、粉砂质泥岩，含赤铁矿层，含铁质石英砂岩，产植物化石等。高骊山组底部砂页
岩与下伏金陵组厚层灰岩呈整合接触。时代属早石炭世。

滨海地区普查找煤高骊山组综合剖面如下。

上覆地层：和州组（C_1h）灰色泥质灰岩，上部泥灰岩

———————————— 整合 ————————————

高骊山组（C_1g） 厚 108.10 m

⑥浅灰色中粗粒石英砂岩，灰黑色碳质泥岩、黏土岩，含植物碎片及根茎化石。 厚 10.00 m

⑤灰黑色粉砂岩，夹细砂岩条带，产植物：*Lepidostrobophyllum* sp.鳞孢叶（未定种）、*Neuropteris*
sp.脉羊齿（未定种）、*Cardiopteridium* sp.铲羊齿（未定种）、*Rhodea* sp.须羊齿（未定种）、*Rhodeopteridium*
cf. *paraspars* 短裂须羊齿（比较种）、*Sublepidodendron* sp.亚鳞木（未定种）、*Lepidodendron* sp.鳞木
（未定种）、*Sphenophyllum tenerrimum* 弱楔叶（相似种）。 厚 20.90 m

④灰色中粗砂岩，绿灰、深灰色粉砂岩，富含炭化植物化石碎片。 厚 7.20 m

③灰绿色、灰色夹紫红色泥质白云岩，下部含薄层石膏及团块。 厚 46.40 m

②灰色、绿灰色含砂质白云岩夹灰、深灰色粉砂岩。 厚 17.90 m

①灰色钙质细砂岩、粉砂岩，夹碳质泥岩，产植物：*Sublepidodendron* sp.亚鳞木（未定种）。

厚 5.70 m

———————————— 整合 ————————————

下伏地层：金陵组（C_1g）灰色微晶－细晶灰质白云岩

由上述剖面可知，区域高骊山组岩性主要为灰色、灰黑色砂岩、粉砂岩及灰绿、灰
色白云岩，夹有少量碳质泥岩、黏土岩，产丰富的植物化石，厚度为 108 m 左右。沉积
时期为早石炭世。

3）和州组（C_1h）

区域上和州组岩性可大致分为两个部分：上部为深灰、紫黄色中厚层泥质灰岩，夹

厚层灰岩、白云岩及少量钙质泥岩，底为含砾泥灰岩，含珊瑚、腕足类及蜓类化石；下部为浅灰等色泥质灰岩与钙质页岩互层，夹泥岩，含珊瑚、腕足类及蜓类化石。和州组泥质灰岩与下伏高骊山组杂色砂页岩直接接触为整合关系。时代属早石炭世。

滨海地区普查找煤和州组综合剖面如下。

上覆地层：黄龙组（C₂h）紫红－杂色硅质中、细粒石英砂岩

--------------------假整合--------------------

和州组（C₁h）　　　　　　　　　　　　　　　　　厚 14.80 m

②灰色中粒石英细砂岩，灰黑色粉砂岩，产植物：*Neuropteris* sp.脉羊齿（未定种）。　厚 6.20 m

①灰色泥质灰岩，上部泥灰岩，微含碳质，产蜓：*Eostaffella* sp.始史塔夫蜓（未定种）、*Millerella* sp. 密勒蜓（未定种）；有孔虫：*Palaeotextularia* sp.古串珠虫（未定种）、*Archaeodiscus* sp.古盘虫（未定种）、*Pleciogyraomphalota* 圆脐扭曲虫、*Endothyra* sp.内卷虫（未定种）。　　厚 8.60 m

在邻近钻孔的相当层位中还产：腕足类 *Megachonetes* sp.大戟贝（未定种）、*Productus* sp.长身贝（未定种）；有孔虫 *Cribrospira* sp.筛旋虫（未定种）、苔藓虫 *Fenestella* sp.窗格苔藓虫（未定种）。

───────── 整合 ─────────

下伏地层：高骊山组（C₁g）浅灰色中粗粒石英砂岩、灰黑色碳质泥岩、黏土岩

由剖面可知，区域和州组岩性为灰色泥质灰岩和灰色粉细砂岩，该组厚度为 15 m 左右，产植物、有孔虫、腕足类、苔藓虫等。沉积时代为早石炭世晚期。

4）黄龙组（C₂h）

黄龙组区域上岩性大致分为两部分：上部为微肉红、灰白色生物屑细粉晶灰岩、泥晶生物屑灰岩；下部为生物屑中晶灰岩。区域上黄龙组与下伏老虎洞组（本区老虎洞组未揭露）为整合接触。时代属晚石炭世。

滨海地区普查找煤黄龙组综合剖面如下。

上覆地层：船山组（C₂P₁c）灰、深灰色灰岩

───────── 整合 ─────────

黄龙组（C₂h）　　　　　　　　　　　　　　　　　厚度＞56.70 m

④浅灰－灰白色灰岩，局部呈肉红色，中部夹薄层泥岩，富含蜓科化石：*Profusulinella* sp.原小纺锤蜓（未定种）、*Fusulinella* sp.小纺锤蜓（未定种）、*Ozawainella* sp.小泽蜓（未定种）、*Schubertella* sp.苏伯特蜓（未定种），未见底。　　视厚度＞17.00 m

③浅黄－灰白色硅质细粒石英砂岩。　　　　　　　厚度＞3.90 m

②灰－浅灰色灰岩，夹五层紫红色粉砂岩。灰岩中产蜓：*Pseudostaffella* ex,gr. *antigua* 古假史塔夫蜓类群、*Pseudostaffella* sp.假史塔夫蜓（未定种）、*Eostaffella* sp.始史塔夫蜓（未定种）、*Fusulinella* sp.小纺锤蜓（未定种）、*Schuhertella* sp. 苏伯特蜓（未定种）、*Millerella* sp. 密勒蜓（未定种）、*Ozawainella* sp.小泽蜓（未定种）；有孔虫：*Climacammin*?sp.梯状虫（未定种）、*Archaeodiscus* sp.古盘虫（未定种）；牙形刺：*Idiognathodus*?奇颚刺?；海百合等。　　厚 32.40 m

①紫红－杂色硅质中、细粒石英砂岩。　　　　　　厚 3.40 m

--------------------假整合--------------------

下伏地层：和州组（C₁h）细砂岩、粉砂岩

由剖面可知，区域黄龙组为灰色的灰岩夹砂岩、粉砂岩、泥岩，厚度大于 57 m，产

丰富的植物、有孔虫、牙形刺及海百合等。沉积时期为晚石炭世。

5）船山组（C_2P_1c）

区域上岩性为深灰、灰色球状泥晶、粉晶生物屑灰岩，局部为浅灰色泥晶、细粉晶灰岩及深灰色含泥质生物屑泥晶灰岩，产䗴类化石。与下伏黄龙组呈整合接触。时代属晚石炭世至早二叠世早期。

滨海地区普查找煤船山组综合剖面如下。

上覆地层：栖霞组（P_2q）深灰色钙质粉砂岩、泥岩，夹多层灰岩

------------------------假整合----------------------

船山组（C_2P_1c）	厚>33.90 m
②灰、深灰色微含碳质灰岩、泥灰岩。	厚 11.50 m

①灰、深灰色灰岩（未见底），产䗴：*Pseudoschwagerina* sp.假希瓦格䗴（未定种）、*Quasifusulina* sp.似纺锤䗴（未定种）；腕足类、海百合茎等。　　　　　　　　　厚>22.40 m

在相邻钻孔相同层位尚见有䗴：*Quasifusulina* cf. *longissima* 二长似纺锤䗴（相似种）、*Rugosofusulina* sp.皱壁䗴（未定种）、*Triticites* sp.麦䗴（未定种）。

━━━━━━━━ 整合 ━━━━━━━━

下伏地层：黄龙组（C_2h）浅灰—灰白色灰岩

由上述剖面可知，区域船山组岩性以灰、深灰色的灰岩为主，部分为泥灰岩，产有腕足类、海百合茎等生物化石，沉积厚度大于 34 m。

3. 二叠系

区内二叠系仅滨淮地区发育，自下而上分为栖霞组、孤峰组、龙潭组、大隆组，其中栖霞组、孤峰组组成滨淮倒转向斜的翼部，龙潭组、大隆组组成核部。

1）栖霞组（P_2q）

1997 年江苏地层清理明确了栖霞组的含义，指船山组与孤峰组之间的一套碳酸盐岩和碎屑岩，自下而上为碎屑岩、臭灰岩、下硅质层、本部灰岩、上硅质层。区域上岩性大致可分为四部分：上部为深灰、灰黑色含燧石结核泥质灰岩；中部为深灰、灰黑色含硅质灰岩、含泥质灰岩及细晶灰岩；下部为深灰色燧石灰岩；底部以深灰色泥晶灰岩夹粉砂质泥岩为主。与下伏船山组呈平行不整合接触。时代属中二叠世早期。

滨海地区普查找煤钻井揭示区域栖霞组厚度>93.34 m，上部为灰色长石中粒砂岩，厚度>19.2 m；下部为深灰色钙质粉砂岩及灰黑色泥岩，夹多层灰岩及生物灰岩薄层。产珊瑚：*Lophophyllidium* sp.顶柱珊瑚（未定种）、*Lophocarinophyllum* sp.顶板脊板珊瑚（未定种）、*Bradyphyllum* sp.迟珊瑚（未定种）；腕足类：*Acosarina* sp.阿柯斯贝（未定种）、*Plicochonetes* sp.线戟贝（未定种）及瓣鳃类、苔藓虫、牙形刺等化石。厚 74.1 m。与下伏船山组灰色生物灰岩平行不整合接触。

滨海地区普查找煤 I-2 钻孔栖霞组剖面如下。

上覆地层：盐城组（$N_{1-2}y$）粉砂，浅灰色，含白云母片，泥质胶结，不坚实，细水平层理

～～～～～～～～～～～～～～～～角度不整合～～～～～～～～～～～～～～～～

栖霞组（P_2q）	厚 75.94 m

　⑮砂质泥岩（强风化带），杂色，水平层理发育，片状，细腻，具滑感，局部含砂量较高，为砂岩，钙质胶结，团块状。　　　　　　　　　　　　　　　　　　　　　厚 4.10 m

　⑭细砂岩（弱风化带），浅黄—灰色，以长石为主及一些暗色矿物，泥质胶结。　　厚 2.25 m

　⑬泥岩，深灰色，细腻，质脆，含碳质碎屑，局部见水平层理，倾角 65°，裂隙为方解石细脉充填，裂隙发育，黄铁矿分散状分布，岩心局部破碎为团块状。　　　　　　　　厚 5.60 m

　⑫灰岩，深灰色，钙质胶结，坚硬，见方解石脉呈树枝状分布，脉厚 2 cm，裂面见沥青质充填。约 431.00 m 见唇苔藓虫化石，窗格苔藓虫化石，435.00 m 少见腕足类化石及黄铁矿富集。厚 4.52 m

　⑪泥岩，深灰色，贝壳状断口，见条带状黄铁矿富集或沿裂隙分布，方解石细脉充填，见线戟贝化石富集。　　　　　　　　　　　　　　　　　　　　　　　　　　　　　厚 1.34 m

　⑩灰岩，深灰色，方解石细脉树枝状分布在 438.00 m，见钙质结核，见有阿柯斯贝化石。厚 1.77 m

　⑨泥岩，灰黑色，较坚实，贝壳状断口，黄铁矿呈分散状分布，局部见大量钙质结核，具缓波状水平层理，局部具逆向节理。441.30 m 处砂岩与灰岩呈不整合接触，445.00 m 处夹钙质细砂岩，厚 10 cm。　　　　　　　　　　　　　　　　　　　　　　　　　　　　　厚 8.65 m

　⑧灰岩，深灰色，性脆，质不纯，坚硬，比重大，方解石脉沿裂隙充填，黄铁矿富集。454.80～455.80 m 见少量腕足类化石。　　　　　　　　　　　　　　　　　　　　　厚 4.05 m

　⑦粉砂岩，深灰色，含较多泥质，不显层理，滑面较多，易碎为块状，黄铁矿星散状分布或富集，长 4 cm、宽 1 cm。　　　　　　　　　　　　　　　　　　　　　　　　　　厚 0.92 m

　⑥灰岩，深灰色，质不纯，含泥质量较高，参差状断口，方解石细脉沿裂隙分布，黄铁矿星散状分布，少见结核富集。458.00 m 处夹钙质结核，见大量海百合茎、珊瑚化石。　厚 4.44 m

　⑤粉砂岩，黑灰色，滑面较多，易破碎为块状，少见方解石脉分布，见较多腕足类化石、海百合茎、珊瑚化石。　　　　　　　　　　　　　　　　　　　　　　　　　　　厚 2.77 m

　④泥灰岩，深灰色，质不纯，含泥量高，局部为泥岩，见方解石沿裂隙充填或半充填，海百合茎、珊瑚化石富集。　　　　　　　　　　　　　　　　　　　　　　　　　　　厚 0.37 m

　③泥质粉砂岩，深灰色，不坚实，局部含泥质较高，少见裂隙，为方解石脉充填，富含腕足类海螺化石、线戟贝化石及海百合茎化石。　　　　　　　　　　　　　　　　　　厚 18.60 m

　②粉砂岩，深灰色，质不纯，方解石细脉沿裂隙分布或见晶簇沿面富集，全层富集海百合茎、顶柱珊瑚、园园茎化石。　　　　　　　　　　　　　　　　　　　　　　　　厚 0.46 m

　①粉砂岩，深灰色，不显层理，底部略变粗为粉砂岩，局部见方解石脉呈树枝状分布或星散状分布，偶见黄铁矿富集为团块，比重极大。486.54～486.80 m 为灰岩。　　　　厚 16.10 m

------------------平行不整合--------------------

下伏地层：船山组（C_2P_1c）　　　　　　　　　　　　　　　　　　厚度＞11.15 m

　②灰岩，浅灰色，性脆，质不纯，块状，方解石脉似乱麻状分布，裂隙发育，为泥质充填，黄铁矿呈星散状分布富集，局部溶孔发育，溶孔多呈纺锤形，见珊瑚化石分布。　　厚 4.55 m

　①灰岩，灰色，略带褐色，块状，上部坚硬，性滑，比重大，隐破裂隙发育，局部似砾岩状，下部较致密，比重变轻，全层裂隙为方解石细脉充填，局部为灰色、灰黄色泥质充填，局部溶孔发育，孔径为 1～2 mm，含有硅质结核 1 cm×2 cm，见海百合茎、珊瑚及蜓化石。　　厚 6.60 m

　未见底。

2）孤峰组（P$_2$g）

区域上岩性主要为黑色泥岩、含白云质泥岩、硅质泥岩，局部夹碳质泥岩。与下伏栖霞组整合接触。时代属中二叠世。

滨海地区普查找煤钻井揭示孤峰组厚度>55 m，上部为黑色含碳质硅质泥岩，厚度17.4 m；下部为灰黑色硅质泥岩，夹多层石灰岩薄层，含磷质及黄铁矿结核。产菊石：*Shouchangoceras* sp.寿昌菊石（未定种）、*Altudoceras* sp.阿尔图菊石（未定种）、*Michelinoceras* sp. 米契林角石（未定种）；腕足类：*Cancrinella truncata* 截切蟹形贝、*Chonetes* sp. nov.戟贝（未定新种）、*Derbyia* sp.德比贝（未定种）；苔藓虫：*Polypora* sp.多孔苔藓虫（未定种）；瓣鳃类：*Aviculopecten* sp.燕海扇（未定种），厚37.6 m。与下伏栖霞组整合接触。

滨海地区普查找煤Ⅰ-4钻孔孤峰组剖面如下。

上覆地层：龙潭组（P$_{2-3}$l）粉砂岩，灰、深灰色，以石英为主，含白云母片、黑色矿物，局部为粗粉砂，显断续水平层理，少含碳屑

——————— 整合 ———————

孤峰组（P$_2$g）　　　　　　　　　　　　　　　　　　　　　　　　厚 61.86 m

⑲粉砂质泥岩，深灰—灰黑色，底部为灰黑色碳质泥岩，显水平层理、缓波状层理，含碳屑碎片，黄铁矿呈条带，似圆形沿层连续、断续分布，多处破碎厚度达 7 m，呈糜烂状，局部见倒转。　厚 0.20 m

⑱黏土岩，暗紫色—浅灰色，含白云母碎片，见黄铁矿团块状分布。　厚 2.42 m

⑰碳质泥岩，灰黑色，水平层理，顺层裂面光滑，少见方解石黄铁矿沿裂隙分布。　厚 1.54 m

⑯砂质灰岩，灰白色，含砂，黄铁矿团块状分布，少含腕足类等化石。　厚 21.94 m

⑮粉砂质泥岩，深灰色，含白云母碎片，水平层理，黄铁矿呈团块形、圆形，分散状沿层断续或连续分布，含钙质结核，结核直径可达 2 cm，下部含灰岩团块，有一逆位移 10 cm。　厚 0.90 m

⑭灰岩，浅灰色，质不纯，含碳质碎屑，致密，坚硬，比重大，裂隙发育。　厚 0.75 m

⑬泥岩，银灰色，水平层理，含黄铁矿结核。　厚 0.70 m

⑫灰岩，浅灰色，含泥质，致密，坚硬，含瓣鳃类化石，局部沿层呈水平层理。　厚 1.20 m

⑪泥岩，深灰色，水平层理，含黄铁矿结核，含不规则状灰岩砾，少量方解石脉沿层分布。　厚 1.42 m

⑩泥质生物灰岩，灰色，致密，性脆，下部泥质显水平层理，与下伏岩层明显接触。　厚 1.53 m

⑨泥岩，深灰色，略带紫色薄层，水平层理，黄铁矿呈团块、条形状沿层分布。　厚 2.95 m

⑧砂质灰岩，灰色，含砂量高，具暗紫色泥质条带，与下伏岩层过渡接触，水平层理。　厚 1.70 m

⑦泥岩，深灰色，水平层理，方解石脉与黄铁矿结核沿层分布。　厚 1.54 m

⑥泥灰岩，灰色，坚硬，性脆，水平层理。　厚 1.21 m

⑤泥岩，深灰色，含砂，水平层理，含黄铁矿。　厚 2.40 m

④细砂岩，深灰色，坚硬，比重大，钙质结核，含大量个体小的黄铁矿，含螺、瓣鳃类化石。　厚 0.20 m

③生物灰岩，灰色，坚硬，致密，比重大，含瓣鳃类化石，铁矿团块状分布。　厚 9.19 m

②砂质泥岩，深灰色，显水平层理，见窗格苔藓虫化石，黄铁矿沿层分布，层面具阶步状滑面，夹生物灰岩，富含瓣鳃类化石，局部有糜烂状破碎带薄层。　厚 5.16 m

①泥岩生物灰岩互层，深灰色，含大量动植物化石沿层分布，显水平、缓波状层理，黄铁矿团块状沿层分布，与下伏岩层为过渡接触。　　　　　　　　　　　　　　　　厚 4.91 m

—————————— 整合 ——————————

下伏地层：栖霞组（P_2q）中、细砂岩，深灰—灰色，以石英为主，含黑色矿物、白云母片，碳屑沿层分布，水平、缓波状层理，上部富含黄铁矿。

综上，区域孤峰组岩性以灰黑色硅质泥岩，含磷质结核为特征，夹有多层灰岩薄层，产头足类、腕足类、苔藓虫、瓣鳃类等生物化石，与下伏栖霞组为整合接触关系。时代为中二叠世。本组含磷质结核，为找寻磷矿的重要层位。

3）龙潭组（$P_{2-3}l$）

区域上岩性大致可分为两部分：上部为黑色泥岩，含粉砂质泥岩与灰、灰黄色石英砂岩互层，夹煤层或煤线，含腕足类、菊石类、珊瑚类、䗴类及植物化石；下部为黑色泥岩与长石细砂岩，岩性较稳定。与下伏孤峰组为整合接触。

（1）滨海地区普查找煤揭示龙潭组综合剖面如下。

上覆地层：大隆组（P_3d）深灰色含泥质硅质页岩

—————————— 整合 ——————————

龙潭组（$P_{2-3}l$）　　　　　　　　　　　　　　　　　　　　厚度 >999.64 m

⑰绿灰、浅灰色含砂质黏土夹一层钙质胶结中粒砂岩，含菱铁质鲕粒，顶部为具水平层理粉砂岩，含腕足类化石。　　　　　　　　　　　　　　　　　　　　　　　　厚 25.40 m

⑯灰色含砾中粗粒砂岩，钙质胶结，下细上粗，含多量黄铁矿斑块，粒序层理。富含菊石残片、珊瑚等化石及丰富的其他动物残屑。　　　　　　　　　　　　　　　　　　厚 4.70 m

⑮深灰色粉砂岩夹钙质细砂岩条带，缓波状水平层理。　　　　　　　　　　　厚 10.20 m

⑭灰色钙质细砂岩，粒序层理。富 *Lophophyllidium* sp.顶柱珊瑚（未定种）及海百合茎，偶见菊石化石。　　　　　　　　　　　　　　　　　　　　　　　　　　　厚 5.10 m

⑬绿灰色黏土岩，具菱铁质鲕粒，底部为发育灰色波状层理的粉砂岩。　　　厚 31.30 m

⑫灰、深灰色粉砂岩及中粗粒含石英细砾砂岩，粉砂岩中含丰富的腕足类化石。　厚 32.50 m

⑪灰、深灰色粉砂岩及中粒长石石英砂岩，夹薄煤三层，含较多植物化石。　厚 44.16 m

⑩浅灰微带绿色黏土岩、砂质黏土岩夹黏土质细砂岩，含菱铁质鲕粒和少量海绿石及深灰色粉砂岩。含栉羊齿、蕉羊齿、带羊齿、瓣轮叶等植物化石。　　　　　　厚 110.00 m

⑨灰色中细粒石英砂岩及深灰色粉砂岩、黏土岩，含菱铁质鲕粒，近底部含薄煤 1～2 层，不稳定，含蕉羊齿。　　　　　　　　　　　　　　　　　　　　　　　　　厚 56.80 m

⑧深灰色粉砂岩，偶见泥灰岩薄层，具菱铁质结核，水平层理，含动物残片。　厚 21.90 m

⑦灰色、浅灰色细砂岩与深灰色、灰黑色粉砂岩互层，上部夹砂质灰岩，下部夹黏土岩。含腕足类、䗴科化石、蕉羊齿及其他（炭化）植物化石碎片。　　　　　　　厚 85.34 m

⑥浅灰色—灰色中粗砂岩夹细砂岩。　　　　　　　　　　　　　　　　　　厚 25.30 m

⑤灰色、黑色粉砂岩与泥岩互层，中部为细砂岩与粉砂岩互层。含瓣鳃类化石及植物化石：单网羊齿、镰刀栉羊齿、蕉羊齿、楔羊齿、瓣轮叶。　　　　　　　　　　厚 34.95 m

④灰色、深灰色、灰黑色细砂岩与粉砂岩互层，局部夹泥岩、碳质泥岩，夹薄煤 3～4 层，中部夹中粒—粗粒砂岩。含瓣鳃类化石及植物化石：单网羊齿、镰刀栉羊齿、蕉羊齿、楔羊齿、脉羊齿、带

羊齿。　　　　　　　　　　　　　　　　　　　　　　　　　　　　　　　　　　　　厚 86.08 m

　　③灰色、深灰色粉砂岩与泥岩互层，局部夹钙质细砂岩。含腕足类、蜓科化石及其他动物化石：华夏贝、浙江短嘴蛤、裂齿蛤；植物化石：单网羊齿、栉羊齿。　　　　　　　　　　　　厚 12.70 m

　　②灰色、深灰色、灰黑色细砂岩与粉砂岩互层，局部夹生物灰岩、泥岩、中粒及中粗粒砂岩。含腕足类、三叶虫、珊瑚、菊石、蜓科等动物化石及炭化植物化石碎片。　　　　　　　　　　厚>316.54 m

　　①灰色、深灰色粉砂岩与泥岩互层，含碳质碎屑及菊石化石。　　　　　　　　　　　　厚 96.67 m

———————— 整合 ————————

下伏地层：孤峰组（P_2g）黑色含碳质硅质泥岩

（2）XJ01 钻孔为本次工作施工的钻孔，揭露龙潭组，厚度>8.65 m。

XJ01 钻孔龙潭组剖面（图 4-3-1）如下。

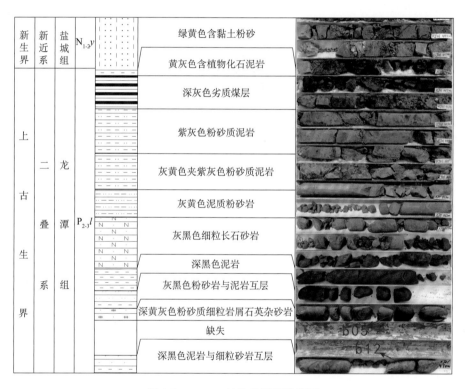

图 4-3-1　XJ01 钻孔龙潭组柱状图

上覆地层：盐城组（$N_{1-2}y$）绿黄色含黏土粉砂

～～～～～～～～～角度不整合～～～～～～～～

龙潭组（$P_{2-3}l$）　　　　　　　　　　　　　　　　　　　　　　　　　　　　　　厚 17.30 m

　　⑪452.70～453.10 m　黄灰色含植物化石泥岩，黄灰色，岩石发生中等强度风化，硬度小于指甲，约 1.5 左右，遇水硬度降低，页片状，可剥成薄片状，岩石成分以黏土为主，倾角60°。含大量植物化石，经鉴定，主要为 *Pecopteris* sp.栉羊齿（未定种）、*Sphenopteris* sp.楔羊齿（未定种）。栉羊齿保存部分带有 8～10 枚小羽片，中央羽轴特征不明显，小羽片以整个基部着生在羽轴上，基部稍有些收缩；小羽片整体呈舌形，全缘；叶脉呈羽状，中脉明显，侧脉未见明显分叉（图 4-3-2）。楔羊齿羽片边缘

呈浅锯齿状，中脉细，侧脉稀少，粗度几乎与中脉相当，侧脉可见一次二分叉（图 4-3-3）。

⑩453.10～455.00 m　深黑色劣质煤层，深黑色，含植物化石，具煤油味，污手，总体为劣质煤，局部煤发育较好。

⑨455.00～457.45 m　紫灰色粉砂质泥岩，颜色以紫灰色为主，含较多紫红色铁质斑点及团块，含少量黑色碳质斑点，成分上黏土含量约 70%，硬度小于指甲，浸水硬度减小，岩石发生微—中等风化。岩层倾角 60°。

⑧457.45～459.50 m　灰黄色夹紫灰色粉砂质泥岩，颜色为灰黄色夹紫灰色，457.80～458.00 m、458.30～438.55 m、459.00～459.20 m 为紫灰色，全层夹少量褐黄色斑点和极少量黑色碳质斑点。成分上黏土约占 70%，硬度小于指甲，遇水硬度减小。

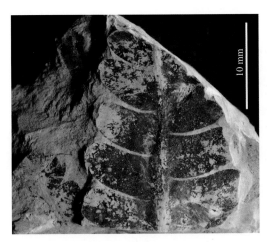

图 4-3-2　栉羊齿（未定种）　　　　　　　图 4-3-3　楔羊齿（未定种）

⑦459.50～461.00 m　灰黄色泥质粉砂岩，风化面灰色，新鲜面灰黄色，成分上粉砂含量约 65%，手搓有较强粉砂感，泥质胶结，硬度小于指甲。岩层倾角 60°。

⑥461.00～463.90 m　灰黑色细粒长石砂岩，风化面灰色，新鲜面灰黑色，往下颜色加深，含少量黑色碳质斑点及短条带。矿物成分石英含量<70%，其余长石占多，应为长石砂岩，胶结物为泥质，细砂结构，层理构造，为水平层理，纹层互相平行且平行层面，层理面倾角约 60°。

⑤463.90～465.30 m　深黑色泥岩，深黑色，成分上以黏土为主，夹黑色碳质有机物层，厚 5～30 cm，污手。硬度略小于指甲，在水泥路面上划痕为银灰色。层理构造，水平层理，层理面倾角 60°。

④465.30～466.20 m　灰黑色粉砂岩与泥岩互层，颜色上总体为灰黑色，灰黄色（浅色调）粉砂岩与深黑色（深色调）泥岩呈明显互层状，层厚<5 mm，岩层倾角 60° 左右，致密，硬度大于指甲。本层与下层的分界处为一厚约 2 cm 的锈色铁质层，硬度大于指甲，泥质，倾角 60° 左右。

③466.20～467.00 m　深黄灰色粉砂质细粒岩屑石英杂砂岩，深黄灰色，夹较多薄层黑色泥岩，砂岩为砂状碎屑结构，砂状碎屑占 60%～70%，杂基占 30%～40%；砂状碎屑为次棱角—次圆状，粒径变化较大（一般在 0.05～0.15 mm），由粗粉砂向细砂过渡，成分主要是石英，少量为呈不均匀分布的泥质岩岩屑（占碎屑总量的 10%～20%），微量长石。杂基为硅泥质，大部分已重结晶为绢云母和少量微粒状石英。

②467.00～469.00 m　此段缺失。

①469.00～470.00 m　深黑色泥岩与细粒砂岩互层，泥岩深黑色，砂岩黄灰色，二者互层状，向下砂岩纹层减少，砂岩层厚一般小于 5 mm，总体上泥岩占 70%左右，泥岩在水泥路面上划痕为银灰色，硬度小于指甲；砂岩的粒度一般小于 0.1 mm，硬度小于小刀。水平层理发育，砂岩层与泥岩层互层平行，倾角为 60°。显微镜下岩相特征为：黑棕色层与浅棕色层互层，黑棕色层为含粉砂质泥岩，主要为铁泥质（泥质已重结晶为绢云母），含 5%～10%的粉砂级石英碎屑；浅棕色层为泥质细砂岩，细砂级碎屑占 50%～60%，主要为次棱角—次圆状的石英碎屑，微量长石和云母，铁泥质占 40%～50%，大部分已重结晶为绢云母。未见底。

综上，区域龙潭组为一套碎屑岩层，由泥岩、粉砂质泥岩、粉细砂岩、石英砂岩等组成，夹有数层砂质灰岩、灰岩、泥质灰岩及长石石英砂岩，夹薄煤层 7～9 层及多层菱铁质薄层，其厚度近千米。与下伏孤峰组地层整合接触，分界以孤峰组硅质层的顶面作为标志，产丰富的化石，主要有腕足类、瓣鳃类、头足类、植物及大量的珊瑚、海百合茎等，时代归属为中—晚二叠世。本组为重要的含煤层位。

4）大隆组（P_3d）

1997 年江苏地层清理将其定义为龙潭组与青龙组之间的一套含硅质碎屑岩。岩性主要为深灰、灰黑色泥岩、含白云质泥岩、砂质泥岩，含硅质及钙质，上部夹薄层灰岩，下部夹少量碳质泥岩。与下伏龙潭组为整合接触。

滨海地区普查找煤钻井揭示区域大隆组主要岩性为深灰色含泥质硅质页岩，下部具水平层理，产 *Pugnax pseudoutah* Huang 假犹他狮鼻贝，厚>27.1 m。与下伏龙潭组角度不整合接触。

4. 晚古生代岩相古地理概述

晚泥盆世再次接受海侵，形成了一套滨岸相杂色碎屑岩沉积（五通组）；早石炭世早期，沉积了一套灰黑色灰岩（金陵组），属碳酸盐岩台地沉积；早石炭世中期，为海陆交替相沉积环境，沉积物为细碎屑岩、白云岩（高骊山组）；早石炭世晚期至早二叠世早期，为碳酸盐岩开阔台地沉积，沉积物为一套碳酸盐岩（和州组、黄龙组、船山组）；早二叠世晚期，短暂海退；中二叠世早期海水再次入侵，形成一套碳酸盐岩（栖霞组）；中二叠世中期，以硅质岩含磷质结核（孤峰组）为特征，反映了浅海深水环境；中二叠世晚期至晚二叠世早期，为区内重要成煤期，沉积了一套含煤碎屑岩系（龙潭组），为海陆交互相的泥坪-三角洲环境；晚二叠世晚期，由于地壳缓缓下沉，沉积了一套海湾相的硅质泥岩（大隆组）。

4.3.4　中生界和新生界

区域中生界不太发育，仅白垩系浦口组少量发育。新生界仅发育新近系盐城组，超覆于整个扬子地层区。

1. 中生界白垩系浦口组（K_2p）

区域上岩性可分为两部分：在山麓边缘，底部为砾岩；下部为灰紫色火山岩及角砾岩、砂岩；上部为紫红夹紫灰色岩屑砂岩、粉砂岩夹粉砂质泥岩及砂砾岩。盆地内部自下而上为灰色砂砾岩、膏质泥岩、泥岩与盐岩互层，棕、暗咖啡色粉、细砂岩或互层，棕红色泥岩。含介形虫、轮藻、植物等化石。上未见顶。

区内浦口组分布在区域西南角及东南角，地表未有出露。据滨海地区普查找煤资料，上部为咖啡、暗棕、红棕色泥岩、粉砂质泥岩，夹钙质粉砂岩、细砂岩，局部夹薄层凝灰岩，普遍含石膏及沥青质，含轮藻及少量介形虫；下部为浅棕、灰白色钙质砂砾岩、砂砾岩、砾岩夹细砂岩、粉砂岩及泥岩，具下粗上细特征，含轮藻和孢粉及少量介形虫。总厚0～1593 m不等。在区域西南角，浦口组角度不整合于震旦系之上；在东南角，角度不整合于奥陶系之上。

区域浦口组以砂岩、泥岩、砂质泥岩为主，含有少量云母碎片，反映了沉积速度较快，物源较近。古气候较炎热，盐湖发育，形成许多石膏层，沉积部位可能为低洼部位，组成岩石一般具有较低的成分成熟度和结构成熟度，沉积物搬运不远，物源较近，反映了可能属山麓边缘相沉积或形成于季节性河流环境。

2. 新生界新近系盐城组（$N_{1-2}y$）

盐城组下段为灰绿、浅棕色含砂、钙质泥岩、砂岩、砂砾层；上段为灰黄色黏土层与粉细砂、砂砾层频繁互层，含植物化石碎片。

本次工作中，揭露盐城组的钻孔共13个，其中揭露顶底的有3个，厚度最大为XJ01孔，为239.70 m。

1）XJ01钻孔盐城组剖面

上覆地层：五队镇组（Qp_1w）灰黄色粉砂

------------------平行不整合------------------

盐城组（$N_{1-2}y$）   厚239.70 m

上段（$N_{1-2}y^2$）厚165.00 m，共四个旋回，厚度分别为29.44 m、36.56 m、20.15 m、78.85 m。

旋回一：

（26）213.00～221.42 m，黄棕色含粉砂黏土，其次为浅灰黄色，黏土含量75%～85%，泥状结构，块状层理，含大量钙质结核及钙质胶结条带，潜育化发育，局部潜育化条带呈网状。湖泊，湖心带沉积。   厚8.42 m

（25）221.42～228.76 m，棕黄色粉砂质黏土夹粉砂，粉砂层约占30%，泥状结构，层状构造，波状层理，粉砂以中层为主，顶部见厚层，整体含钙质结核，中部富集，见潜育化斑块。湖泊过渡带沉积。   厚7.34 m

（24）228.76～237.60 m，黄棕色含粉砂黏土，局部浅灰色，黏土含量75%～85%，泥状结构，块状层理，上部黏土含量较高，潜育化发育，见黑色铁锰质斑点，底部钙质胶结。湖泊过渡带沉积。

厚8.84 m

（23）237.60～242.44 m，灰黄色细砂，砂含量大于95%，砂状结构，层状构造，局部见波状层理，砂粒以石英为主，见云母及长石，分选好，含钙质结核。支流河道。   厚4.84 m

旋回二：

（22）242.44～251.45 m，棕色含粉砂黏土，泥土含量80%～90%，泥状结构，层状构造，平行层

理、块状层理，上部钙质结核富集，底部富铝化沉积。湖泊，湖心带沉积。 厚 9.01 m

（21）251.45～254.90 m，浅蓝灰色黏土，黏土含量大于 90%，泥状结构，块状层理，潜育化强烈，上部见潜育化条带，底部见少量铁锰质浸染斑点。湖泊，湖心带沉积。 厚 3.45 m

（20）254.90～257.61 m，浅黄灰色黏土质粉砂，粉砂含量 65%～75%，粉砂状结构，层状构造，波状层理、平行韵律层理，潴育化、潜育化发育，见铁锰质浸染斑点。湖泊。 厚 2.71 m

（19）257.61～266.29 m，浅灰色砂，砂含量大于 90%，砂状结构，层状构造，斜层理、粒序层理，分选好，上部夹黄色中薄层粉砂，向下粒径增大，下部含钙质胶结物。曲流河河道。 厚 8.68 m

（18）266.29～270.68 m，灰黄色细砂，以灰黄色为主，局部浅灰色，夹黑色条带。砂含量大于 95%，砂状结构，层状构造，波状层理、平行层理，分选中等，夹有机质中薄层。曲流河河道。 厚 4.39 m

（17）270.68～279.00 m，浅灰色细砂，砂含量大于 95%，局部夹粉砂质黏土中层，砂状结构，层状构造，见块状层理、平行层理，276.30 m 处见黄色粉砂中薄层。曲流河道，上部可能为牛轭湖沉积。 厚 8.32 m

旋回三：

（16）279.00～284.75 m，浅绿灰色含粉砂黏土，次为棕色，黏土含量 85%～95%，中部黏土含量较高，泥状结构，块状层理，见棕色潴育化条带，顶部与底部粉砂含量较高，280.44～280.75 m 为蒙脱石层。湖泊沉积。 厚 5.75 m

（15）284.75～292.70 m，浅灰色粉砂质黏土，黏土含量 60%～70%，泥状结构，层状构造，波状层理、平行层理，潜育化强烈，局部含紫色潴育化条带，下部见少量有机质斑点。湖泊。 厚 7.95 m

（14）292.70～299.15 m，白灰色含黏土粉砂，次为黄色，粉砂状结构，层状构造，脉状层理、波状层理、平行层理，上部夹黄色粉砂条带，下部为较纯净石英砂，含钙质胶结物。支流河道。 厚 6.45 m

旋回四：

（13）299.15～307.70 m，灰色粉砂质黏土，以灰色为主，次为棕色，黏土含量 65%～75%，泥状结构，块状层理、平行层理，潴育化、潜育化发育，含有机质。富营养湖泊，湖心带沉积。 厚 8.55 m

（12）307.70～327.32 m，浅灰色含粉砂黏土，黏土含量 85%～95%，泥状结构，块状层理、平行层理，潜育化强烈，含潜育化斑块，局部富钙质结核，夹少量粉砂质黏土中层，坚硬。湖泊，湖心带沉积。 厚 19.62 m

（11）327.32～342.28 m，黄棕色含粉砂黏土，局部浅绿灰色，黏土含量 75%～85%，泥状结构，块状层理、平行层理，潜育化、潴育化呈条带状及斑状，见少量铁锰质浸染斑点，少量钙质结核。湖泊，湖心带沉积。 厚 14.96 m

（10）342.28～364.76 m，浅绿灰色含粉砂黏土，次为黄棕色、灰色，黏土含量 75%～80%，泥状结构，块状层理，潜育化强烈，见黄色潴育化斑点，含少量碳质条带及钙质结核，下部粉砂含量增高且夹粉砂中层，见植物根系印迹。湖泊，过渡带向湖心带沉积转变。 厚 22.48 m

（9）364.76～367.62 m，绿灰色粉砂质黏土，黏土含量 55%～65%，泥状结构，块状层理，局部夹脉状粉砂极薄层，富有机质，潜育化发育，底部夹棕色黏土薄层。湖泊沉积。 厚 2.86 m

（8）367.62～371.28 m，深灰色含粉砂黏土，黏土含量 85%～95%，泥状结构，层状构造，水平层理，有机质富集，夹泥炭层，顶部为中薄层粉砂，下部粉砂含量增加，夹脉状粉砂薄层。湖泊，富营养湖。 厚 3.66 m

（7）371.28～378.00 m，深灰色细砂，砂含量大于 95%，砂状结构，层状构造，见斜层理、平行层理、波状层理，细砂的矿物成分主要为石英、长石、云母，分选好，夹炭质树干。曲流河道。

厚 6.72 m

----------------------平行不整合----------------------

下段（$N_{1-2}y^1$）厚 74.70 m，共两个旋回，厚度分别为 46.00 m、28.70 m。

旋回一：

（6）378.00～380.85 m，绿灰色粉砂质黏土，黏土含量 55%～65%，泥状结构，块状层理，局部夹脉状粉砂极薄层，潜育化发育，顶部含钙质结核，底部富有机质。河流边滩洼地。　　　厚 2.85 m

（5）380.85～387.37 m，灰色砂，砂含量大于 95%，砂状结构，层状构造，斜层理、平行层理、水平层理、粒序层理，呈河流二元结构，矿物成分主要为石英、长石及少量白云母，局部含炭质植物残体。曲流河道。　　　厚 6.52 m

（4）387.37～389.35 m，深蓝灰色黏土质粉砂，局部深灰色，粉砂含量 55%～65%，泥状结构，层状构造，上部风化残积，下部含有机质。湖泊沉积，后期暴露，成为河流阶地。　　　厚 1.98 m

（3）389.35～424.00 m，深灰色含砾砂，整体见多个河流二元结构叠加，局部砾石含量高，次棱角状-次圆状，石英质，粒径 0.2～4 cm，整体砂状结构，层状构造，平行层理、斜层理、粒序层理，分选中等，局部分选差，以石英为主，少量长石，含有机质。曲流河道，下切河谷。　　　厚 34.65 m

旋回二：

（2）424.00～436.78 m，棕黄色黏土质粉砂，粉砂含量 55%～65%，泥状结构，块状层理、平行层理，潴育化、潜育化发育，局部黏土含量较高，粉砂密实，部分胶结，铁锰质浸染斑块呈紫色。湖泊沉积，过渡带。　　　厚 12.78 m

（1）436.78～452.70 m，灰黄色粉砂质黏土，黏土含量 65%～75%，泥状结构，块状层理，坚硬，潴育化条带呈黄色，见生物印迹，底部夹粉砂厚层，含钙质结核。湖泊，局部后期风化残积。

厚 15.92 m

~~~~~~~~~~~角度不整合~~~~~~~~~~~

下伏地层：龙潭组（$P_{2-3}l$）黄灰色含植物化石泥岩，倾角 60°

2）JZ04 钻孔盐城组剖面

上覆地层：五队镇组（Qp_1w）灰黄色粉砂

----------------平行不整合----------------

盐城组（$N_{1-2}y$）　　　　　　　　　　　　　　　　　　　　　　　厚 123.10 m

上段（$N_{1-2}y^2$）厚 56.20 m，共四个旋回，厚度分别为 11.85 m、9.45 m、12.43 m、22.47 m。

旋回一：

（33）161.80～164.45 m，棕红色黏土。　　　　　　　　　　　　　厚 2.65 m

（32）164.45～168.77 m，棕色—棕黄色黏土。　　　　　　　　　　厚 4.32 m

（31）168.77～171.40 m，灰绿色黏土。　　　　　　　　　　　　　厚 2.63 m

（30）171.40～173.65 m，浅灰色—灰绿色细砂与粗砂互层。　　　　厚 2.25 m

旋回二：

（29）173.65～176.20 m，棕色—棕红色含粉砂黏土。　　　　　　　厚 2.55 m

（28）176.20～176.90 m，棕色—棕红色含粉砂黏土。　　　　　　　厚 0.70 m

（27）176.90～183.10 m，细砂与中砂互层。　　　　　　　　　　　厚 6.20 m

旋回三：

（26）183.10～185.00 m，棕色黏土夹粉砂。 厚 1.90 m

（25）185.00～189.00 m，粉砂与黏土互层，或黏土夹粉砂。 厚 4.00 m

（24）189.00～195.53 m，夹黏土的粉细砂与中—粗砂互层。 厚 6.53 m

旋回四：

（23）195.53～197.65 m，棕黄色黏土夹粉砂。 厚 2.12 m

（22）197.65～206.00 m，浅灰—灰白色（略显灰绿色）细—中砂，局部为粗砂，含石英砾石。

厚 8.35 m

（21）206.00～212.56 m，中—粗砂与黏土互层。 厚 6.56 m

（20）212.56～213.00 m，浅灰色—灰白色含石英砾中—粗砂，曲流河道。 厚 0.44 m

（19）213.00～216.44 m，灰绿色中—粗砂。 厚 3.44 m

（18）216.44～218.00 m，斑杂色黏土夹砂。 厚 1.56 m

--------------------平行不整合--------------------

下段（$N_{1-2}y^1$）厚 66.90 m，共两个旋回，厚度分别为 65.10 m、1.80 m。

旋回一：

（17）218.00～222.00 m，灰黄色、浅灰色—灰白色、灰绿色中—细砂夹粗砂。 厚 4.00 m

（16）222.00～223.46 m，浅灰绿色黏土质粉砂。 厚 1.46 m

（15）223.46～227.42 m，浅灰—浅绿色粉砂质黏土。 厚 3.96 m

（14）227.42～230.00 m，棕色黏土与黏土质粉砂互层。 厚 2.58 m

（13）230.00～237.20 m，浅灰—灰绿色含粉砂黏土。 厚 7.20 m

（12）237.20～242.36 m，淡绿色含粉砂黏土。 厚 5.16 m

（11）242.36～243.58 m，蓝绿色黏土。 厚 1.22 m

（10）243.58～254.66 m，淡绿色黏土。 厚 11.08 m

（9）254.66～257.10 m，棕色含粉砂黏土。 厚 2.44 m

（8）257.10～261.80 m，淡绿色—绿色含粉砂黏土。 厚 4.70 m

（7）261.80～272.00 m，淡绿色含粉砂黏土。 厚 10.20 m

（6）272.00～275.00 m，棕色含粉砂黏土。 厚 3.00 m

（5）275.00～279.72 m，淡绿色含粉砂黏土。 厚 4.72 m

（4）279.72～282.00 m，棕灰色含粉砂黏土夹黏土质粉砂。 厚 2.28 m

（3）282.00～283.10 m，蓝绿色含粉砂黏土。 厚 1.10 m

旋回二：

（2）283.10～284.00 m，灰黄色黏土质粉砂。 厚 0.90 m

（1）284.00～284.90 m，黏土。 厚 0.90 m

～～～～～～～～～～角度不整合～～～～～～～～～～

下伏地层：大湾组（$O_{1-2}d$）灰色灰岩

据本次工作钻孔及其他资料，区域盐城组（$N_{1-2}y$）厚度最小约 55 m，最大可达 240 m 以上，厚度变化较大，自西向东有增厚趋势，与上覆下更新统五队镇组呈平行不整合接触，下与震旦系—二叠系及白垩系呈角度不整合接触。一般具多个旋回，由粗—

细沉积物构成一个正韵律层，沉积构造以粒序层理、水平层理为主，伴有小型交错层理，局部发育冲刷剥蚀面。可分为上下两段。

下段（$N_{1-2}y^1$）：与盐城地区相比，区域盐城组下段宏观特征仅发育一至两个不完整的韵律层，且厚度、埋深较薄、较浅。其单个沉积旋回下部粗颗粒岩性由深灰色、深蓝灰色、灰黄色、灰色、灰绿色、灰白色含砾砂、中粗砂、粉细砂、黏土质粉砂组成，松散，具粒序层理、平行层理，局部斜层理，成因属河相；上部细颗粒由蓝绿色、灰绿色、淡绿色、灰黄绿色、灰黄色、棕黄色、棕色、棕灰色黏土、含粉砂黏土、粉砂质黏土组成，致密、硬塑-坚硬，具水平层理、块状层理，铁锰结核（斑点）、钙质结核、碳质条带发育，底部一般可见砾石，成因属湖相。

盐城组下段埋深、厚度自拗陷中心向边缘或隆起地带变浅、减薄至尖灭，在区域原五队村一带盐城组下段不发育，平建－新淮河口一带下段埋深 215～280 m，厚度 5～66 m（图 4-3-4），在滨淮镇一带埋深约 378 m，厚度达 75 m 左右。

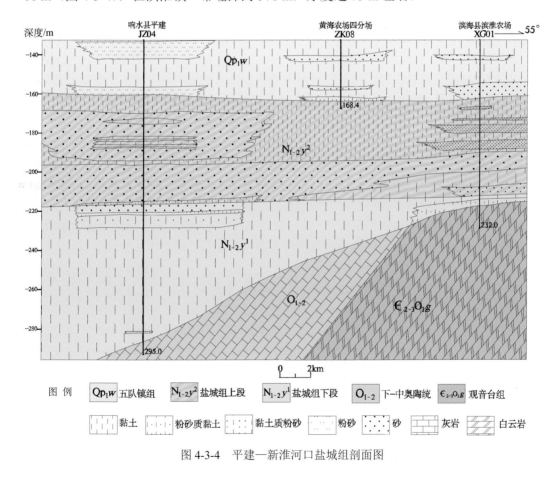

图 4-3-4　平建－新淮河口盐城组剖面图

上段（$N_{1-2}y^2$）：区域盐城组上段与盐城地区表现一致，由四个完整的粗－细的正韵律层构成。单个沉积旋回下部粗颗粒由灰白色、灰绿色、浅绿色、棕灰色、灰黄色砾质粗砂、中粗砂、粉细砂、黏土质粉砂组成，磨圆较好，以次圆状为主，分选较好－中等，结构比较松散，成分以石英为主，常见粒序层理、水平层理、平行层理，局部见斜层理，河流二元结构发育；砾石多为石英质，以次棱角状－次圆状为主，成因属河相；上部细颗粒由浅灰色、灰色、棕灰色、棕黄色、棕色、棕红色、灰绿色、淡绿色黏土、含粉砂黏土、粉砂质黏土组成，致密硬塑，具块状层理、水平层理，铁染条带或斑点、铁锰结核、钙质结核发育，局部富集，成因属湖相。

区域盐城组在上、下段之间可见沉积间断面，与下段相比，上段具有如下特点：①岩性普遍较粗，砂砾石更为发育。②分布更为广泛，超覆于区域整个下扬子地层区，即使在区域盐城组下段缺失的地带，上段仍然发育。③厚度更大，但仍是拗陷中心较厚，边缘或隆起地带较薄。如在区域原五队村一带，盐城组上段厚度约 70 m，新淮河口－平建一带厚 55 m 左右，至滨淮镇一带厚度可达 165 m。④普遍发育四个完整的沉积旋回，下段仅发育一至两个沉积旋回且不完整。⑤埋深稳定，一般在 160～220 m，自西向东有变深趋势。

据区域资料，盐城组孢粉组合中以被子植物为主，约占 92%，裸子植物仅占 7%，蕨类占 1%，木本植物以桦木科、山毛榉科为主，草本以菊科、禾本科为主，形成阔叶林-草原植被，属于北亚热带-暖温带气候。

区域盐城组从其岩性、岩相、孢粉组合等特征可与区域淮阴—响水断裂以北西的宿迁组进行对比，据《滨淮农场幅、盐城市幅 1 : 250000 区域地质调查报告》（江苏省地质调查研究院，2009b），其下段时代属中新世，上段属上新世。

3. 中生代—新生代新近纪岩相古地理概述

由于印支运动、燕山运动的影响，区内长期处于隆升状态，缺失三叠纪、侏罗纪及早白垩世地层。至晚白垩世早期，早期陆相盆地扩大，区内堆积了一套粗碎屑岩（浦口组），含钙质和石膏，反映古气候炎热。随后盆地缩小，缺失晚白垩世晚期至古近纪沉积。新近纪，区域处于沉降期，形成了河流相与湖泊相互层的沉积韵律（盐城组）。

4.4　岩　浆　岩

区域除东陬山及开山岛有基岩分布外，其他区域全为第四系覆盖，地表未见岩浆岩出露。在苏鲁超高压变质地体中有大量 100～150 Ma 的花岗岩侵入，并被由白垩纪－古近纪火山岩及碎屑岩组成的陆相盆地不整合覆盖，变质地体南部安峰山（区域外）有新近纪喷发的玄武岩。据前人资料，扬子地层区钻孔滨煤 2 号孔、滨煤 3 号孔、滨煤 9 号孔可见凝灰质角砾岩、玄武岩、辉绿岩等，属喜马拉雅期基性岩浆活动的产物（据《江苏省及上海市区域地质志》）。另外，区外古近纪地层阜宁组（E_1f）和戴南组（E_2d）在局部层位夹有玄武岩及其砾石层，如灌云县的 GK11 孔等。

此外，扬子地层区内可能存在中生代侏罗系上统（J_3）粗面岩、粗安岩、英安岩、凝灰岩、流纹岩、安山岩等火山岩（江苏省地质矿产局第二水文地质工程地质大队，1988b）。

4.5　变　质　岩

4.5.1　花果山岩组变质岩

花果山岩组分布于区域淮阴—响水断裂以北西的广大地区，其中地表仅东陬山有出露，面积约 0.7 km²，其他区为第四系覆盖。其变质岩组合主要由白云母石英片岩、钠长阳起石片岩、黑云钠长变粒岩、白云母钠长片麻岩组成。

1. 岩石学特征

区域花果山岩组主要变质岩岩石学特征见表 4-5-1。

表 4-5-1　区域花果山岩组主要变质岩岩石学特征

岩石名称	位置	岩石学特征		
		颜色	结构构造	矿物成分
白云母石英片岩	东陬山	灰白、浅灰、浅灰绿	片状粒状变晶结构，片状、条带状、似层状构造	白云母 10%～30%，片状，延长一般在 0.1～0.5 mm，呈条带状或揉皱状定向分布；石英 55%～85%，粒状，粒径一般在 0.05～0.3 mm，常呈镶嵌状集合体；钠长石 0～25%，有两种形态，一种呈微粒状与石英混生形成条带状或揉皱状集合体与白云母条带相间分布，另一种为变斑晶（粒径一般在 0.3～1 mm，常包含微粒状石英和绿帘石）；绿帘石 0～5%，微粒状，呈斑点状、斑块状集合体分布
白云母钠长石英片岩	灌云县圩丰镇 YQ01 孔	灰白色，含绿色调	片状粒状变晶结构，片状构造	白云母 20%～30%，片状，延长一般在 0.15～1 mm，呈条带状集合体定向分布；长石+石英 70%～80%，二者组成条带状集合体与白云母条带相间分布，其中长石为钠长石（含量>25%），主要为细小的粒状（粒径一般小于 0.05 mm），个别为变斑晶（粒径一般在 0.2～0.4 mm），石英为粒状，粒径一般在 0.05～0.15 mm
含榍石绿泥绿帘钠长阳起石片岩	灌南县田楼镇东盘村 JZ03 孔	灰色	粒状柱状变晶结构，片状构造	岩石主要由阳起石和钠长石组成，含少量绿泥石、榍石、绿帘石。阳起石主要为细小的长柱状、针状，与微粒状钠长石混生在一起，形成条带状集合体，定向分布；残留有较粗粒角闪石以及斜长石集合体，多呈透镜状定向分布；榍石被剪切破碎为拉长状，定向分布。绿帘石为不连续的条带，定向分布；绿泥石为角闪石的蚀变产物
含绿泥白云母石英片岩	灌云县四队镇腰南村 ZK12 孔	绿灰色	粒状片状变晶结构，片状构造	白云母>30%，片状，延长一般在 0.1～0.5 mm，部分可达 1 mm，有揉皱现象，与石英和长石集合体呈相间分布的条带，定向分布；绿泥石（黑云母）5%～10%，片状，延长一般小于 0.3 mm，常与白云母混生，定向分布，在绿泥石中可见黑云母残留体，可能是黑云母的蚀变产物；石英+长石<60%，以石英为主（>50%），长石为钠长石（<10%），粒状，粒径一般小于 0.15 mm，呈条带状集合体与白云母、绿泥石呈相间分布
风化蚀变含蛭石白云母石英片岩	连云港徐圩镇扁担河 ZK13 孔	土黄色，略松散	粒状片状变晶结构，片状构造	岩性基本同 ZK12 孔。石英和长石晶粒之间被少量铁泥质充填，同时在石英和长石集合体中有少量绿帘石分布；与白云母混生的黑云母转变为蛭石（在 ZK12 中蚀变为绿泥石）

岩石名称	位置	岩石学特征		
		颜色	结构构造	矿物成分
蚀变黑云钠长变粒岩	连云港徐圩镇 ZK14 孔	灰白色，显绿色调	片状粒状变晶结构，块状构造	黑云母 5%～10%，片状，延长一般小于 0.25 mm，由于强烈的风化蚀变已褪色，局部有绿泥石化；长石+石英 90%～95%，以石英为主，长石为钠长石，含量>30%，粒状，粒径一般小于 0.1 mm，个别钠长石粒径较粗大（0.2～0.5 mm），形成变斑晶
白云母钠长片麻岩	连云港徐圩区 ZK15 孔	灰白色	片状粒状变晶结构，片麻状构造	白云母 10%～20%，片状，延长一般在 0.1～0.5 mm，呈不连续的条带状，定向分布；长石+石英 80%～90%，长石为钠长石（含量>25%），主要为细小的粒状（粒径一般小于 0.05 mm），个别为变斑晶(粒径一般在 0.5～1 mm)，石英为粒状，粒径一般在 0.05～0.15 mm；含极微量的白云石，呈星点状分布

2. 变质建造及原岩建造

区域中新元古代花果山岩组为一套变粒岩-浅粒岩-片岩建造。据前人区域地质调查成果，其原岩恢复为火山岩或火山沉积岩，主要是石英角斑岩、钾石英角斑岩或其凝灰岩，其次为细碧岩、钾细碧岩或其凝灰岩，是一双峰式细碧角斑岩建造，它是裂谷火山活动的产物。

3. 变质作用

据连云港地区区调成果，区域花果山岩组变质岩石中存在着两期变质作用：一期是早期形成的广泛分布的区域低压低绿片岩相变质作用，属区域动力热流变质作用，以白云母、绿泥石、锰铝榴石出现为标志；另一期为后期叠加于其上的高压绿片岩相或蓝闪绿片岩相变质作用，属区域低温（局部中温）动力变质作用，分布局限，限于韧性剪切带内，以蓝闪石、蓝晶石、多硅白云母、黑硬绿泥石等出现为标志。变质时代为印支期。

4.5.2 周岗组变质岩

周岗组变质岩仅开山岛有少量出露，面积仅 0.013 km^2。主要岩性为变质石英杂砂岩、绢云母千枚岩、石英绢云母片岩、白云母石英片岩。

1. 岩石学特征

开山岛周岗组变质岩主要岩石学特征见表 4-5-2。

表 4-5-2　开山岛周岗组变质岩主要岩石的岩石学特征

岩石名称	岩石学特征
变质石英杂砂岩	灰—黑灰色，片状粒状变晶结构，变余砂状碎屑结构。岩石具有变质残留的砂状碎屑结构，主要由两部分组成：变质砂状碎屑（60%～70%）和变质杂基（30%～40%）。①变质砂状碎屑：粒径一般在 0.2～0.6 mm，成分为石英，变质重结晶，与杂基呈镶嵌-锯齿状接触关系。②变质杂基：全部变质重结晶为微粒状石英和少量片状白云母，呈镶嵌状集合体分布在变质的砂状碎屑之间

续表

岩石名称	岩石学特征
绢云母千枚岩	灰绿色，粒状鳞片变晶结构，千枚状构造。主要由绢云母组成，含少量石英。绢云母为显微鳞片状集合体，有明显的裙皱现象。石英呈粒状，粒径小于 0.05 mm，镶嵌状集合体，呈不连续的条带状和透镜状分布
石英绢云母片岩	绿灰色，片状粒状变晶结构，片理发育，见变余砂状碎屑。绢云母>30%，石英<70%。绢云母：鳞片状，部分结晶粗大者形成白云母，聚集成不连续的条带状、透镜状分布。石英：粒状集合体，锯齿粒状变晶结构，以粒径小于 0.2 mm 的为主，粒径>0.4～2 mm 的粗粒石英集合体，呈透镜状和不连续的条带状分布
白云母石英片岩	灰色，鳞片粒状变晶结构，见变余砂状碎屑，片状构造。白云母约 20%，石英约 80%。白云母：片状，延长一般小于 0.15 mm，聚集呈条带状，定向分布。石英：主要粒径小于 0.1 mm，有一定的拉长状，趋于定向分布。含有 25%左右的石英砂状碎屑的残留体，推测原岩可能是石英杂砂岩

2. 岩石化学特征及原岩恢复

开山岛主要岩石的岩石化学成分见表 4-5-3。

表 4-5-3　开山岛周岗组变质岩主要岩石的岩石化学成分表　　（单位：%）

岩石名称	Al_2O_3	CaO	TFe_2O_3	FeO	Fe_2O_3	K_2O	LOI	MgO	MnO	Na_2O	P_2O_5	SiO_2	SO_3	TiO_2
变质石英杂砂岩	3.48	0.86	2.66	0.35	2.27	1.08	1.09	0.44	0.007	0.16	0.56	89.3	0.16	0.16
绢云千枚岩	16.59	0.081	6.84	1.06	5.66	7.43	3.97	2.41	0.012	<0.05	1.24	60.23	0.034	0.93
变质石英杂砂岩	1.98	0.058	1.86	0.2	1.64	0.8	0.83	0.28	0.005	<0.05	0.66	93.24	0.026	0.1
变质石英杂砂岩	2.32	0.083	1.68	0.26	1.39	0.9	0.64	0.32	0.005	<0.05	0.34	93.48	0.043	0.087
石英绢云母片岩	12.54	0.046	6.19	0.82	5.28	5.68	2.7	1.9	0.008	<0.05	0.17	69.68	0.017	0.87
白云母石英片岩	3.01	0.042	2.7	0.4	2.26	1.39	0.68	0.42	0.005	<0.05	0.026	91.48	0.0086	0.15

变质石英杂砂岩：化学成分特征是富 SiO_2，较多的 Fe_2O_3，贫 CaO、FeO、K_2O，低 Na_2O。在（$Al_2O_3+TiO_2$）-（SiO_2+K_2O）-$\sum$ 其余组分图解（图 4-5-1）中落入石英砂岩、石英岩区，结合其岩石学特征，推测其原岩为石英杂砂岩。

白云母石英片岩：化学成分特征是富 SiO_2，较多的 K_2O、Fe_2O_3，贫 CaO、FeO、MgO，低 Na_2O。在（$Al_2O_3+TiO_2$）-（SiO_2+K_2O）-$\sum$ 其余组分图解（图 4-5-1）中落入石英砂岩、石英岩区，结合其岩石学特征，推测其原岩为石英杂砂岩。

石英绢云母片岩：化学成分特征是富 Al_2O_3、Fe_2O_3、K_2O，较多的 FeO、MgO、SiO_2，贫 CaO，低 Na_2O。在（$Al_2O_3+TiO_2$）-（SiO_2+K_2O）-$\sum$ 其余组分图解（图 4-5-1）中落入复矿物砂岩区，结合其岩石学特征，推测其原岩为含铁泥质粉砂岩或含铁泥质砂岩。

绢云千枚岩：化学成分特征是富 Al_2O_3、Fe_2O_3、K_2O，较多的 FeO、MgO，贫 SiO_2、CaO，低 Na_2O。在（$Al_2O_3+TiO_2$）-（SiO_2+K_2O）-$\sum$ 其余组分图解（图 4-5-1）中落入化学上弱分异的沉积物区中的复矿物粉砂岩区与化学上中等分异的黏土、寒带和温带气候的海相和陆相黏土区界线附近，结合其岩石学特征，推测其原岩为黏土岩或泥质粉砂岩。

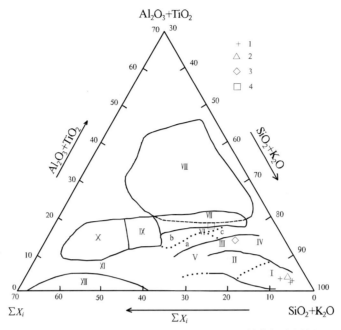

图 4-5-1 （$Al_2O_3+TiO_2$）-（SiO_2+K_2O）-$\sum$ 其余组分图解

Ⅰ—石英砂岩、石英岩区；Ⅱ—少矿物砂岩、石英岩质砂岩区；Ⅲ—复矿物砂岩区；Ⅳ—长石砂岩区；Ⅴ—钙质砂岩和含铁砂岩区；Ⅵ—化学上弱分异的沉积物区（a—主要为杂砂岩；b—主要为复矿物粉砂岩；c—泥质砂岩及寒带和温带气候的陆相黏土）；Ⅶ—化学上中等分异的黏土、寒带和温带气候的海相和陆相黏土区；Ⅷ—潮湿气候带化学上强分异的黏土区；Ⅸ—碳酸盐岩质黏土和含铁黏土区；Ⅹ—泥灰岩区；Ⅺ—硅质泥灰岩和含铁砂岩区；Ⅻ—含铁石英岩（碧玉铁质岩）区；1—变质石英杂砂岩；2—白云母石英片岩；3—石英绢云母片岩；4—绢云千枚岩

3. 变质作用

开山岛周岗组变质岩为一套千枚岩系，以泥质变质岩中出现绢云母或白云母为标志。宏观特征为岩层层理发育，片理、千枚理发育欠佳，片状矿物不明显。矿物共生组合及岩石组构特征见表 4-5-4。由于缺少变质矿物共生组合特征方面的资料，或者由于这套岩层中缺少变质基性岩，因此开山岛周岗组的变质岩组合变质相的性质尚不能确定，它可能相当于低绿片岩相的下部，也可能相当于葡萄石-绿纤石相或浊沸石相。

表 4-5-4 开山岛周岗组变质岩主要岩石矿物共生组合及组构特征表

岩石名称	变质矿物共生组合	组构
变质石英杂砂岩	绢云母+石英	鳞片粒状变晶结构，变余砂状碎屑结构，千枚状构造
绢云千枚岩	绢云母+石英	鳞片变晶结构，千枚状构造
石英绢云母片岩	绢云母+石英	片状粒状变晶结构，千枚状构造
白云母石英片岩	绢云母+石英	鳞片粒状变晶结构，变余砂状碎屑结构，片状构造

早震旦世早期，下扬子地区被海水淹没，沉积了数百米的碎屑岩。早震旦世末的澄江运动是一次升降运动，造成了上下地层间的平行不整合，并有变质作用，使下震旦统下部的周岗组变质为千枚岩，属区域低温动力变质作用，说明地台早期仍有一定的活动性。

第5章 基岩构造

5.1 大地构造分区及特征

区域大地构造位置横跨我国两个大地构造单元，地处苏鲁造山带和扬子板块接合部位，分区界线为淮阴—响水断裂（图 5-1-1），两个构造单元构造特征差异明显，地质演化历史不同。

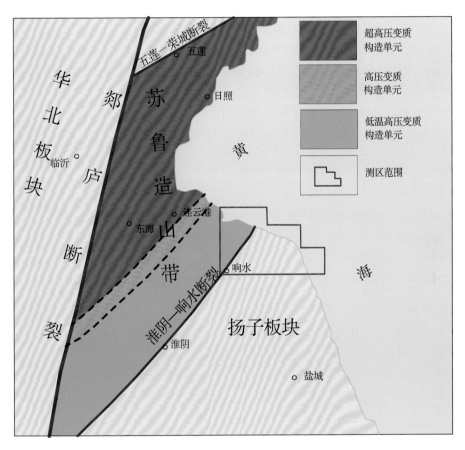

图 5-1-1 区域大地构造位置略图

5.1.1 苏鲁造山带

苏鲁造山带位于淮阴—响水断裂以北西，变质基底由上太古界—下元古界东海杂岩、中元古界锦屏岩群和中—新元古界云台岩群组成，在碰撞造山运动、超高压、高压变质变形中形成了极为复杂的韧性剪切构造。苏鲁造山带缺失寒武系—侏罗系沉积，说明苏鲁造山带是一个长期隆起剥蚀区,有可能从震旦纪至三叠纪均为古陆。中生代以来以岩浆侵入和块断作用为其特色。

苏鲁造山带由超高压变质带和高压变质带两个主要单元组成,并可进一步划分为次级构造岩片,其中高压变质带以刘志洲山—滥洪韧性剪切带、猴嘴—南城—韩山韧性剪切带、西陬山—杨集韧性剪切带为界划分为含磷岩系构造单元、竹岛岩组构造单元、花果山—大伊山构造单元及东陬山—杨集构造单元。区域淮阴—响水断裂以北西属云台岩群东陬山—杨集构造单元。

5.1.2　扬子板块

扬子板块位于淮阴—响水断裂以南东,褶皱基底为中—新元古界埠城岩群及张八岭岩群,与苏鲁造山带基底截然有别。沉积盖层由新元古代晚期至新生代地层组成,地层总厚度大于 7 km,各地层间为整合或平行不整合接触。

该区中生代以来的构造以印支期褶皱和燕山期以来的块断作用为主,构造线方向主要呈北东向(图 5-1-2)。印支运动是一次重要的造山运动,其使震旦纪以来的沉积地层全面褶皱。燕山期—喜马拉雅早期的拉伸运动对该区影响较大,形成了一系列大小规模不等的盆岭构造,大部分地区以断隆为主,局部以断陷为主。新构造运动期间,持续、缓慢、不均衡的沉降活动导致该区现今被数百米厚的新近纪与第四纪沉积物大面积覆盖。

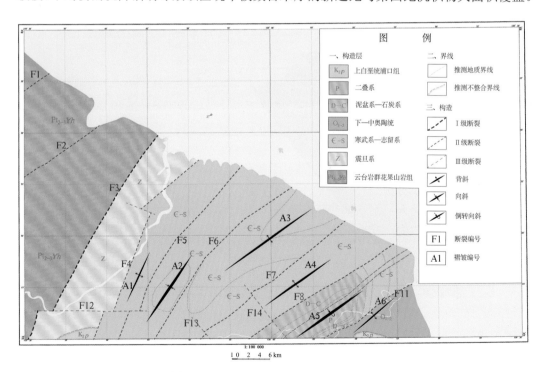

图 5-1-2　区域构造纲要图(剥去 Q+N)

5.2 韧性流变构造

5.2.1 面理与线理构造

云台岩群中常见面理构造类型有变余原生面理、片理、片麻理、折劈理；线理主要有因褶皱作用形成的 b 线理和韧性剪切作用形成的 a 线理两种形式，其中 b 线理较常见，而 a 线理仅见于韧性剪切带的局部地段。

1. 变余原生面理（S0）

副变质岩中原岩成分差异、岩性界面、粒级变化等经变质变形后仍能辨认，称为变余原生层理。区域云台岩群副变质岩中，在局部弱变形域内或多或少地保留了部分原生层状构造，主要为变余沉积层理、粒序层理（S0），为非透入性构造。

2. 片理（S1）

云台岩群中广泛发育片理，露头上以出现强烈片理化为特征，镜下观察为一种发育程度较高的流劈理，成分分异现象较为丰富，部分片理继承了原始层理，但一般较难区分。在云台岩群二长浅粒岩和含晶屑、含塑性岩屑浅粒岩中，主要通过长英质集合体条带、岩屑压扁拉长、晶屑旋转定向、细小长英质分泌脉形式表现出来，局部有云母富集。

3. 片麻理（S1）

片麻理以矿物集合体条带和片柱状矿物、残斑定向表现出来，是一种透入性面状构造，镜下定向强烈，具明显细粒化、强烈的构造分异（动态）重结晶条带者可称为糜棱片麻理。

4. 折劈理（S2）

云台岩群广泛发育折劈理，其是在片理（S1）或层理（S0）基础之上，因滑褶皱作用形成。局部形成透入性面状构造。具劈理域和微劈石结构，劈理域内矿物发生旋转，沿劈理域方向重新定向；而微劈石中早期片理的变形形态复杂多变，常见褶曲型、"S"型和膝折型，劈理域宽度大小不一，由数毫米至数厘米，露头上折劈理大都与微褶皱或小褶皱轴面平行，构成轴面面理。显微观察表明，微劈石主要由长英质矿物构成，含少量片、柱状矿物，S1 面理保存较完整，出现以 S1 面理为变形面的显微褶皱；而劈理域内以片、柱状矿物为主，常见旋转、压溶现象，出现铁质薄膜，或呈带状过渡，出现于褶曲折劈理内。劈理域较宽，片理弯曲，趋向于与 S2 平行。折劈理两侧 S1 有微小错动，倾向上有分叉和合并现象。

5. b 线理

b 线理有 L1 和 L2 两种：L1 以交面线理、褶皱式窗棂为常见，走向与片理方向一致，但后期破坏严重；L2 有褶纹线理、小褶皱枢纽、S1∧S2 交面线理、石英脉石香肠等构造形式，产状稳定，总体轴迹呈北东—北北东。

6. a 线理

a 线理为韧性剪切带中常见的构造形迹，主要类型有矿物拉伸线理、矿物集合体和岩块拉伸线理、剪切褶皱枢纽，总体走向 115°～145°，倾角 10°～35°，较稳定。

5.2.2　褶皱构造

苏鲁造山带中云台岩群变质褶皱作用受岩性影响，各岩石（层）内褶皱一般规模较小，并以剪切褶皱为主，总体上至少可分为三个世代。

第一世代：属片内褶皱，呈不连续钩状体或较连续的紧闭同斜尖顶褶皱，具多级组合，新生轴面 S1 面理，在变质地层内较为多见。早期石英脉呈平卧褶皱，其轴面与片理一致，也可归入此类褶皱，多以顺层平卧顶厚褶皱形式出现。

第二世代：斜歪—倒转或斜卧褶皱，以露头型为主，出现于变质地层中，部分叠加于第一世代褶皱之上，具相似褶皱特点，转折端增厚，两翼减薄。在云台岩群中，部分变形石英脉包络面可反映出第二世代褶皱变形特征。

第三世代：在第一世代和第二世代褶皱基础上形成的较具规模的斜歪褶皱（图 5-2-1）。

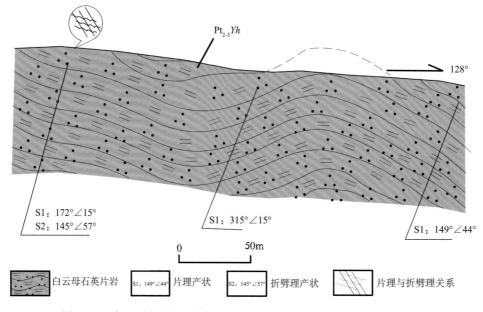

图 5-2-1　东陬山中段第三世代褶皱剖面示意图（东陬山实测剖面中部）

5.2.3　构造岩岩石特征

1. 变形矿物特征

在区内韧性变形岩石中，普遍存在矿物变形，不同矿物在同一变形条件下可发生不同性质的变形，研究矿物变形可反映变形条件，分析变形期次。区内主要变形矿物有钾长石、斜长石、石英和白云母。

钾长石：多构成眼球状、豆荚状残斑，内部常见裂纹，形成书斜构造，边部具亚颗粒。

斜长石：常为旋转碎斑系核心，可见脆性碎裂、双晶扭曲、书斜构造，边部亚颗粒发育，具有拖尾现象，构成核幔构造。重结晶颗粒为 0.01～0.15 mm，呈板条状、锯齿状边界，有波状消光，流动特征明显。

石英：也是常见的残斑矿物，波状消光普遍，亚颗粒发育并形成拖尾构造，基质中几乎全部为动态重结晶颗粒，粒度一般为 0.01～0.05 mm，以不规则状为主，部分呈板条状、锯齿状边界，构成石英"丝带"。

白云母：常形成云母鱼。

2. 显微构造

在云台岩群变形岩石中，显微构造较为发育，主要有旋转碎斑系、S-C 组构、机械双晶、条带状构造、亚晶粒、云母鱼、核幔构造、波状消光、压力影、扭折带。

旋转碎斑系：碎斑主要为原岩中能干性较强的矿物颗粒残斑和集合体，呈不规则状、透镜状，多形成旋转碎斑系；基质为颗粒较细的矿物和部分片柱状矿物，经历了粒间滑移和动态重结晶作用。在云台岩群中主要为晶屑和岩块，碎斑一般均发生旋转，两侧基质有流动变形，动态重结晶物质在拉伸方向形成楔形尾，构成不对称碎斑系，大小不等，几何形态有"σ"和"δ"型。镜下可见石英、钾长石及钠长石残斑，在部分钾长石残斑和部分钠长石残斑中晶间裂隙形成布丁构造、书斜构造、晶内张裂。

S-C 组构：S 面理是挤压叶理，C 面理是剪切面理，如果两种面理同时发育就构成了 S-C 组构。S 面理先形成，由矿物长轴定向排列构成，C 面理发育于 S 面理之后，切割改造了 S 面理，二者之间的锐夹角指示剪切方向。

机械双晶：由双晶滑移形成的双晶称为机械双晶。发育在晶内滑移系较少的矿物中，云台岩群中主要发育于斜长石中。

条带状构造：变形岩石中同种矿物集合体或单晶拉长定向排列构成条带状构造。云台岩群中常见石英与白云母的集合体条带。

亚晶粒：在变形矿物晶体内由恢复作用形成的一些结晶学方位与主晶有小角度偏转（<12°）的区域构成的多边形亚构造，称为亚晶粒。云台岩群中石英、斜长石亚晶粒较为常见。

云母鱼：大的云母片在变形过程中沿节理裂开或碎裂成几个小颗粒，然后发生滑动，形成拖尾状鱼形云母。

核幔构造：出现于斜长石和石英残斑中，残斑内亚颗粒发育，不均一消光，边界复杂多变，周围被细粒动态重结晶钠长石、石英包围，是残晶应力分解的产物。位错攀移形成晶内显微裂隙，在钾长石残斑边部有时可见碾磨作用边缘粒化形成的细小颗粒。

波状消光：大多数薄片中可见到钠长石、石英和部分云母的波状消光现象。

压力影：云台岩群构造岩中，部分长石、黄铁矿、石榴子石残斑构成压力影核心，压溶物质为方解石和石英。

扭折带：矿物晶体中的标志面（解理面、双晶面等）发生尖棱状弯曲的现象。经常出现在云母、斜长石、方解石、辉石等矿物中。

3. 糜棱岩

云台岩群糜棱岩大多为晶质塑性流变岩石，以糜棱岩系列为主，局部出现构造片岩，反映中-浅部构造变形相。

5.2.4　韧性剪切带

云台岩群变质岩由一系列顺层韧性剪切带和以剪切带为边界的弱变形域构成。弱变形域呈透镜状或不规则状，大小不一，50 m×500 m～1000 m×7000 m。剪切带内岩石变形强烈，主要由糜棱岩化岩石、糜棱岩、超糜棱岩、糜棱片岩构成。

区域上，整个云台岩群韧性剪切带的表现形式有两类：一类以交织状顺层韧性剪切为特征，发育于变质地层中，单条剪切带相对规模较小，沿走向尖灭、拐向或合并，伴生构造现象有眼球状构造、条带状构造、拔丝构造等，剪切褶皱发育，大多为第二期斜歪褶皱进一步变形拉断剪切形成。另一类是与挤压转换右旋剪切作用相关的剪切带，具线性特征，主要有猴嘴—南城—韩山韧性剪切带、西陬山—杨集韧性剪切带，分别以出现多硅白云母片岩和蓝晶石+黄玉变质矿物组合、构造片岩和蓝闪石+黑硬绿泥石变质矿物组合为特征。以这两条主要韧性剪切带可将云台岩群划分为竹岛岩组构造单元、花果山—大伊山构造单元及东陬山—杨集构造单元，反映存在变质温度递减的变质序列。区域内云台岩群属东陬山—杨集构造单元。

5.2.5　变形期次

据前人区域地质调查研究，云台岩群经历了不同层次的构造变形——早期晋宁期中深层次推覆剪切、水平平移剪切和水平推覆剪切及晚期印支期浅构造层次逆冲推覆剪切、开阔褶皱。

变质地层中主要变形可分为三期，第一期以层间变形尖棱褶皱为主，形成区域性 S1 面理，属透入性面理，形成于晋宁期。

第二期变形以斜歪褶皱为主，形成局部 S2 面理，主要形成于印支期。

第三期变形以高压低温退变质挤压转换右旋剪切为主，为主造山期构造变形产物，形成韧性剪切面理，总体倾向东、南东，拉伸线理指向南东，以出现多硅白云母为特征，在区域内表现为蓝闪石-黑硬绿泥石带，走向北北东向，属低温高压变质带。

5.3　褶　　皱

区域内褶皱构造较为发育，包括苏鲁造山带基底褶皱和扬子板块盖层褶皱。

区域苏鲁造山带基底褶皱发育于云台岩群中，主要表现为露头型及微型褶皱，详述见 5.2.2 节。

扬子板块盖层褶皱发育于区域扬子地层区中的古生代地层内，为印支—燕山早期的产物。褶皱轴大致平行，多向北东昂起、向南西倾伏，规模较大，轴向延伸数公里至数十公里。主要褶皱自西向东有小尖—陈家港背斜、小喜滩向斜、新淮河口背斜、康庄—新滩盐场背斜、滨淮倒转向斜、八滩南—大淤尖背斜（表 5-3-1）。

表 5-3-1 区域扬子板块盖层褶皱简表

代号	名称	类型	位置	期次
A1	小尖—陈家港背斜	背斜	响水县小尖镇—陈家港镇	印支—燕山早期
A2	小喜滩向斜	向斜	安宁庄—黄海农场	印支—燕山早期
A3	新淮河口背斜	背斜	新淮河口—平建乡	印支—燕山早期
A4	康庄—新滩盐场背斜	背斜	樊集乡—新滩盐场	印支—燕山早期
A5	滨淮倒转向斜	倒转向斜	滨淮镇一带	印支—燕山早期
A6	八滩南—大淤尖背斜	背斜	八滩南—小街南—大淤尖	印支—燕山早期

5.3.1 小尖—陈家港背斜（A1）

该背斜分布在区域响水县小尖镇—陈家港镇一带，长>20 km，宽 2～4 km，轴向 20°～30°。由物探资料推测，荷塘组组成其核部地层，该带基岩视密度与周围相比明显偏低（图 5-3-1），在布格重力异常剖面上表现为重力低值异常，推测异常由寒武纪碎屑岩引起。背斜两翼被北东向断裂（即黄庄—顾庄断裂和王集—潮河农场断裂）破坏（图 5-3-2）。

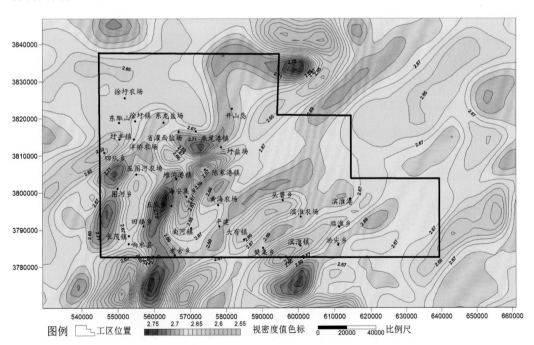

图 5-3-1 区域基岩视密度等值线图（底图村庄引自 2012 年数据）

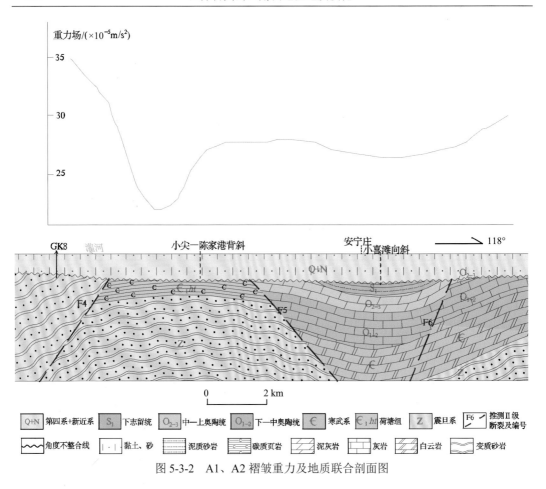

图 5-3-2　A1、A2 褶皱重力及地质联合剖面图

5.3.2　小喜滩向斜（A2）

该向斜分布在区域大有镇幅西部安宁庄—黄海农场一带，长>11 km，宽 2～4 km，轴向 35°。由物探资料推断，志留系组成其核部地层，在平面图上构成圈闭，在布格重力异常剖面图上表现为低缓的重力异常，基岩视密度略低于周围，两翼为奥陶系，基岩视密度、重力略高于核部（图 5-3-1 和图 5-3-2）。

5.3.3　新淮河口背斜（A3）

该背斜分布在区域中部新淮河口至平建乡一带，长>20 km，宽 2～9 km，轴向 55°。据钻孔揭露，核部地层由上寒武统观音台组组成（图 5-3-3），由物探资料推断，两翼为奥陶系，背斜向南西倾伏，向北东昂起，入海后可能为北西向断裂所断伏。

5.3.4　康庄—新滩盐场背斜（A4）

该背斜分布在区域大有镇幅东南部樊集乡至小街幅北部新滩盐场一带，长 42 km 左右，宽 7 km 左右，轴向 40°～55°，向南西端延伸至区域外。核部地层为大湾组，西翼受穆庄—新星断裂切割而不完整，东翼被界牌—滨淮农场断裂断伏（图 5-3-4）。

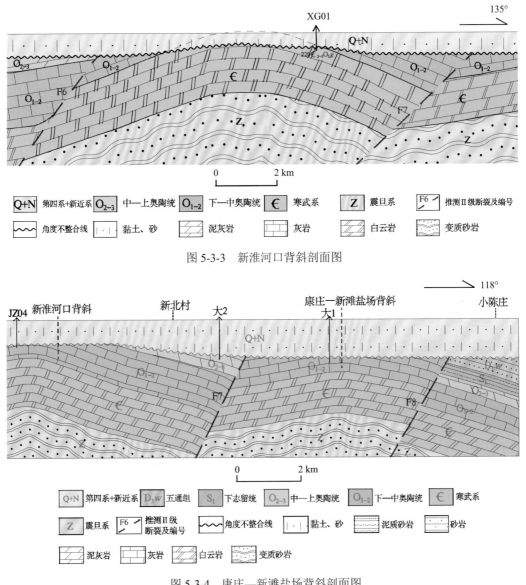

图 5-3-3　新淮河口背斜剖面图

图 5-3-4　康庄—新滩盐场背斜剖面图

5.3.5　滨淮倒转向斜（A5）

该向斜主要分布在区域小街幅滨淮镇一带，长 48 km 以上，宽 8 km 左右，向南东端延伸至区域外，核部地层为二叠系大隆组至龙潭组，两翼地层为二叠系孤峰组至志留系，轴面倾向为北西向，倾角约 50°，北西翼倒转（图 5-3-5 和图 5-3-6），轴向 35°～55°，北东端昂起，南西端倾伏。

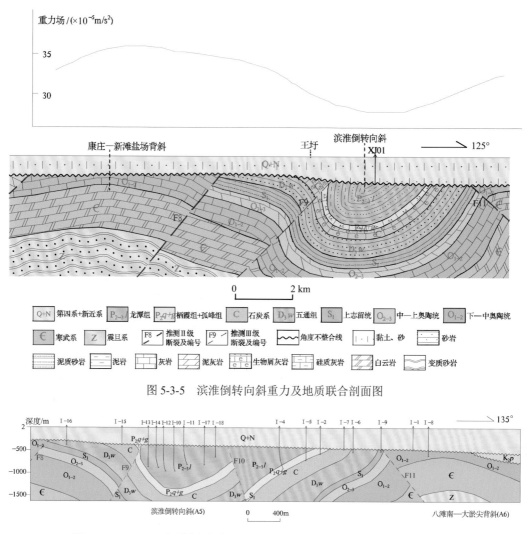

图 5-3-5　滨淮倒转向斜重力及地质联合剖面图

图 5-3-6　A5、A6 褶皱剖面图[据江苏省煤田地质勘探第三队（1978）修改]

5.3.6　八滩南—大淤尖背斜（A6）

该背斜分布在区域东南端八滩南—小街南—大淤尖一带，长 30 km，宽 4～5 km，轴向 50°，向南西端延伸至区域外。由奥陶系组成核部地层，北临滨淮倒转向斜，南邻邻区新港向斜（分布在邻区新港一带，核部地层为船山组，两翼为黄龙组至志留系），两翼被北东向断裂破坏，东翼局部为浦口组所覆。

5.4　脆性构造

5.4.1　断裂构造

该区大面积为松散层覆盖，区域构造形迹多为物探推断成果。区内断裂可分为北北东向—北东向、东西向、北西向三组，以北北东向—北东向为主（表 5-4-1）。断裂可分为四级：区域性断裂（Ⅰ级），为分区深大断裂，延伸达数百公里；北北东—北东向主干断裂（Ⅱ级），为区内主要断裂，控制了中新生代沉积盆地的形成与规模；次级断裂（Ⅲ级），规模不大，在区内表现为控制着地层分布或切割早期断裂；露头级断裂（Ⅳ级），不成规模，延伸仅数百米。

表 5-4-1　区域主要断裂一览表

断裂名称	编号	断裂级别	性质	走向	倾向	倾角	区内长度/km	期次和时代
伊芦山北断裂	F1	Ⅱ级	正断层	北东	北西	80°	5.6	燕山期末
伊芦山南断裂	F2	Ⅱ级	正断层	北东	南东	80°	16.7	燕山期末
淮阴—响水断裂	F3	Ⅰ级	正断层	35°～45°	南东	45°	43.7	印支—燕山早期
黄庄—顾庄断裂	F4	Ⅱ级	逆断层	20°	北西	50°	38	燕山晚期—喜马拉雅期
王集—潮河农场断裂	F5	Ⅱ级	正断层	20°～40°	南东	60°～70°	38	印支—燕山早期
赵庄—新建断裂	F6	Ⅱ级	正断层	30°～50°	北西		38	印支—燕山早期
穆庄—新星断裂	F7	Ⅱ级	正断层	北东	315°～325°	45°～90°	33	印支—燕山早期
界牌—滨淮农场断裂	F8	Ⅱ级	逆断层	北东	320°	40°～45°	31	印支—燕山早期
滨淮—红星断裂组	F9	Ⅲ级	逆断层	50°～55°	北西	60°	27	印支—燕山早期
	F10	Ⅲ级	逆断层	50°～55°	南东	60°	15	印支—燕山早期
八滩—小街断裂	F11	Ⅱ级	逆断层	60°	南东	55°	19	印支—燕山早期
大埝—官舍断裂	F12	Ⅲ级	右行平移正断层	东西			21	燕山晚期—喜马拉雅期
陡庄断裂	F13	Ⅲ级	左行平移	北西			5	燕山晚期—喜马拉雅期
八滩—临海断裂	F14	Ⅲ级	左行扭动	北西			12	燕山晚期—喜马拉雅期

1. 区域性断裂（Ⅰ）

淮阴—响水断裂（F3）为区内仅有的一条区域性断裂，前人推断该断裂自西向东由鲍集经龙集—淮阴—响水—沂河农场—燕尾港北侧，呈 3°～45°方向延伸入黄海，沿千里岩隆起南侧边缘断续向东北，可能伸至朝鲜海州—通川一线；自鲍集向南西延伸至皖北紫阳附近，与郯庐断裂斜接，区内长度达 43.7 km。布格重力图上，表现为明显的梯度带，断面向南东倾，倾角 20°～65°，具正断层性质，海域曾见压性构造现象，表明该断裂是多期活动断裂。在江苏响水至内蒙古满都拉地学大断面上，该断裂有明显反映，深部转而向北西倾，扬子板块俯冲于苏鲁造山带之下，切穿了地壳，是一条深大断裂。

江苏省地质矿产局地球物理化学探矿大队（1984）做的 1∶20 万重力资料布格重力异常图中，主要有淮阴、响水重力高值区，经燕尾港向海上延伸，为北东、南西向展布，有明显的重力梯级反映，与航磁梯度带相当吻合，局部重力高规律地沿断裂分布，可见淮阴—响水断裂在重力图上有较好的反映。

横穿苏鲁造山带的天然地震层析资料反映其为一条由高温低波速物质组成的低速

带，带宽 50 km，深 250 km，是一个超岩石圈断裂。

本次工作为查明区内淮阴—响水断裂（F3）展布情况与断裂发育特征，结合前人工作成果，在区内淮阴—响水断裂两端，布设 D3（断裂南西端）、D4（断裂北东端）两条地震勘查测线。地震勘查在两条测线上共发现四处断点异常，其中 D3 测线两处（f3-1 和 f3-2），D4 测线两处（f4-1 和 f4-2）。

D3 测线：f3-1 和 f3-2 两断点分别位于 D3 测线的 2333 m 处和 2654.5 m 处，两断点间距 321.5 m。地震时间剖面图（图 5-4-1）显示：两断点处基岩的反射波组均出现中断、错位，出现约 10 ms 的落差，推测为断裂引起。f3-1 断点视倾角 45°左右，两侧基岩面落差约 8 m，上断点深度约为 253 m，根据区域地质资料及基岩内部反射信号推断，该断裂为倾向南东的正断裂；f3-2 断点视倾角 45°左右，两侧基岩面落差约 8 m，上断点深度约为 255 m，根据区域地质资料及基岩内部反射信号推断，该断点为倾向南东的逆断裂。此两断点均影响了新近系上新统底部的沉积，推测其最明显的活动时间为新近纪上新世早期。

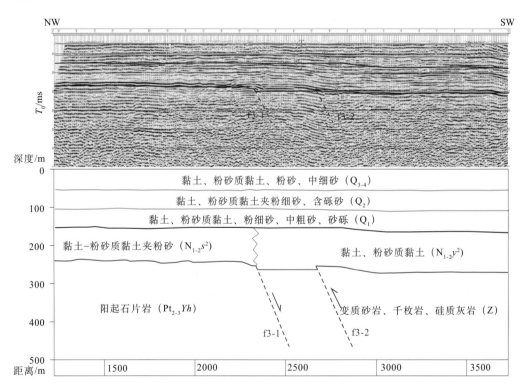

图 5-4-1　D3 测线 f3-1、f3-2 断点地震时间剖面及地质解释剖面图

D4 测线：f4-1、f4-2 两断点分别位于 D4 测线的 1385.5 m 处和 1612.5 m 处，两断点间距 227 m。地震时间剖面图（图 5-4-2）显示：f4-1 断点处基岩的反射波组均出现中断、错位，基岩反射信号出现约 10 ms 的落差，f4-2 断点处基岩的反射波组则出现波组减弱、消失的现象，推测为断裂引起。f4-2 断点视倾角 45°左右，两侧基岩面落差约 8 m，上断点深度约为 212 m，与 f3-2 类似，该断点也为一倾向南东的逆断裂。此两断点影响了新

近系上新统底部的沉积，推测其最明显的活动时间为新近纪上新世早期。

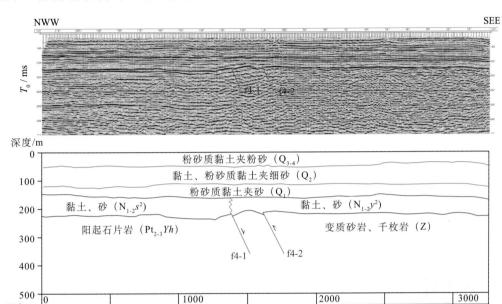

图 5-4-2　D4 测线 f4-1、f4-2 断点地震时间剖面及地质解释剖面图

本次地震勘查结果表明，淮阴—响水断裂在区域内可能为一北东向延伸的、带宽 220～320 m、近地表倾向南东、倾角 45°左右的断裂带。

区域上，该断裂构成扬子地层区北界，是扬子板块与苏鲁造山带的分界线。从钻孔揭露的岩石分布情况看，断裂以北地区新生代沉积物之下是云台群变质岩，而断裂带以南地区揭露的是白垩系浦口组沉积岩、二叠系—震旦系沉积岩等，所揭露的岩石基本没有发生变质（图 5-4-3）。在该断裂以北的杨集镇附近钻孔中曾发现过蓝闪石片岩，区域对比表明，蓝闪石片岩带构成扬子板块与苏鲁造山带间 B 型俯冲带，它的出现是云台扩张海槽消亡的标志。该断裂控制了两侧地层及构造的发育差异，新构造时期仍表现出一定的活动性，控制了两侧新生代地层的沉积厚度，钻孔揭示断层东南侧 Q+N 地层厚度是其西北侧的 2～3 倍，是新近纪活动断层。据江苏省地震监测中心，区域淮阴—响水断裂一带自 2013 年以来发生过多次 4 级以下地震，说明该断裂在第四纪仍有活动。

2. 北北东—北东向主干断裂（Ⅱ）

1）伊芦山北断裂（F1）

该断裂沿正界圩—四圩一线呈北东向展布，倾向北西，倾角约 80°，属正断层，区内长约 5.6 km。但上延 5 km 的重力资料已无断层反映，表明该断裂延深不大，新活动性不强。从钻孔和物探资料联合解释剖面上看，断裂仅存在于变质岩中，上覆第四系在断裂两侧无厚度变化，反映出该断层自第四纪以来没有明显的活动迹象。

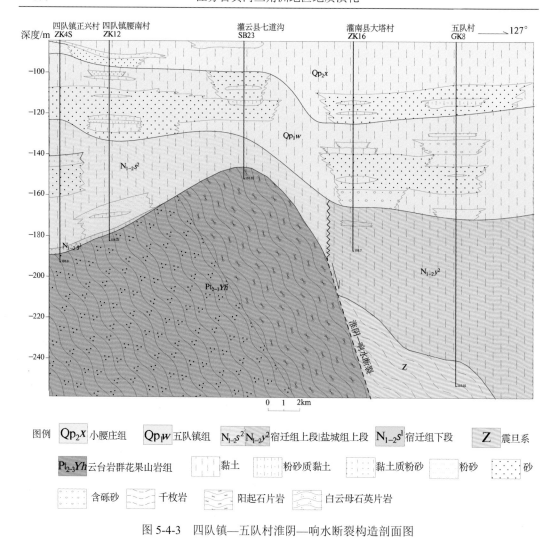

图 5-4-3　四队镇—五队村淮阴—响水断裂构造剖面图

2）伊芦山南断裂（F2）

该断裂沿杨五庄—圩丰呈北东向展布，倾向南东，倾角约 80°，属正断层，区内长约 16.7 km。根据区域地质资料，伊芦山北断层和伊芦山南断层形成于燕山运动末期，新近纪以来不具活动性。近期航磁资料表明沿该断裂处分布一条负磁异常带，间接反映了该断裂的存在。

本次地震勘查在该断裂中部（域内）位置布设 D5 地震勘查测线，发现 1 处断点异常（f5）。f5 断点位于 D5 测线的 3905 m 处，地震时间剖面图（图 5-4-4）显示：断点处基岩的反射波组均出现中断、错位，基岩反射信号出现约 15 ms 的落差，推测为断裂引起。断点视倾角 50°左右，两侧基岩面落差约 13 m，上断点深度约为 230 m，根据区域地质资料及基岩内部反射信号推断，该断裂为倾向南东的正断裂。此断点影响了新近系中新统底部的沉积，推测其最新活动时间为新近纪中新世早期。

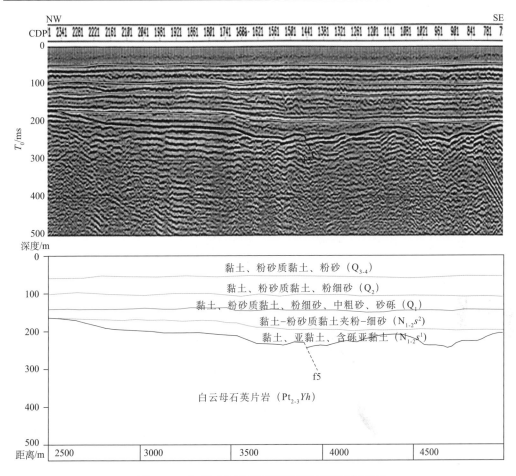

图 5-4-4 f5 断点地震时间剖面及地质解释剖面图

3）黄庄—顾庄断裂（F4）

该断裂位于黄庄、五队、周集、顾庄及唐集一线，总体走向 20°，倾向北西，倾角约 50°，区内长约 38 km，向南延伸至区外。断裂北段震旦系逆在寒武系之上；南段切割震旦系及白垩系上统浦口组至古近系渐新统三垛组。据前人 72-1 钻孔，孔深 289.5 m 处见奥陶系下统灰岩破碎成断层角砾岩，推测断距 1300～1500 m。断裂早期为压性，后期具张性，属燕山晚期至喜马拉雅期多期活动的断裂。

4）王集—潮河农场断裂（F5）

该断裂位于区域响水原种场—潮河农场—灌东盐场一带，走向 20°～40°，倾向南东，倾角 60°～70°，区内长约 38 km。断裂南东盘为奥陶系，北西盘为寒武系，为正断层。据本次重力工作，在重力数据水平方向 135°导数平面等值线图及垂向二次导数平面等值线图上可见明显的梯度带（图 5-4-5 和图 5-4-6）。

5）赵庄—新建断裂（F6）

该断裂位于区域赵庄—新建一带，据本次重力工作，在重力数据水平方向 135°导数平面等值线图及垂向二次导数平面等值线图上表现为一明显的梯度带，推测为一正断层。

走向 30°～50°，倾向北西，区内长约 38 km。北西盘地层为中奥陶统至志留系，重力略低；南东盘为奥陶系，重力稍高。

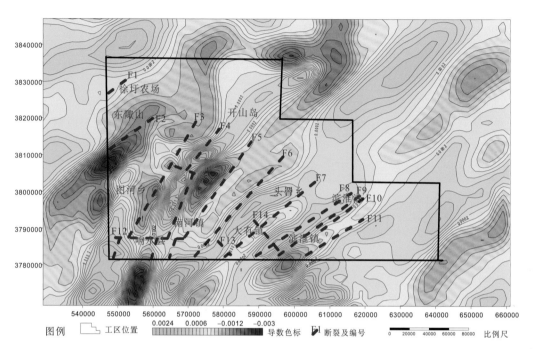

图 5-4-5　水平方向 135°导数平面等值线图

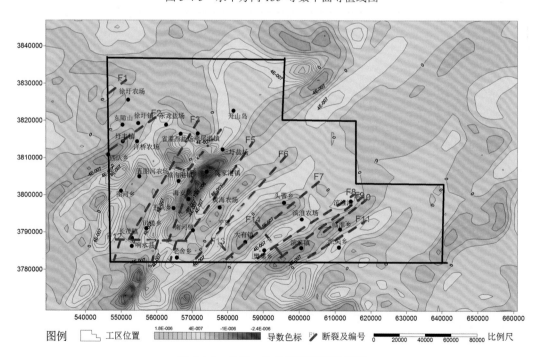

图 5-4-6　垂向二次导数平面等值线图

6）穆庄—新星断裂（F7）

该断裂位于大有镇—头罾乡一带，断面产状315°∠90°～325°∠45°，区内长约33 km。北东段切割奥陶系，南西段切割浦口组。大有镇北钻孔中325 m见奥陶系上统（断裂北侧），南侧钻孔349 m见奥陶系下统（断裂南侧），显示正断层，物探重力梯度上有明显反映。

7）界牌—滨淮农场断裂（F8）

该断裂位于梁港—滨淮农场，断面产状320°∠40°～45°，区内长约31 km。根据滨海煤田普查钻孔，推断为奥陶系与志留系之间的走向断裂。北段南东盘（下盘）为寒武系—泥盆系，北西盘为奥陶中、下统，逆盖在下盘志留系—泥盆系之上；南段切割奥陶系下、中统，再向南西被浦口组所覆盖。物探重力梯度上有明显反映。

本次地震勘查在该断裂位置布设 D1（西端）和 D2（东端）两条地震勘查测线，两条测线上共发现两处断点异常，其中 D1 测线一处（f1），D2 测线一处（f2）。

D1 测线：f1 断点位于 D1 测线的 4838.5 m 处，地震时间剖面图（图 5-4-7）显示：断点两侧的基岩反射波组中断、错位，断点两侧基岩反射波组出现 15 ms 左右的落差，推测为断裂引起，根据区域地质资料及基岩内部反射信号推断，该断裂为西倾逆断裂。f1 断点视倾角 60°左右，两侧基岩面落差 13 m 左右，上断点深度约为 315 m，断点东侧基岩面埋深都具有相对增大特征，可见 f1 断点影响了新近系中新统底部的沉积，推测其最新活动时间为新近纪中新世早期。

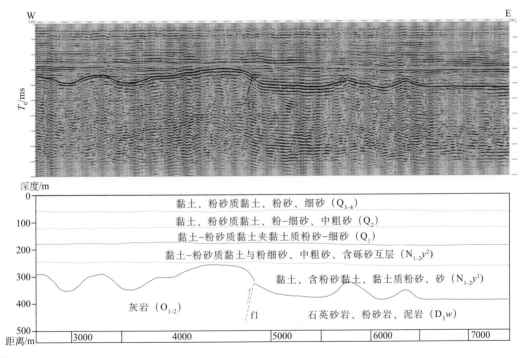

图 5-4-7　f1 断点地震时间剖面及地质解释剖面图

D2 测线： f2 断点位于 D2 测线的 1677.5 m 处，地震时间剖面图（图 5-4-8）显示：断点两侧的基岩反射波组中断、错位，断点两侧基岩反射波组出现 25 ms 的落差，推测为断裂引起，根据区域地质资料及基岩内部反射信号推断，该断裂为西倾逆断裂。f2 断点视倾角 50°左右，两侧基岩面落差 22 m 左右，上断点深度约为 252 m，断点东侧基岩面埋深都具有相对增大特征，可见 f2 断点影响了新近系中新统底部的沉积，推测其最新活动时间为新近纪中新世早期。

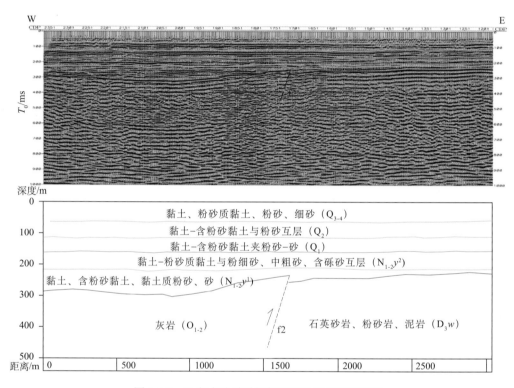

图 5-4-8　f2 断点地震时间剖面及地质解释剖面图

8）八滩—小街断裂（F11）

该断裂位于八滩—小街—大淤尖北一带，走向 60°，倾向南东，倾角约 55°，区内长约 19 km。据钻孔揭示，南东盘可见下—中奥陶统，北西盘见上古生界。据本次重力工作，该带有明显的梯级反映（图 5-4-5 和图 5-4-6）。

3. 次级断裂（Ⅲ）

1）滨淮—红星断裂组（F9、F10）

该断裂组分布在滨淮—红星一带，位于滨淮倒转向斜的北西翼，由断裂 F9 和 F10 组成，均为逆断层，走向 50°～55°，南西段切割上古生界，北东段切割下古生界。其中 F9 倾向北西，倾角 60°，区内长度约 27 km；F10 倾向南东，倾角 60°，长约 15 km。

2）大垱—官舍断裂（F12）

该断裂为东西向，与北东向断裂斜交，切割淮阴—响水断裂、黄庄—顾庄断裂、王集—潮河农场断裂，为燕山晚期至喜马拉雅早期断裂，具右行平移正断层性质。

　　3）陡庄断裂（F13）

　　该断裂为北西向，与北东向断裂垂直或斜交。该断裂切割北东向王集—潮河农场断裂、穆庄—新星断裂。

　　4）八滩—临海断裂（F14）

　　该断裂为北西向，与北东向断裂垂直或斜交，在物探资料上表现为切割异常轴线，形成晚于北东、北北东向断裂。该断裂切割北东向穆庄—新星断裂、界牌—滨淮农场断裂，断距不大，左行扭动。

　　4. 露头级断裂

　　露头级断裂仅见于东陬山山体，共发育四条，走向北北东—北东向（图 5-4-9），多见于负地形冲沟附近。它们继承了早期的韧性变形构造，与山体出露白云母石英片岩中折劈理产状一致。据连云港区域地质调查成果，属燕山期构造，第四纪以来不活动。

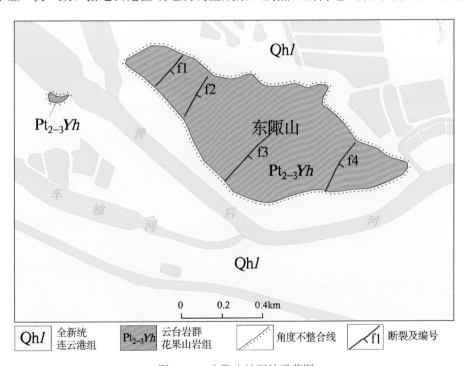

图 5-4-9　东陬山地区地质草图

　　f1：位于东陬山西北山脚，断面产状 137°∠34°，断面处见约 10 cm 宽断裂破碎带，两侧岩性均为白云母石英片岩（图 5-4-10），产状一致，为 140°∠20°。该断裂断距不明，延伸长度约 250 m，为压扭性断裂。

　　f2：位于东陬山东南山脚冲沟附近，断面产状 115°∠35°，为压扭性断裂，断面处见断层泥，高岭土化严重，局部褐铁矿化，南东盘略微高岭土化（图 5-4-11），易碎，可见牵引现象，走向延伸 200 余米。

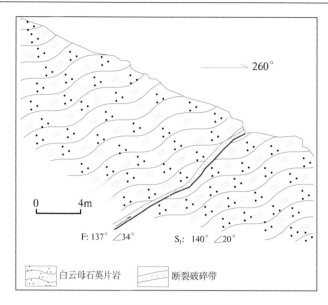

图 5-4-10　f1 断裂素描示意图

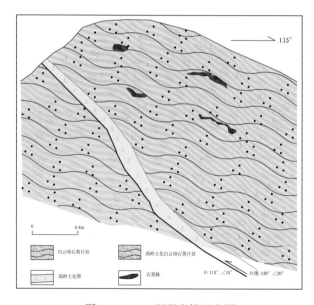

图 5-4-11　f2 断裂素描示意图

　　f3：位于东陬山南山脚，断面产状 135°∠35°，属张扭性，走向延伸约 300 m，断面处见下降泉。

　　f4：断层面产状 138°∠43°，属压扭性断层，两侧岩性均为白云母石英片岩，走向延伸 400 多米，断层面见宽约 20 cm 的轻微高岭土化带，较破碎，多见石英片岩角砾，上盘见褶皱牵引现象及石英脉，脉宽 3～5 cm，呈肠状，其包络面可反映牵引褶皱及云台岩群第二世代褶皱特征（图 5-4-12）。

图 5-4-12　f4 断裂

5.4.2　其他脆性构造

　　东陬山山体变质岩中常见的其他脆性构造为节理，总体上不甚发育，地表露头上仅见稀疏分布的剪节理和"X"形节理，反映应力场为北东—南西向挤压、北西—南东向拉张，与印支期后造山带拆沉所引起的区域性伸展构造应力场一致。在山体北东山脚下，见较密集的剪节理发育，带宽 0.4～1 m，密度约 15～20 条/m，走向北北东，倾向北北西，倾角陡立，沿该节理密集带形成易风化崩塌地段，山体北侧的海蚀陡崖地貌可能与此关系密切。

　　另外，开山岛岛屿内发育一组近东西向劈理裂隙，裂隙走向 75°～255°，倾向北北西，倾角 65°。裂隙内普遍充填有石英脉，脉宽 2～20 cm。在裂隙边缘可见明显垂直擦痕，表明区内岩层曾经历垂直升降作用，岛屿的形成也可能与该类作用有关。

5.5　新构造运动与区域稳定性

　　新构造运动是指新近纪以来的地壳活动。由于其与人类活动和国民经济建设有较密切的关系，了解和掌握它的活动规律具有重要意义。区域新构造运动表现形式主要为断块差异性运动、不均匀升降运动、古断裂的继承性活动和地震等。

　　区域差异性升降运动主要表现为陈家港—小街一带先升后降。而根据地震资料，区内重要断裂交会处是地震的集中分布区。区内主要的北东向、北北东向及北西向断裂与各次地震震中分布耦合较好，具有明显的规律性。但从整体区域稳定性来说，该区陆域新构造活动较弱，强度不大，基本属于稳定区。

　　区域新构造运动自上新世至第四纪大致有五个主要活动时期，描述如下。

　　（1）中新世—更新世早期：主要反映为基底断裂继承性活动及平原区中新世至更新世早期的沉积作用，主要地貌格架为北高南低。

（2）更新世中期中晚期：主要表现为平原区处于下降阶段，接受了少量海侵沉积物，同时断层也有发育。

（3）更新世晚期早期：主要表现为南部平原遭受沭阳海侵的影响。

（4）更新世晚期晚期：平原区遭受了泗洪海侵的广泛影响。

（5）全新世中期—晚期：表现为平原区大面积遭受海侵影响，地壳也处于持续缓慢上升的过程中。

5.5.1　新构造运动特征

1. 差异性升降运动

苏北地区差异性升降运动表现为丘陵山区的持续上升及平原区的持续不均匀沉降。据现代地形地貌分析，大体可以新沂—东海—赣榆为界分为两部分，西北部属丘陵山区，东南部为平原区。

西北部丘陵山区，新构造以大面积、间歇性抬升运动为特征。区内缺失新近纪沉积，零星见第四纪的残、坡积物或冲、洪积物。新生代沉积厚度一般在 0～200 m，且不同地区厚度有规律变化，如郯庐断裂带中有北薄南厚的现象，郯城码头一带新生界厚度为 30 m，向南到杨家集为 100 m，新沂市王楼 160 m，皂河约 200 m，反映断裂带南北垂直运动的差异性。此外，夷平面、阶地、深切河谷等普遍发育。北部丘陵山区一般均发育一至二级剥夷面和二至四级阶地。由高至低其形成时代由老至新，它们分别表示不同时期、不同地区新构造运动的期次及抬升的不同幅度。

东南部平原区以不均匀沉降为特征，总体呈现为西升东降的掀斜活动。

新近系及第四系的沉积厚度表现为西薄东厚，沉降中心东移。区域上洪泽凹陷只有 200 m 左右的 Q+N 沉积，高邮凹陷增厚至 1200 m。从苏北拗陷区各凹陷和凸起的古近系、新近系沉降幅度来看，区内的不均匀沉降具有明显继承性，又反映了新生性，即古近系沉降幅度大的凹陷，新近纪沉降幅度相应较大，同时沉降中心不断由西向东迁移。

从区域海岸线的变迁来看，上述从西往东的掀斜沉降作用在近代也一直在继续。连云港云台山地区四级海蚀阶地已被抬升至海拔 200 m，并可见到贝壳线；猴咀、锦屏、吴山、塔山一带均可见标高 60～80 m 的海蚀阶地，而岗山头—盘古岭一带海蚀阶地标高仅 20 m 左右。据史料记载，海州湾古海岸线位置大致在吴山—徐山—夹山一线，4000 年来岸线东移了至少 30 km。

上述情况表明，差异性升降运动是区内新构造运动表现比较强烈的运动之一，西北部以抬升为主，东南部则以沉降为主，且以由西向东的掀斜沉降为特征。

2. 断裂的继承性活动

淮阴—响水活动性断裂为扬子板块与苏鲁造山带的分界断裂，新近纪以来仍表现出明显的活动性。断裂控制了两侧新生界（N+Q）的沉积厚度，沿断裂有新近纪玄武岩喷溢。钻孔揭示，断裂东南侧新生界（N+Q）厚度为 200～700 m，北西侧仅 0～180 m。淮阴一带显示新近系与白垩系及震旦系之间为断层接触。本次浅层人工地震资料显示，断裂错断了新近纪上新世底部沉积。该断裂明显活动时代应为新近纪晚期。

3. 新生代岩浆活动

区域范围内古近纪和新近纪地层中存在较广泛的碱性玄武岩，表明新生代岩浆具活动性，为区域新构造活动的重要组成部分。

区域范围内新生代玄武岩喷发活动从古新世始，至上新世止，形成泰州组、阜宁组、戴南组、三垛组中多层玄武岩夹层。钻孔揭示及地表出露显示，区域上存在盱眙—东台东西向玄武岩喷发带，空间位置位于盱眙—东台东西向断陷带内，喷发中心在区域范围之外的高邮地区、东台地区，苏鲁造山带内在沭阳盆地中宿迁组地层中也见有分布，并在东海县平明山、安峰山形成碱性玄武岩残破火山口。目前，这些火山均未有任何活动显示，成为死火山。

4. 地震

1）地震强度、频度及时空分布

苏北地区有关地震最早的历史记载资料始于公元前 179 年，距今 2100 多年。从有记载到 1900 年开始有仪器记录，共发地震 580 余次，陆地地震最大震级为 1668 年发生于山东莒县的 8.5 级地震，破坏性强烈。1950～1982 年，据不完全统计（不包括海内），江苏省就有 3 级以上地震 39 次，2 级～6 级地震共发生 144 次。据已发生的大于 3 级地震的震中位置分析，它们较集中地分布在五个地区，即射阳—海安地区、洪泽湖地区、睢宁—灌云地区及区外的镇江—扬州地区、溧阳地区。结合重力异常图进一步研究可以看到，上述地震震中的构造位置均位于凹陷与隆起的边缘、主要断裂及其交会处。

根据历年地震统计，区内地震活动较少，近年来未发生过 5 级以上的地震，在区域淮阴—响水断裂附近发生过三次地震，震级 2～4 级（图 5-5-1）。区内地震活动特征是强度、频率低，主要地震影响来自周边，特别是西侧郯庐断裂带。

2）震源机制的现代构造应力场

地震活动是地壳运动的一种剧烈形式，全新世以来的现代地壳运动，对地震孕育和发生有直接的关系。从该区活动性断裂性质和分布、地震活动特点及由震源机制求得的震源应力场分析，该区现代构造应力场近乎东西向，其主压应力轴为北东东—南西西和南东东—北西西。该区所属的下扬子地块呈北东—北东东向展布，次级的新生代断陷盆地和拗陷、隆起的展布大致也是北东—北东东走向。从断裂系统尤其是活动断裂的性质看，区域近期近东西走向的断裂多属于张性断裂，这主要是在主压应力轴近乎东西向的构造应力场下形成的。根据江苏地区五次 4 级以上地震 P 波初动求解震源机制，其中四次主压应力轴方向为 NE60°～85°，一次为 SE76°，与郯庐断裂带震源机制求得主压应力轴方向一致，表明该区地震活动与郯庐断裂活动关系密切。

5. 新构造运动对区域稳定性影响

地震是该区新构造运动的主要形式，按历史地震的破坏程度，区域基本烈度为六度区。据《工业与民用建筑抗震设计规范》（TJ 11—78），对基本烈度为六度的地区，工业

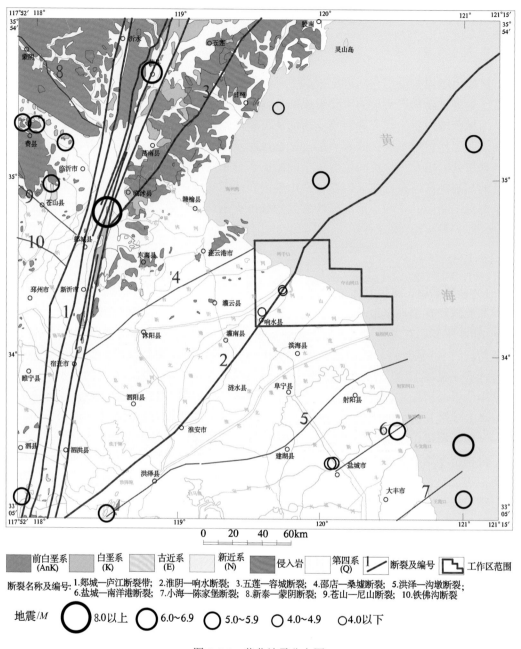

图 5-5-1　苏北地震分布图

与民用建筑物一般不加抗震措施，即可以不设防。鉴于邻近区域东侧海域及西侧郯庐断裂带是高烈度地震频发与密集区，其地震对沿海地区有显著影响，特别是发生大震可能引起海啸威胁，是沿海经济建设必须考虑的问题。

5.5.2 新构造分区及特征

区域以淮阴—响水断裂为界分为苏鲁造山带和扬子板块下扬子地块苏北拗陷盆地两个大的构造单元。下扬子地块苏北拗陷盆地又可分为四个次一级的构造单元：滨海隆起、盐阜拗陷、建湖隆起、金湖—大丰拗陷（图 5-5-2）。

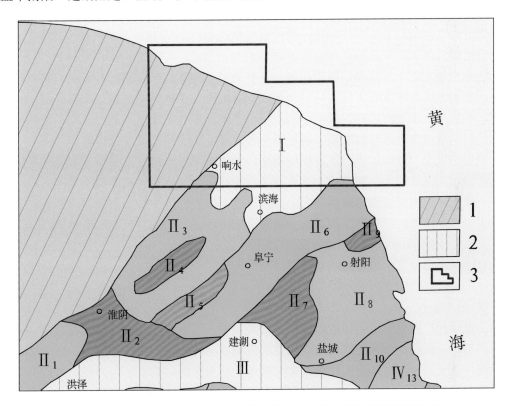

图 5-5-2　区域及邻区新构造区划略图（据《江苏省及上海市区域地质志》）

1—隆起区；2—隆起；3—区域范围

I—滨海隆起；II—洪泽湖—盐城拗陷；II$_2$—淮阴凸起；II$_3$—涟水凹陷；II$_4$—涟水—大东凸起；II$_5$—板湖凸起；II$_6$—阜宁凹陷；II$_7$—西吉庄凸起；II$_8$—盐城凹陷；II$_9$—临海凸起；II$_{10}$—圩中凸起；III—建湖隆起；IV—金湖-东台拗陷；IV$_{13}$—大丰凹陷

1. 苏鲁造山带

苏鲁造山带位于郯庐断裂带以东，五莲—荣城断裂以南，淮阴—响水断裂以北，是该区隆起幅度最大的地区，出露的地层岩石以造山带根部岩石为特征，主要有新太古—古元古界变质杂岩系，缺失古生代沉积，仅局部沉积有中新生代地层，据推测其剥蚀深度可能达 6000 m 以上。自晋宁运动后，该区就处于长期稳定折返剥蚀状态，缺失古生代沉积；印支运动以来，由于造山带山根拆沉作用、新莫霍面形成的壳幔相互作用，地幔热流上涌，造成造山带大规模快速折返抬升，这一隆起剥蚀过程一直延续至今，隆起区内被保留的中新生代地层不多，仅在一些断陷盆地内有较厚的火山碎屑-复陆屑沉积。

新近纪以来，受地壳差异性沉降影响，区域东陬山地区继续遭受隆升剥蚀夷平作用，其周围地区开始沉降，形成了一套具多旋回的以河湖相为主间夹多次海侵的碎屑沉积。

2. 下扬子板块苏北拗陷盆地

下扬子板块苏北拗陷盆地位于该区东南部，在淮阴—响水断裂以南，是在印支—燕山期褶皱基础上发展而成的陆相沉积盆地，至迟在晚白垩世就开始普遍接受沉积，古近纪、新近纪是盆地的主要沉积时期，最大厚度超过 6000 m。盆地基底结构虽比较复杂，但基底褶皱方向主要是北东向和近东西向。

它是由南北两个次级拗陷即洪泽湖—盐城拗陷（俗称盐阜拗陷）与金湖—大丰拗陷和相间的两个隆起即滨海隆起与建湖隆起四部分组成。在拗陷中又有一系列凸起、凹陷相间，多数呈北东方向排列。拗陷中沉积了白垩纪至新近纪地层，燕山末期、喜马拉雅运动的影响造成古近系与白垩系、新近系与古近系之间的平行不整合接触。

新近纪以来，地壳差异性沉降幅度减弱，盆地范围不断扩大，受西升东降差异性升降活动影响，沉降中心不断东移。盆地边缘沉积物多为河流相二元结构的粗碎屑岩，盆地中心则以河湖相泥砂质细碎屑岩为主，区内最大厚度可达 700 m。沉积同时有间歇性基性火山喷发。第四纪时期地壳运动主要表现为由西向东的掀斜沉降，区内第四纪沉积厚度一般为 100～200 m，东部最厚超过 250 m。

该区域大部分位于苏北拗陷盆地北部的滨海隆起分区，局部位于洪泽湖—盐城拗陷分区。

1）滨海隆起（Ⅰ）

滨海隆起广泛发育于隐伏的震旦系至三叠系中，其中滨海地区揭示较好，由一系列北东向褶皱、断裂及配套的横张或张扭性断裂组成的滨海断褶带，在印支—燕山早期褶皱隆起，遭受剥蚀，直到新生代晚期才被覆盖。北与淮阴—响水断裂为界，南被阜宁凹陷、西南被涟水凹陷重叠复合。区内滨海隆起所占面积较大，将近 1700 km²，广泛分布在区域的中、东部，均为第四系覆盖，物探、钻探资料证实为东西向展布的隐伏隆起，物探重力图上显示正异常，主要由古生代地层组成。

2）洪泽湖—盐城拗陷（Ⅱ）

洪泽湖—盐城拗陷在区域上位于淮阴—响水断裂以南的洪泽湖—盐城一带，总体走向北东向，面积达 3000 km² 以上，重力表现为一极明显的 45° 方向的负异常条带。

区域内仅发育涟水凹陷（Ⅱ₃）和阜宁凹陷（Ⅱ₆），分别位于区域西南角及东南角，属同沉积断陷盆地，面积分别为 10.5 km² 和 4.9 km²。最大沉积厚度达 700 m 以上，发育晚白垩世浦口组、新近纪中新世晚期至上新世盐城组，缺失古近系。

5.5.3 基岩面特征

区域除东陬山、海域开山岛有少量基岩出露外，其余均被新近系和第四系覆盖，而被覆盖的基岩面并非像地表那样平坦规整。新近纪之前，区内山川湖泊发育，地形起伏不平，总体表现为西高东低，差异较大。经过 1800 万年的地质演化历程，才形成现今的广阔平原。区域基岩面起伏特征直观反映了新近系底板埋深。

1. 基岩地层分布特征

区内基岩地层从中新元古代到中生代均有分布，各地层分布面积差异很大（图 5-5-3）。区域西北侧（苏鲁造山带）为大面积的云台岩群花果山岩组，面积约 617 km²。

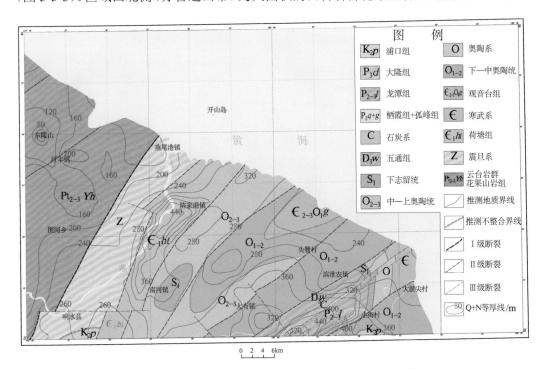

图 5-5-3　区域基岩地质图及 Q+N 等厚线图

下扬子苏北盆地基岩地层较为复杂，隆起区、拗陷区地层分布各不相同。滨海隆起基岩地层从震旦系—二叠系均有分布，其中以奥陶系分布最广，分布在区域中、东部，面积约 865 km²。震旦系分布在滨海隆起西端响水县—开山岛一带，呈北东向条带状，面积约 326 km²。寒武系主要分布在小尖—陈家港、新淮河口、大淤尖北等地区，面积约 320 km²。志留系主要分布在安宁庄、滨淮倒转向斜北，呈北东向孤岛状、近南北向条带状分布，面积约 48 km²。晚古生代各地层仅分布在滨淮镇一带，其中泥盆系五通组、石炭系、中二叠统栖霞组+孤峰组组成翼部，面积分别为 61.0 km²、24.7 km²、5.5 km²；二叠系龙潭组、大隆组组成核部，面积分别为 36.8 km²、0.91 km²。洪泽湖—盐城拗陷以白垩纪浦口组为主，面积约 15.3 km²，分布在区域的西南角及东南角。

2. 基岩面起伏特征及其控制因素

基岩面的总体特征是西高东低（图 5-5-4 和图 5-5-5），区内基岩露头面积极少，仅东陬山、开山岛有出露，总出露面积约 1.76 km²。东陬山海拔最高，为 86.4 m。淮阴—响水断裂以西，基岩面埋深一般小于 200 m，东陬山地区等深线密集，基岩面起伏明显，斜坡坡度较大；东陬山周边地区等深线较稀疏，反映基岩面相对比较平坦。淮阴—响水断裂以南，基岩面埋深一般在 200～400 m，最深达 500 多 m，等深线相对较密集，反映基岩面起伏较明显。

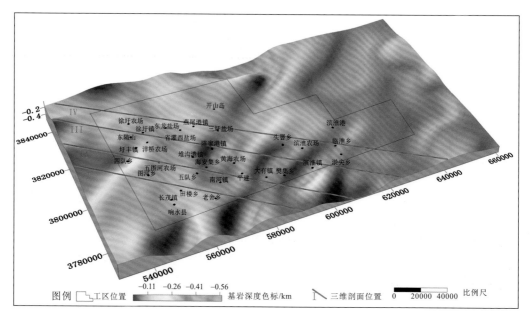

图 5-5-4　基岩面起伏三维示意图（底图年份为 2012 年）

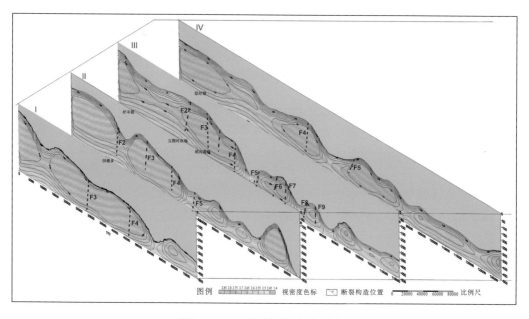

图 5-5-5　基岩面起伏剖面示意图

　　基岩起伏面并不代表某一时期的原始地貌，它由地质历史进程中剥蚀夷平作用、构造作用、沉积作用共同产生。剥蚀夷平和构造抬升联合作用是隆起区基岩面形成的主要因素。区域古近纪以构造抬升剥蚀夷平为主，基岩面西高东低，新近纪以来新构造运动及其所控制的沉积作用使基岩埋藏。此外，东部盆地下降相对较快，受拖拽影响使基岩面略向南东倾斜。

3. 基岩起伏对地面稳定性的影响

该区松散层厚度较大，大部分基岩面埋藏较深，一般在 160～400 m，西部埋深相对较浅，一般不超过 200 m。东陬山附近有基岩出露，周围覆盖区基岩面起伏较大且埋藏浅，在地下水开发过程中应防止地裂缝等地质灾害的发生。其他地区虽然基岩面起伏较大，但由于基岩面埋深较大，目前开采的地下水深度都在 300 m 以浅，除产生地面沉降外，一般不会发生地裂缝。

5.5.4 地壳稳定性分析

新构造运动、基岩面起伏及地表松散地层厚度等是影响地壳及其表层区域稳定性的重要因素。

区域及区域新构造运动在新近纪—早更新世主要是继承燕山晚期和喜山早期的断块活动，造成了现今的地貌景观。中更新世早期，块断运动减弱。中更新世晚期以来，表现为大面积整体升降运动。全新世以来，尤其是距今 7000 年左右以来，以大面积整体上升为主。

在新近纪—早更新世，区域内部块断差异活动比较明显，东陬山一带表现为上升，沉积活动主要分布于东陬山以南东。在中更新世早期，内部差异活动仍有表现，但已减弱，海侵范围有所扩大；中更新世晚期以来，块断差异活动为更大范围的差异升降运

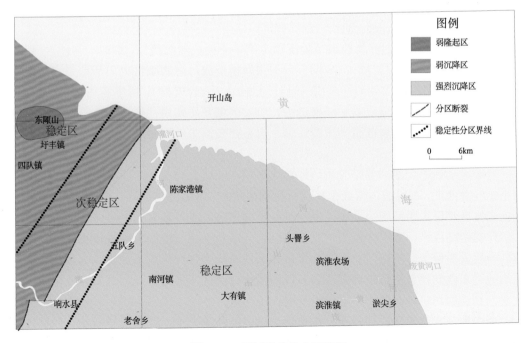

图 5-5-6 区域稳定性分区略图

动所代替，海侵范围进一步扩大；晚更新世海侵至淮阴—响水断裂以南；全新世早期淮阴海侵仍然较具规模；全新世中期以来，全区表现为上升，全区海岸线整体后退，但差异升降速率不大，平均估算约为 1.19 mm/a。

从整体区域稳定性来说，陆域新构造活动较弱，强度不大，基本属于稳定区。仅在淮阴—响水断裂区域发生过数次 4 级以下地震，属次稳定区。根据区内主要北东向断裂、新生代沉积地层分布分析，苏鲁造山带东陬山一带为弱隆起区，其周围为弱沉降区，扬子板块苏北盆地为强烈沉降区（图 5-5-6）。

5.6　地质发展史

区域位于江苏省东北部，处于苏鲁造山带和扬子陆块接合部位。以淮阴—响水断裂为界，西北部为苏鲁造山带，东南部为扬子板块下扬子地块的东北缘。两者具不同的地质发展史。

5.6.1　苏鲁造山带

该区处于华北板块与扬子板块之间，分布有新太古代—古元古代变质混杂堆积体、花岗质片麻岩、榴辉岩、麻粒岩，发育有韧性剪切带，多期岩浆活动、变质作用、构造作用叠加。该区在中生代之前以碰撞造山运动、超高压、高压变质、变形作用为自身独特地质构造发展史，中生代之后则以岩浆侵入和块断作用为特色。

新太古代—古元古代，在华北地块的强力推动下，苏胶地块向南俯冲与扬子地块第一次碰撞（大别运动），苏鲁造山带地壳厚度急剧加大，产生区域性的高温、高压、超高压变质作用、岩浆熔融作用。

中—新元古代，早期苏鲁造山带处于稳定的华北板块陆源环境，形成一套砂岩-碳酸盐岩-磷灰岩沉积（锦屏岩群）；晚期云台扩张海槽形成，海底酸性火山活动强烈，形成该区分布广泛、厚度巨大的酸性火山-碎屑沉积建造（云台岩群）。晋宁运动（约 800 Ma）使扬子板块向北俯冲，再次发生碰撞造山，引发区域变质作用，形成蓝晶石、黄玉中温高压变质带和蓝闪石片岩低温高压变质带，岩石在高温条件下普遍发生塑性晶质流变，形成 S1 面理。

晋宁运动后，大别—苏胶变质地体地块形成，区域上局部存在断陷沉积（石桥组）。加里东—海西期，苏鲁造山带处于稳定折返剥蚀状态，以中浅构造层次的韧性变形为主。区内未发现足以说明问题的直接证据，可能是沉积缺失或者是有关地质体被彻底剥蚀。

印支运动以来，太平洋板块扩张使该区岩浆活动强烈，造山带大规模折返抬升，中酸性岩浆大量侵入；构造活动以逆冲推覆和张性断陷为主，形成了淮阴—响水断裂，区域形成近东西向褶皱构造带。变质岩石以中浅构造层次变形为主，局部发育北东向、北北东向韧性剪切带等，变质作用以退变质作用为主。

燕山期，岩浆活动仍很强烈；构造活动以脆性断裂为主，在继承早期北东向韧性剪切带的基础上，发育形成了北东向主干断裂。

喜山期，环太平洋构造带的影响使该区构造活动以块断作用为主，地壳活动以不均匀升降运动为主，区内大部分地区（东陬山地区除外）接受新生代沉积，多为近源河湖相和海相沉积。少数断裂（淮阴—响水断裂）仍有活动，控制着新构造运动的发生、发展。

5.6.2　扬子板块

该区位于淮阴—响水断裂南侧，根据地质构造事件的演化过程及其不同的特点分析，扬子板块经历了晋宁、桐湾、加里东、海西、印支、燕山、喜马拉雅七个构造旋回。

1. 基底形成阶段（前震旦纪）

区外镇江埤城、孟河地区钻孔中所见的前震旦系（埤城群）浅变质岩以变粒岩、浅粒岩、绿片岩、斜长片岩为主，其原岩部分可能为火山岩，同位素年龄为（1771±5.21）Ma，是所发现的最古老岩系之一，认为是一套海相或岛弧型沉积-火山喷发岩岩组，反映当时该区基底是大陆边缘岛弧环境。

晋宁运动使其褶皱隆起，沉积物固结，形成扬子板块变质基底。

2. 盖层沉积阶段（震旦纪—三叠纪）

晋宁运动后，该区进入盖层沉积阶段。此阶段的各地层为平行不整合-整合接触，反映出区域构造以升降运动为主，主要表现为隆起或沉降（拗陷）的总体格局；岩浆活动极为微弱，经历了反复的海侵、海退。该阶段可分为四个旋回：桐湾旋回、加里东旋回、海西旋回、印支旋回。

（1）震旦纪（桐湾旋回）：沉积了周岗组至灯影组，为陆架碎屑岩-局限碳酸盐岩台地沉积。

早震旦世初期，海水广泛海侵，形成下扬子海。早震旦世至晚震旦世早期初，沉积了一套厚度大于 100 m 的滨海-浅海陆架相碎屑岩（包括周岗组、苏家湾组、黄墟组下段）。晚震旦世早期末至晚震旦世晚期，沉积了一套厚 800 多米的碳酸盐岩（黄墟组上段）、镁质碳酸盐岩（灯影组），为碳酸盐岩台地沉积环境。末期受桐湾运动整体上升作用影响，沉积海盆隆升遭受剥蚀，并造成震旦纪与寒武纪间的沉积间断。

（2）早古生代（加里东旋回）：沉积了荷塘组至茅山组，为一套海侵海退的沉积建造。

寒武纪由于地壳的缓慢下降，海水入侵，主要是以镁质碳酸盐岩为主的一套沉积。

奥陶纪继承了寒武纪的海域范围连续沉积，由于海水逐渐淡化，镁质成分显著减少，沉积物也逐渐过渡为钙质碳酸盐岩类。晚奥陶世末至早志留世初期，海水下沉，沉积物以半深海含笔石细碎屑岩建造为特征，其后总体表现为海退过程，沉积物以浅海-滨海相碎屑岩系为主。之后由于加里东运动的影响，地壳上升，海水退出，该区总体隆升为陆，缺失中志留世至中泥盆世的沉积。

（3）晚古生代（海西旋回）：沉积了五通组至大隆组，为滨、浅海相碳酸盐岩和海陆交互相碎屑岩建造，组成多个海进-海退旋回。

晚泥盆世—早石炭世，该区地壳下降，接受碎屑岩沉积，气候渐趋温湿，植物及鱼类有所发展。晚石炭世—早二叠世早期，海侵加强，演化为开阔碳酸盐岩台地沉积，蜓、珊瑚、腕足类等生物大量出现。早二叠世晚期，该区短暂上隆，导致船山组与栖霞组间平行不整合。中二叠世早期，海水再次入侵，形成一套碳酸盐岩。中二叠世中期为海湾相硅质岩沉积夹滨、浅海碳酸盐岩。中二叠世晚期—晚二叠世早期，为区内重要的成煤期，沉积了一套海陆交互相含煤碎屑岩系。晚二叠世晚期，由于地壳缓缓下沉，沉积了一套海湾相的硅质泥岩。二叠纪末的海西运动导致该区上升，沉积结束。

（4）三叠纪（印支旋回）：区内未有沉积。

该区受印支运动影响，沉积格局发生明显变化，至晚三叠世，地壳强烈褶皱上隆并遭受剥蚀。印支运动是一次强烈的构造运动，结束了板块稳定发展及以海洋为主的地质演化历史，由海洋演变为大陆环境。

3. 大陆边缘活动带阶段（侏罗纪—第四纪）

三叠纪末期的印支运动是一次重要的区域性构造事件，诸多陆块汇聚，受古太平洋俯冲影响，扬子板块与华北板块碰撞、会聚，并向苏鲁造山带深部俯冲，上述三大构造单元合并为一个统一陆块，使该区结束了扬子准地台的历史，进入地史发展新阶段——滨太平洋大陆边缘活动带阶段。该阶段以大陆边缘活动带的断裂断块构造运动、大陆型地形地貌、大陆型气候条件、生物构成、大陆型沉积作用和岩浆活动为特征，可分为两个旋回——燕山旋回和喜马拉雅旋回。

（1）侏罗纪—白垩纪（燕山旋回）：缺失侏罗纪—早白垩世沉积，晚白垩世沉积了浦口组，为一套陆相粗碎屑岩系。

早、中侏罗世：早侏罗世初期，印支运动形成了褶皱隆起，弧形构造基本成型，在拗陷区内沉积象山群。中侏罗世末期的燕山运动一幕，产生了以断裂活动为主的构造格局，并控制后期的沉积作用。

晚侏罗世—早白垩世：该区断裂活动强烈，特别是区域性断裂活动导致大规模的岩浆活动；早白垩世的燕山运动二幕形成了区内的盖层褶皱、主干断裂等一系列北北东—北东向构造。

晚白垩世：构造应力场发生变化，由挤压剪切为主转为张剪。在区域张应力作用下，该区地壳活动以区域性断裂作用为主，伴有褶皱运动，但规模已缩小，强度也大为减弱；局部地区以断块升降活动为特征，形成了断陷盆地（阜宁凹陷和涟水凹陷），盆地内沉积了浦口组粗碎屑岩系。晚白垩世末期，燕山运动三幕形成了晚期东西向构造，包括近东西向的断陷、断裂及褶皱等，区内主要的北西、东西向断裂大多形成于这一时期。

（2）新生代（喜马拉雅旋回）：缺失古近纪—新近纪中新世早期沉积，中新世晚期—第四纪沉积了盐城组—淤尖组或连云港组。

新生代，地壳运动发生了新的变化，古气候也出现了温暖和寒冷的交替，并有冰川作用的影响，沉积盆地以继承晚白垩世盆地为主，局部出现新型盆地。构造活动总体以升降运动为主，但在上更新统中仍有裂隙和断层，说明晚更新世后，新构造运动除表现为大面积的升降外，还伴有断裂作用。在北北东向主干断裂附近，近代仍有活动的迹象。第四纪时期，受全球性冰期、间冰期的影响，导致冰流覆盖区及其外围的地壳均衡运动和海面的升降运动。

古近纪：基本继承晚白垩世南北构造分异的特点且使隆起更隆，拗陷更拗，区内缺失古近纪沉积记录。

新近纪：区域转入拗陷盆地发展阶段，南北逐步发展为统一的盆地。该期区域大面积沉降，盆地迅速扩大，沉积了一套河流相与湖泊相互层的沉积韵律。新近纪末期，区域普遍抬升，形成上新统顶部（五队镇组与盐城组）的沉积间断。

第四纪：区域以持续、缓慢的沉降为主，形成了一套河、湖相沉积，沉积物具多旋回特征。晚更新世以来发生三次不同规模的海侵，全新世中期以来的海退及古黄河三角洲的向海推进塑造了区域今日的地貌格局。

第6章 水文地质、工程地质与环境地质

6.1 水 文 地 质

区域水文地质工作以收集已有水文地质资料为主,结合地质钻孔阐述水文地质结构、含水层组及富水性、地下水水质特征。

6.1.1 地下水类型

地下水按赋存空隙介质、水理性质、水力特征、埋藏条件及所处的地貌位置等,分为基岩裂隙水、松散沉积物孔隙水两类(表6-1-1)。基岩裂隙水分布于低山丘陵区的前震旦系云台组片麻岩中,水量贫乏。松散沉积物孔隙水分布于第四系覆盖区,根据埋藏特征,可分为浅层孔隙潜水—微承压水和深层孔隙承压水两个亚类。

表 6-1-1 地下水类型划分简表

地下水类型		时代、成因	含水层特征
类	亚类		
松散岩类孔隙水	浅层水(潜水—微承压水)	Qp_3-Qh^{al-m}	全新统、上更新统冲海积粉土、粉砂、粉质黏土,局部为湖沼积淤泥质土;浅部为潜水,深部为微承压水(Qp_3),也称第Ⅰ承压水;水质以咸水为主,供水开采意义不大
	深层水(承压水)	$Qp_{1-2}^{fgl-al-l}$	下、中更新统,冰水沉积、冲湖积粉砂、粉细砂、中砂、砾砂,局部夹黏土质粉砂,称为第Ⅱ(Q_2)—Ⅲ(Q_1)承压水,含水层组区域上具有连通性;浅部普遍分布微咸水(矿化度0.4~1.6 g/L);为区内供水主要开采层
		$N_{1-2}y$	新近系盐城组欠固结细砂、中粗砂,黏粒成分较高;称为第Ⅳ承压水;淡水;含水层厚度较薄,目前开采井较少
基岩裂隙水		$AnZy$	前震旦系云台组片麻岩,水质为淡水,水量贫乏

6.1.2 水文地质结构特征及含水岩组富水性

本次工作收集水文地质钻孔、工程地质钻孔56个,泉水流量测量点1个,1∶20万水文地质普查报告、农田供水勘查报告及图件2份,环境地质脆弱性评价报告及图件1份,结合施工地质钻孔24个,经综合研究,本节阐述该区域水文地质结构、含水岩组富水性及水质状况。

1. 松散岩类孔隙水

松散岩类孔隙水在区域内广泛分布,根据含水层的埋藏条件和水力特征,该区400 m

以浅又可以分为 5 个含水岩组，即潜水含水岩组和第Ⅰ、Ⅱ、Ⅲ、Ⅳ承压含水岩组。潜水和第Ⅰ承压含水岩组水力联系密切，中间又无稳定的隔水层，且基本上为咸水，习惯上又称为浅层水；下部的第Ⅱ、Ⅲ、Ⅳ承压水又称为深层水。

1）松散岩类浅层孔隙含水岩组

（1）潜水。

潜水在区域内普遍分布。时代成因为全新统（Qh）、上更新统（Qp$_3$）冲湖积（al-l）、冲海积（al-m），岩性由粉砂质黏土、淤泥质土、黏土质粉砂、粉砂等组成。空间分布西北部薄，东南部厚，厚度 10~24 m，底板高程-9~-20 m。

含水层组属连云港组、淤尖组（Qhl、Qhy），冲湖积、冲海积。岩性以粉砂夹黏土为主，多呈深灰色、灰色，具有水平层理，含碳质有机物，饱水。局部地段分布含粉砂黏土、黏土夹粉砂、淤质黏土、黏土，底部有贝壳夹层，呈棕色、黄棕色、黑色、深灰色等杂色，偶见钙质结核。

水位埋深 0.5~1.3 m，富水性弱。据民井调查资料，降深 1 m，单井涌水量 2~4 m³/d，水质差，大部分为半咸水-咸水。局部古河道、傍河地带，存在水质淡化带，为淡水-微咸水，矿化度 0.9~2.6 g/L，水质类型以 Cl-Na 为主，兼有 Cl-Na·Ca、Cl·HCO$_3$-Ca·Na 型。

潜水接受大气降水补给，以蒸发排泄为主。枯水期接受河流侧向渗透补给，丰水期邻河地段向河流排泄。另外，潜水也向深部含水层渗透排泄。水位年变化幅度小于 1 m。

潜水开采很少，仅当地居民吸取作为生活辅助用水而零星开采。

（2）第Ⅰ承压含水层。

该含水层组为上更新统灌南组（Qp$_3g$），冲湖积、冲海积。岩性以粉砂、粉砂夹黏土为主，多呈灰色，具有水平层理，饱水。含水层组底板埋深 40~80 m，厚度 30~55 m。

富水性单井涌水量以 100~1000 m³/d 为主，在潮河农场—灌河口、滨淮镇—新滩盐场以南等地段单井涌水量＞1000 m³/d。水质以咸水为主，矿化度＞10 g/L，仅西南部响水县城以西局部地段为半咸水，矿化度 3~10 g/L；水质类型以 Cl-Na 型为主。上更新统砂层在区域上与全新统具有连通性，因此第Ⅰ承压水具有微承压水性质。

由于水质差，开采井少，地下水位多年变化不大。地下水主要以侧向径流补给、排泄为主，丰水期接受上部潜水渗透补给。

2）松散岩类深层孔隙含水岩组

该含水层组为中、下更新统（小腰庄组 Qp$_2x$、五队镇组 Qp$_1w$），为冰水沉积（fgl-al）、冲湖积（al-l）。含水砂性土为其中、下段，区域划分为第Ⅱ承压水（Q$_2$）、第Ⅲ承压水（Q$_1$）和第Ⅳ承压水。

（1）第Ⅱ承压含水层。

岩性为细砂、砾质砂、夹粉砂质黏土，其中砾石次棱角状，以黄灰、棕黄色为主，具有水平及斜层理。底板埋深 50~130 m，厚度 29~50 m。水质以淡水为主，矿化度 0.6~1.0 g/L。据 1∶20 万水文地质普查报告，浅部存在微咸水，矿化度可达 1.6 g/L。水质类型以 HCO$_3$·Cl-Na、Cl-Na 型为主。

（2）第Ⅲ承压含水层。

岩性为细砂、中粗砂、含砾粗砂，夹粉砂质黏土，具水平层理，色调以浅灰色、灰色、灰白色为主。底板埋深 80~210 m，厚度 15~57 m。水质为淡水，矿化度<1 g/L，水质类型以 $HCO_3 \cdot Cl-Na$ 型为主，洋桥镇—圩子口以北地段为 Cl-Na 型水。

第Ⅱ、Ⅲ承压水含水层组之间有 15~30 m 的黏性土分隔，区域上黏性土隔水层有尖灭趋势。由于第Ⅱ、Ⅲ承压水水质较浅部（潜水和第Ⅰ承压水）水质优良，历史勘查研究资料一般将第Ⅱ、Ⅲ承压水作为深层承压水进行综合研究。

深层承压含水层组顶板埋藏深度一般为 60~120 m，底板埋藏深度一般为 80~200 m，厚度一般为 20~60 m。富水性（单井涌水量计）以五图河农场—圩子口（南岸）一线为界，南侧除新淮河口两侧为 500~1000 m³/d 以外，一般 1000~2500 m³/d，含水层组埋藏深度方面，陈家港、王集等地以东为 100~150 m，以西为 50~100 m；圩子口以北（以西）地段，富水性自东向西减弱，分别为 500~1000 m³/d、100~500 m³/d、<100 m³/d，含水层组埋藏深度一般为 50~100 m，东陬山周围与以西地段富水性弱，单井涌水量<100 m³/d，含水层组埋藏深度<50 m。浅层地下水水质差，以咸水为主，响水县城以西的局部地段分布半咸水。

（3）第Ⅳ承压含水层。

该含水层组时代为盐城组（$N_{1-2}y$），由于固结程度弱，呈半松散状，归并为松散岩类孔隙水。岩性为细砂、中粗砂，局部夹含砾粗砂，砂层中黏粒含量较高。区域内局部钻孔揭露砂层，厚度较薄。据区域水地质资料推测，单井涌水量小于 1000 m³/d。由于该含水层组属于陆相沉积，水质为淡水。

松散岩类深层孔隙水属于埋藏型，天然状态下以侧向径流补给、排泄方式为主。开采状态下，以汇流方式袭夺周边地块水资源，多点开采形成水位降落漏斗。20 世纪 70~80 年代，深层地下水承压水头为 2.0~3.5 m（埋深 1~2 m 左右），由于四十几年的开采，深层地下水（该区以混合开采第Ⅱ、Ⅲ承压水为主）水位降低到埋深 20~30 m。

2. 基岩裂隙水

基岩裂隙含水岩组零星出露于东陬山，主要为变质岩裂隙水。

变质岩类裂隙水：该类裂隙岩性由太古界—古元古界洙边组、坪上组、云台组斜长片岩、黑云斜长片麻岩组成，多具混合岩化。零星分布，单井涌水量小于 300 m³/d。

地下水主要贮存于这些岩石的风化带、断裂破碎带和不同岩类接触带的裂隙中，水质为矿化度小于 1 g/L 的淡水，局部为咸水或微咸水。大气降水是基岩裂隙水的主要补给来源。

6.1.3　地下水补给、径流、排泄

该区平原地区浅部含水层中的地下水补给来源主要是大气降水和地表水，由于水力坡度较小，其水平径流微弱，蒸发是潜水的主要排泄方式，其次是人工开采。出露地表的松散含水层主要接受大气降水补给，同时也接受地表水的渗漏及回水补给；局部地区受河水渗水补给或河水直接与含水层发生水力联系补给地下水。在一些古沙堤、废黄河高河漫滩等地区，由于砂层透水性较好，地势较高，导致地下水的径流、排泄条件较好，反映在地下水的水质也较好。其他地区，由于平原地势平坦，导致地下水的天然径流、

排泄条件较差。近些年来，由于人类的水利活动，挖河开渠和大面积农灌种植水稻，改变了水文地质条件，使得上部潜水有了排泄通道，地下水的径流条件得到改善。

平原下部承压含水层中的地下水径流排泄较弱，其中第Ⅰ承压含水岩组与上部潜水有一定的水力联系，间接受上部潜水的越流补给，不受垂直蒸发影响，地下水径流缓慢，矿化度太高，无供水意义。第Ⅱ、Ⅲ、Ⅳ承压含水岩组的地下水，因含水层埋藏较深，地下水的补给来源又遥远，与大气降水无直接联系，在天然状态下，地下水径流缓慢；在开采状况下，地下水的排泄方式主要是人工开采，地下水流向漏斗区，被人为排出含水层，加快了地下水径流，排泄量也在不断增加，漏斗面积在不断扩展。

井孔中开采出来的地下水主要来自含水层本身的单性释放，承压含水层向东伸入黄海，延伸较远，但其上部有较好的隔水层，因而与海水并不发生直接水力联系，这一点已在井孔的长期开采中被证实。如陈家港 SB20 号孔，在 1967 年施工时其第Ⅱ承压含水层组与第Ⅲ承压含水层组的矿化度分别为 1.31 g/L 和 1.38 g/L，勘探后混合留井，经长期开采使用，1976 年 5 月取水样分析，其矿化度为 1.51 g/L，可见经过近十年的开采使用，水质基本上没有大的变化。经访问，水量也与成井时一样。

6.1.4　地下水水位动态

平原上部含水层中的地下水的动态变化与降水多少、蒸发强度、地表水升降有密切联系。由于大气降水是平原上部地下水的主要补给来源，所以地下水动态变化明显受季节性影响。一般 7 月～9 月为高水位期，12 月～翌年 4 月为低水位期。但由于年降水量分配不均匀，高低水位出现时间也略有不同。地下水位变化规律与大气降水分配情况是一致的。根据观测资料，一般浅部地下水的水位变化受大气降水影响极为明显，地下水水位的年变化幅度较大，一般多在 2m 以上。

平原下部含水层的地下水，由于上部有较好的隔水层，所以受季节性影响不大，动态变化较小。但在滨海地区，地下水位尚与潮汐有一定的关系，地下水位随着潮水位在 24 h 内有二次周期性变化规律，水位变化与涨落潮基本相近或迟于潮水位 1～2 h。

6.1.5　地下水水质特征

该区浅层水方面，由于含水层为海陆交互相沉积，地下水化学类型受海水影响，一般为高矿化度的 CL-Na 水，矿化度为 3～15 g/L，部分地区分布有矿化度为 1～3 g/L 的微咸水或矿化度小于 1 g/L 的淡水。距离海岸 5～15 km 以远从北到南，表层被淋滤淡化，呈 1～3 g/L 的微咸水或淡水，可以饮用，但硬度较高；高矿化的地下水也可呈现高硬度，此种水既不适宜饮用，也不适宜农业灌溉和工业锅炉使用。

该区深层地下水的化学成分较稳定，为矿化度小于 1 g/L 的 HCO_3-Ca·Na 水，适宜饮用及农业灌溉、工业锅炉使用，但局部地段第Ⅱ承压水为矿化度 1～3 g/L 的微咸水、咸水，水化学类型为 HCO_3·Cl-Ca·Na 型。

该区基岩裂隙水的水质一般较好，为矿化度小于 1 g/L 的淡水，硬度适宜，仅局部地段为咸水，作为饮用水源时需进行处理。

6.2 工 程 地 质

区域内工程地质调查以收集资料为主。地质勘探孔资料作为一般工程地质孔进行岩性对比使用。区域内，以第四系覆盖为主，鉴于目前建设层（工程建设基础持力层与影响范围）一般不大于 50 m（桥梁与高层建设桩基础），故研究分析资料时对于 50 m 以深钻孔使用到 50 m 左右，对于小于 50 m 的钻孔，优先选用有测试指标的钻孔。

6.2.1 工程地质分区

在区域稳定性上，该区属于较稳定的区域。根据中国科学院地球物理研究所编制的《中国强地震震中分布图》，区域内无地震烈度为 6 级以上分布区。

根据地貌及表层岩土工程地质特征，将区域划分为三个区，分别为低山丘陵坚硬岩组区（Ⅰ）、海成平原松散岩组区（Ⅱ）和黄淮冲积平原松散岩组区（Ⅲ）。

低山丘陵坚硬岩组区分布在区域北部的东陬山，由前震旦亚界变质岩系（混合岩化片麻岩等）组成，其分布受北东向断层控制。构造剥蚀缓岗-残丘位于北东东向灌云—徐圩地垒的范围内。本工程地质区内岩体表层风化，裂隙发育，岩石坚固系数 F 在 10～14，可以作为隧洞建筑，但应注意断层或节理密集风化引起的岩石坚实性局部降低问题。作为蓄水拦洪堤的坝基，地基强度可满足要求，但应该注意防范山洪泥石流对坝体与其他建筑物的破坏。

海成平原松散岩组区分布在灌南县、响水县及大有镇以北的平原区。在 30 m 以浅的范围内，自上而下划分为三个工程地质层：第 1 层工程地质层为粉质黏土、黏土，厚度在 1～5 m；第 3 层工程地质层为淤泥质粉质黏土，厚度 5～20 m，由西向东（向海岸方向）逐渐加厚；第 4 工程地质层为粉质黏土、粉土、粉砂，顶板埋深在 10～15 m。又以云台山东南侧北东东向断层为界划分为两个亚区，Ⅱ₁ 和 Ⅱ₂ 亚区，西北部的 Ⅱ₂ 亚区以淤泥质土埋深小、厚度大为特征区分于 Ⅱ₁ 亚区。

黄淮冲积平原松散岩组区分布在灌南县、响水县、大有镇以南。在 30 m 以浅的范围内，自上而下划分为四个工程地质层：第 1 工程地质层为粉土、粉砂或粉质黏土，厚度为 1～3 m，废黄河垄状高地处大于 3 m；第 2 工程地质层为粉质黏土或粉土，厚度 6 m 左右；第 3 工程地质层为淤泥质粉质黏土及粉土，厚度 10 m 左右；第 4 工程地质层为粉质黏土或粉质黏土与粉土互层。又分为三个亚区，即黄淮平原高漫滩区 Ⅲ₁、决口扇区 Ⅲ₂ 及低洼地区 Ⅲ₃。

该区工程地质分区说明见表 6-2-1。

6.2.2 工程地质评价

根据自上而下划分的四个工程地质层及若干工程地质亚层，其工程地质特征说明如下。

第 1 工程地质层：为 Qh^3 表层冲积物，一般厚度为 2.5 m，废黄河沿岸厚达 8 m，沿海渐薄，底界面标高 0～1 m，又可以分为四个工程地质亚层。

表 6-2-1 工程地质分区说明表

分区代号	分区名称	区域工程地质特性		
		主要工程地质层描述		区域工程地质问题
I	低山丘陵坚硬岩组区	岩性为前震旦亚界片麻岩系，地面岩体裂隙发育，岩石坚固系数 F=10～14，抗压强度大于 1000 m		地形起伏较大，缺少较大的建筑场地，水源不足，隧道口工程应注意构造裂隙破碎带，石料丰富，山谷中注意泥石流
II	海成平原松散岩组区	II_1	1 层灰黄色粉质黏土厚度为 1～2 m；3 层淤泥质黏土，粉质黏土，流动埋深 1～2 m，厚度为 6～8 m；4 层粉质黏土不发育	标高 2～3 m 的淤泥质，埋深小，厚度大，允许荷载 0.5～0.8 kg/m²，不可作天然地基
		II_2	1 层灰黄色粉质黏土，厚度 1～2 m；3 层淤泥质黏土，粉质黏土厚 10 m，埋深 1～2 m；4 层灰黄色粉质黏土，结构紧密，厚 1.5～5 m	标高 2～3 m，表面为粉质黏土，允许荷载 2～2.5 kg/m²，III 为软弱夹层，IV 可作持力层，允许荷载 2～2.5 kg/m²
III	黄淮冲积层海成平原松散岩组区	1 层灰黄色粉土，厚 1～3 m；2 层灰黄色粉质黏土夹粉砂，局部为互层，厚 6～8 m。3 层淤泥质粉黏土及粉土，厚 10 m 左右；4 层灰黄色粉质黏土夹钙核，局部为粉砂，厚 3～6 m		1、2 层较松散，易发生流砂，表面易溶盐含量较高，工程建设应进行地基处理。开挖基坑，注意边坡稳定，海岸冲刷现象严重

1_1 为黏土，红褐—黄褐色，硬塑，平均厚度为 1.5 m，由西北部向东南部渐薄，其底面标高为 1 m 左右。岩性局部以粉砂为主，结构较密，贯入击数为 8 次左右。天然含水量为 32%～40%，孔隙度为 50% 左右，孔隙比为 0.96～1.22，稠度为 0.14～0.84，承载力特征值为 5 MPa，属高强度且具有较慢崩解速度的土层，适宜于一般厂房建筑。

1_2 为粉质黏土，黄褐色，软塑，广泛分布于研究区内，厚度一般在 3 m 左右，标高 0～1 m。其是含粉粒组很高（50%～70%）、具有高盐分（易溶盐全量为 0.5%～1%）的均质土层，天然含水量为 30%～40%，孔隙度为 45%～60%，孔隙比为 0.7～1.0，稠度一般在 0～1，承载力特征值为 4～10 MPa，属于中等强度工程地质层。工程建设应注意粉土流失及因易溶盐溶滤而造成上部结构破坏的问题。

1_3 为粉土，黄褐—灰黄色，饱和，软塑，在废黄河北侧区域西南角零星分布，厚度约 3 m，底面标高约 1 m，而西南角地段标高稍低为–1 m 左右，具中等压缩性，抗剪强度较高，含水量较低，孔隙度不大，含盐量较低，属较好的天然地基，但因土中颗粒含量达 60% 以上及较高的氯化钠盐含量会对建筑物有较大影响。

1_4 为灰粉砂，黑色，松散，呈透镜体状，分布于废黄河高漫滩地下 3.8 m 处，厚度为 3.2 m，其顶底板标高分别为 3.75 m、0.45 m，颗粒均匀，结构松散，透水性相对较大，渗透系数为 0.08 m/d，强度较小。其不适合作为建筑地基，易发生流砂，另外，因水流的潜蚀而造成基础不稳定性。

第 2 工程地质层：晚全新世冲积粉质黏土或粉土，分布在废黄河垅状高地一带的第 I 工程地质层之下，厚度一般为 8 m，八滩、滨海县一线厚度可达 15 m，底面标高为 –16～–3 m，又可以分为两个地质亚层。

2_1 为粉质黏土及粉土夹粉砂，黄灰色，流塑，呈东西向条状分布于废黄河高漫滩北侧（下游两侧均为条状分布）地下 3～7 m 处，厚度为 2～5 m，向东逐渐变薄，底面标高为–4～–2 m。主要特征为粉粒组及黏粒组含量变化较大，粉粒由 40%变化到 80%，黏粒由 10%变化到 37%，含盐量为 0.14%～0.4%，多为氯化钠盐类。基于土层中夹砂和层理发育的特点，其力学性质表现为各向异性，不太适合工程建筑。

2_2 为粉土，灰黄—黄褐色，塑态，稳定分布在废黄河高漫滩南地下 3～5 m 深度内的广泛地区，厚度一般在 8 m 左右。主要特征为以较均匀的粉粒为主要成分，含大量极细粒（大于 20%）的土层，其含量大于 65%，结构稍密，具有微薄层理。相应的物理与力学性质为天然含水量一般为 25%，孔隙度约为 40%（孔隙比为 0.6～0.7），透水性较好，其渗透系数为 0.29～0.5 m/d，抗压强度为 0.002～0.019 cm²/kg，抗剪强度为内摩擦角 30°～40°，黏聚力为 0.16 kg/cm²，贯入击数为 20～30 次，西部较东部差。因地质结构的变化及下伏岩层倾斜度较大，对建筑物基础易产生不均匀沉陷。

第 3 工程地质层：为 Qh^2 滨海相淤泥质黏土、淤泥质粉质黏土等组成的不良工程地质层。其分布稳定，遍及全区，埋藏于地下 2～16 m，顶板标高 2～5 m，底板标高–26～–6 m，自西向东逐渐加厚，又可以分为两个工程地质亚层。

3_1 为淤泥质黏土夹粉土，局部含一定量的有机质，灰黑色，具高压缩性，呈软塑流态，埋藏于地下 2～5 m，厚度为 3～20 m，呈现西薄东厚的变化，其顶板标高为 1～4 m，底板标高为–20～–6 m，呈现西北向东南倾伏。主要特征为质地细腻，结构密而不紧，具有发育的薄层理。该层为软弱夹层，工程建设中应该采取有效的措施，避免地基失稳。

3_2 为淤泥质粉质黏土，灰黑色，具中等—高压缩性，软塑，见腐殖质。埋藏由西向东似喇叭状变化，其顶板高程为 1～15 m，底板高程为–20～–11 m，厚度为 5～18 m，在陈家港厚度最大，一般常见厚度为 8 m 左右。结构稍紧密，质地细软，具有明显的水平层理，承载力特征值为 57～310 kPa。该层一般不宜作建筑物天然地基，尤其是埋藏较浅的北部，工程地质性质较差。

第 4 工程地质层：为 Qh^2 冲湖积粉质黏土，局部粉土与粉细砂互层，分布稳定，埋藏在地下 10～30 m，顶板标高–23～–7 m，呈北西向东南倾斜，工程地质性质良好，又可以分为四个亚层。

4_1 为粉质黏土，棕褐色，含灰绿色条带，硬塑，含大量钙质结核和铁锰结核。其分布于埒子口—圩丰一线以北及废黄河以南的西部地区，主要特征为结构较紧密，孔隙度小（约 42%），层理不发育。该层为较良好的工程地质亚层，其允许承载力为 1.17～3.21 kg/cm²。

4_2 为棕褐、灰褐色塑态粉砂质黏土夹砂层，多集中在北部，主要特征为黏粒 8%～19%，粉粒 60%～80%，也含钙质及铁锰结核，结核紧密，具层理，孔隙度为 39%～43%，天然含水量为 23%～28%，压缩模数为 82～104 kg/cm²，内摩擦角为 13°～32°，凝聚力为 0.02～0.4 kg/cm²，贯入击数为 15～30 次，可作为良好的天然地基。

4_3 为浅黄、灰黄色饱和中密至密实的黏土质粉砂，零星分布于区域内，多集中分布在废黄河以北。主要特征为含粉、细粒很高（25%～50%），具微薄层理，结构较紧密，塑性较小，一般野外贯入击数为 15～40 次。该土层的天然含水量较小（30%），压缩模数为 160～200 kg/cm²，稳定性能较好，为良好的工程地质层，可以作为工程建筑的天然地基。但需要注意的包括土层透水性能较强，应防止水工结构物地基渗漏问题；潜蚀作用导致的地基的不稳定性，细小颗粒粒度不均而使基础不均与沉陷和由液化而引起的地基沉降。

4_4 为浅黄色中密至密实的粉、细砂层，多分布于废黄河南北 22 km 范围内，主要特征为多以细粒、极细粒砂为主，粒度均匀，分选性好，结构紧密，具微层理，其透水性较强，属于良好的工程地质层，同时需注意潜蚀作用而导致的地基不稳定性及渗透问题。

6.3　环　境　地　质

近几十年来，随着经济建设的飞速发展和城市化进程的加快，特殊的地质环境背景加上强烈的人类工程活动，已经造成区域内地质环境的破坏，如地表水及地下水资源污染、建筑地基和基坑变形、海岸变迁港口侵淤等问题，严重的还触发过地质灾害。

6.3.1　海岸的坍塌、淤积及岸线变迁

海岸的坍塌和淤积是区内的一个重要的环境地质问题，严重的坍塌会造成城市灾害，危及人民生命财产和港口等建筑的安全。淤积能使滩面增宽，海岸外推，虽然可以增加土地面积，但会导致航道淤塞，不利于港口建设和水上运输事业的发展。

该区废黄河口一带的海岸线，一百多年以来正在以惊人的速度向大陆推进。该区新淮河口以南沿岸地带的表层沉积物本来是含砂量丰富的古黄河冲击物，古黄河夹带的大量泥砂堆积使废黄河口附近形成一个舌形垅状地形插入海中。黄河北迁后，失去泥沙堆积来源，破坏了河流堆积与海潮冲蚀的相互平衡。舌形地带三面临海更易受海浪冲蚀，所以海岸线退向陆地，从而造成海岸坍塌。海岸在海洋动力作用下逐渐变得顺直流畅，进退变化特点仍基本沿袭着自 1855 年（清末）黄河北归以后的历史演变踪迹。由北向南，岸段的变化特征：云台山东侧运盐河口—射阳河口北侧海岸，长期以来一直处于侵蚀后退的环境，其中埒子口以南、灌河口南侧、废黄河口、二罾河口一带侵蚀作用最强。

从北向南自埒子口到新淮河口，这一段岸线主体趋势以淤积为主；从新淮河口往南到古黄河口以南，这一段岸线处于不稳定的状态，以先淤积后侵蚀为主，总体趋向于侵蚀。需要说明的是，由于大片盐田的存在，岸边普遍修建有人工堤坝，所以盐田一带的岸线处于稳定状态。

该区较大的入海河道均建有挡潮闸，以防止潮水倒灌。闸下游河床建闸后均发生严重淤积，使河床变浅变窄。淤积的原因主要是建闸后破坏了闸下游河床水动力的平衡，潮水把泥沙带进河床，潮水位比建闸前增高，延长了退潮时间，使泥沙沉积河床淤高变窄，以适应新的水动力平衡；再加上干旱季节很少开闸放水，河内的冲刷能力大大降低，加速了河床淤积。泥沙来源一方面是海外沙洲泥沙被潮水带入河床，另一方面是废黄河口舌形地带冲蚀坍塌的泥沙在岸流作用下重新分配的结果。

自黄河北徙后，灌河口两侧海岸均为侵蚀性粉砂淤泥质海岸。长期以来，海岸及潮滩一直处于侵蚀后退状态。对于灌河口西段，潮滩（以平均低潮线表示）和岸线（以平均高潮线表示）均处于蚀退状态，并且潮滩侵蚀速率大于海岸，使得高、低潮线之间的

潮滩面积逐年缩小。从不同时期的侵蚀速率来看，岸线侵蚀速率有逐渐增大的趋势。对于灌河口东段，侵蚀速率同样是潮滩明显大于海岸，但与西段不同的是，1954～1964 年潮滩和海岸呈现蚀、淤交替状态，而此时西段一直处于蚀退状态；自 1964 年以来，该段潮滩和岸线均处于蚀退状态，且变化速率较大，并明显高于西段。灌河口两侧侵蚀性海岸的海堤和护坡工程被破坏，如燕尾港西北的一些块石护坡工程就是被波浪拍打而破坏的，海岸线后退也造成一些渔民被迫迁移等。

6.3.2　水土污染问题

环境污染对该区来说，最严重的也是与人们关系最大的，就是水资源污染问题。

地表水污染：全区地表水均已不同程度地受到污染，工业园区最严重，城镇区次之，乡村区稍轻。污染的类型主要以有机污染为主，主要污染物有 COD、DO、氨氮、酚、汞、砷等，污染源为工业、生活废水、农药、化肥的残留物。

地下水污染：主要污染物有 COD、三氮（NO_2^-、NO_3^-、NO_4^-）等，污染物主要源于地面"三废"物质及被污染的地表水。

6.3.3　地下水位降落漏斗

由于严重超采地下水，且含水层不能得到充分的补给，使得地下水位下降，形成大面积的地下水位降落漏斗。如响水镇区域内共有深井 12 眼，均为第 II、III 含水层组混合开采，开采量 5000 t/d，主要用于生活及生产，开采中心水位平均下降了 2 m，漏斗影响范围有 25 km^2，开采模数为 7.3 万 m^2/（km^2·a）。在长期开采地下水的过程中，其水质也产生了一些变化，主要表现在矿化度和氯离子比例略有升高。

参 考 文 献

蔡爱智. 1982. 长江入海泥沙的扩散[J]. 海洋学报, 4(1): 78-88.

曹伯勋. 2003. 地貌学及第四纪地质学[M]. 武汉: 中国地质大学出版社.

陈骏, 汪永进, 季峻峰, 等. 1999. 陕西洛川黄土剖面的 Rb/Sr 值及其气候地层学意义[J]. 第四纪研究, (4): 350-356.

陈希祥. 1988. 中国东部新构造运动的"强化期"[C]. 中国东部地区新构造运动学术讨论会.

陈希祥, 缪锦洋, 宋育勤. 1993. 淮河三角洲的初步研究[J]. 海洋科学, 7(4): 10-13.

陈孝燕, 王国栋, 臧有功, 等. 1988. 山东省第四系(山东省第四纪地质图说明书)[M]. 德州: 山东省地质矿产局第二水文地质工程地质大队.

冯小铭, 韩子章, 方家骅, 等. 1990. 南通市第四纪沉积特征及沉积相(研究报告)[R]//中国地质科学院南京地质矿产研究所文集(48).

郭盛乔, 王苏民, 杨丽娟. 2005. 末次盛冰期华北平原古气候古环境演化[J]. 地质论评, 51(4): 423-427.

郭盛乔, 王玉海, 杨丽娟, 等. 2000. 宁晋泊地区冰消期以来的气候变化[J]. 第四纪研究, 20(5): 490.

和钟铧, 刘招君, 张峰. 2001. 重矿物在盆地分析中的应用研究进展[J]. 地质科技情报, 20(4): 29-32.

黄镇国, 李平日, 张仲英, 等. 1982. 珠江三角洲地区晚更新世以来海平面变化及构造运动问题[J]. 热带地理, (1): 31-39, 65.

江苏省地矿局地矿研究所. 1989. 江苏省海岸带地貌及海岸线演变遥感解译报告[R].

江苏省地矿局区调大队. 1989. 1∶50 万江苏省大地构造图及说明书[R].

《江苏省地图集》编纂委员会. 2004. 江苏省地图集[M]. 北京: 中国地图出版社.

江苏省地质调查研究院. 1994. 东辛农场幅 1/5 万地质图、基岩地质图(说明书)[R].

江苏省地质调查研究院. 2002. 阴平幅、华冲幅区域地质调查报告(1∶50000)[R].

江苏省地质调查研究院. 2006a. 江苏省第二核电厂初步可行性研究阶段连云港东陬山候选厂址区域范围(陆域)地质图说明书(1∶10 万)[R].

江苏省地质调查研究院. 2006b. 江苏省第二核电厂工程地质调查专题最终成果报告[R].

江苏省地质调查研究院. 2006c. 苏北片区总结[Z].

江苏省地质调查研究院. 2009a. 江苏 1∶50000 南通市、南通县、小海镇、海门市幅区调报告[R].

江苏省地质调查研究院. 2009b. 滨淮农场幅、盐城市幅 1∶250000 区域地质调查报告[R].

江苏省地质调查研究院. 2009c. 淮安市幅 1∶250000 区域地质调查报告[R].

江苏省地质矿产局. 1984. 江苏省及上海市区域地质志[M]. 北京: 地质出版社.

江苏省地质矿产局. 1997. 江苏省岩石地层[M]. 武汉: 中国地质大学出版社.

江苏省地质矿产局, 海洋地质调查局. 1988. 1∶100 万南通幅地质图、基岩地质图说明书[R].

江苏省地质矿产局第二水文地质工程地质大队. 1984. 江苏省徐淮盐地区水文地质工程地质综合评价[R].

江苏省地质矿产局第二水文地质工程地质大队. 1988a. 江苏省沿海港口工程地质勘查报告(1/5 万)[R].

江苏省地质矿产局第二水文地质工程地质大队. 1988b. 江苏省沿海地区国土综合开发规划水文地质工

程地质环境地质综合评价报告[R].

江苏省地质矿产局地球物理化学探矿大队. 1984. 江苏省徐海地区 1:20 万区域重力调查工作结果报告[R].

江苏省地质矿产局地球物理化学探矿大队. 1987. 江苏省宁镇地区 1:5 万重力测量工作成果报告[R].

江苏省地质矿产局区域地质调查大队. 1994. 墩尚幅、连云港镇幅、连云港市幅、东辛农场幅区域地质调查报告(1:50000)[R].

江苏省工程物理勘查院. 2007. 江苏第二核电厂可行性研究阶段厂址附近范围第四系覆盖区断层调查和近区域范围主要隐伏断层浅层地震勘探工作成果报告[R].

江苏省煤田地质勘探第三队. 1978. 江苏省盐城专区滨海地区普查找煤报告[R].

江苏重工业局水文队. 1970. 江苏省沿海射阳河口以北地区水文地质工程地质普查报告[R].

李从先, 陈刚, 高曼娜, 等. 1982. 砂坝-潟湖体系的沉积和发育[J]. 山东海洋学院学报, 185-186.

李从先, 范代读. 2009. 全新世长江三角洲的发育及其对相邻海岸沉积体系的影响[J]. 古地理学报, 11(1): 115-122.

李从先, 李萍. 1982. 淤泥质海岸的沉积和砂体[J]. 海洋与湖沼, 13(1): 48-59.

李从先, 杨学君, 庄振业, 等. 1985. 淤泥质海岸潮间浅滩的形成和演变[J]. 山东海洋学院学报, (2): 184-185.

李鼎容, 谢振钊, 王安德, 等. 1982. 北京平原区第四系划分及其下限问题[J]. 石油与天然气地质, 3(4): 379-387.

李广坤, 等. 1985. 河南平原第四纪地质研究报告[R].

李汉鼎, 吕金福, 王强, 等. 1995. 中国北方沿海泥炭与环境[M]. 北京: 海洋出版社.

李华章. 1995. 北京地区第四纪古地理研究[M]. 北京: 地质出版社.

刘东生, 安芷生. 1992. 黄土·第四纪地质·全球变化. 第三集[M]. 北京: 科学出版社.

刘东生, 张宗祜. 1962. 中国的黄土[J]. 地质学报, 42(1): 1-10.

龙天才. 1991. 对泥河湾层的几点认识[J]. 地质科技通报, (12): 149-156.

缪卫东. 2009. 长江三角洲北翼第四纪沉积特征及环境记录——以南通 NB5 孔为例[D]. 南京: 中国科学院南京地理与湖泊研究所.

秦蕴珊, 赵一阳, 陈丽蓉. 1989. 黄海地质[M]. 北京: 海洋出版社.

邱金波. 2005. 上海市浅部数层硬土的沉积环境、时代及划分对比[J]. 上海地质, (1): 4-9.

全国地层委员会. 2001. 中国地层指南及中国地层指南说明书[M]. 北京: 地质出版社.

全国地层委员会. 2002. 中国区域年代地层(地质年代)表说明书[M]. 北京: 地质出版社.

尚帅, 范代读, 王强, 等. 2013. MIS3 以来浙江温瑞平原 YQ0902 孔古环境与古气候变化记录[J]. 古地理学报, 15(4): 551-564.

邵时雄, 郭盛乔, 韩书华. 1989. 黄淮海平原地貌结构特征及其演化[J]. 地理学报, 44(3): 314-322.

沈振枢, 程果, 葛同明. 1992. 柴达木盆地第四纪磁性地层特征及其意义[J]. 青海地质, 1(2): 19-29.

宋长青, 赵楚年. 1999. 台湾海第四纪冰川遗迹的发现及其意义[J]. 地理科学进展, 18(1): 95-96.

孙白云. 1990. 黄河、长江和珠江三角洲沉积物中碎屑矿物的组合特征[J]. 海洋地质与第四纪地质, 10(3): 23-34.

孙庆峰, 陈发虎, Colin C, 等. 2011. 黏土矿物在气候环境变化研究中的应用进展[J]. 矿物学报, 31: 146-152.

田明中, 程捷. 2009. 第四纪地质学与地貌学[M]. 北京: 地质出版社.

王开发, 张玉兰, 蒋辉. 1983. 歧口凹陷古近纪坡折带特征及控沉作用[J]. 地理科学, 3(1): 17-26.

王昆山, 石学法, 蔡善武, 等. 2010. 黄河口及莱州湾表层沉积物中重矿物分布与来源[J]. 海洋地质与第四纪地质, 30(6): 5-12.

王强, 李从先. 2009. 中国东部沿海平原第四系层序类型[J]. 海洋地质与第四纪地质, 29(4): 39-51.

王强, 田国强. 1999. 中国东部晚第四纪海侵的新构造背景[J]. 地质力学学报, 5(4): 43-50.

王强, 袁桂邦, 张熟, 等. 2007. 渤海湾西岸贝壳堤堆积与海陆相互作用[J]. 第四纪研究, 27(5): 775-786.

王颖. 1964. 渤海湾西部贝壳堤与古海岸线问题[J]. 南京大学学报(自然科学版), 8(3): 74-90, 112-114.

王颖, 张振克, 朱大奎, 等. 2006. 河海交互作用与苏北平原成因[J]. 第四纪研究, 26(3): 301-320.

王颖, 朱大奎. 1996. 海南岛洋浦湾沉积作用研究[J]. 第四纪研究, (2): 159-167.

王中波, 杨守业, 李萍, 等. 2006. 长江水系沉积物碎屑矿物组成及其示踪意义[J]. 沉积学报, 24(4): 570-578.

王中波, 杨守业, 李日辉, 等. 2010. 黄河水系沉积物碎屑矿物组成及沉积动力环境约束[J]. 海洋地质与第四纪地质, 30(4): 73-85.

吴标云. 1985. 南京下蜀黄土沉积特征研究[J]. 海洋地质与第四纪地质, 5(2): 115-125.

萧家仪, 王丹, 吕海波, 等. 2005. 苏北盆地晚更新世以来的孢粉记录与气候地层学的初步研究[J]. 古生物学报，44(4): 591-598.

杨藩, 孙镇城, 马志强, 等. 1997. 柴达木盆地第四系介形类化石带与磁性柱[J]. 微体古生物学报, 14(4): 378-390.

杨钟健. 1955a. 记安徽泗洪县下草湾发现的巨河狸化石并在五河县戚咀发现的哺乳类动物化石[J]. 古生物学报, 3(1): 55-64.

杨钟健. 1955b. 脊椎动物的演化[M]. 北京：科学出版社.

叶青超. 1986. 试论苏北废黄河三角洲的发育[J]. 地理学报, 41(2): 112-122.

袁宝印, 崔久旭, 朱日祥, 等. 1996. 泥河湾组的时代、地层划分和对比问题[J]. 中国科学(D辑), 26(1): 67-73.

袁佩鑫. 1985. 苏北黄淮平原第四系[J]. 海洋地质与第四纪地质, (3): 73-85.

张林, 陈沈良, 刘小喜. 2014. 800年来苏北废黄河三角洲的演变模式[J]. 海洋与湖沼, 45(3): 188-198.

张军强. 2012. 黄海西部近岸陆架区晚更新世以来沉积演化与物源研究[D]. 青岛: 中国海洋大学.

张璞, 陈建强, 田明中, 等. 2005. 福建省漳州市第四纪沉积物粒度特征及其沉积环境[J]. 沉积学报, 23(2): 275-283.

张忍顺. 1984. 苏北黄河三角洲及滨海平原的成陆过程[J]. 地理学报, 39(2): 173-184.

张素萍. 2008. 中国海洋贝类图鉴[M]. 北京：海洋出版社.

张玉兰. 2004. 东海陆缘地区晚第四纪沉积的孢粉及其古环境意义[J]. 海洋地质与第四纪地质, 24(3): 91-96.

张玉兰. 2005. 孢粉分析在环境考古中的应用[J]. 上海地质, (1): 15-17.

张宗祜. 1983. 中国黄土高原中几个剖面的岩性、地层分析[J]. 海洋地质与第四纪地质, 3(3): 5-19.

张宗祜. 1999. 中国北方晚更新世以来地质环境演化与未来生存环境变化趋势预测[M]. 北京: 地质出版社.

赵希涛, 耿秀山, 张景文. 1979. 中国东部20000年来的海平面变化[J]. 海洋学报, 1(2): 269-281.

郑卓, 雷作淇. 1992. 雷州半岛南部近40万年以来的古植被与古生态——田洋湖钻孔孢粉数值分析[J]. 中山大学学报论丛, (1): 147-160.

郑卓, 王建华. 1998. 珠江三角洲北部晚第四纪孢粉植物群的古环境意义[J]. 热带海洋, 17(3):1-9.

中国地质科学院地质研究所, 江苏省地质调查研究院. 2008. 连云港幅 1 : 25 万区域地质调查报告[R].

Cande S C, Kent D V. 1995. Revised calibration of the geomagnetic polarity timescale for the Late Cretaceous and Cenozoic[J]. Journal of Geophysical Research: Solid Earth, 100(B4): 6093-6095.

Kirschvink J L. 1980. The least-squares line and plane and the analysis of palaeomagnetic data[J]. Geophysical Journal of the Royal Astronomical Society, 62(3): 699-718.

Klein G D. 1971. A sedimentary model for determining paleotidal range[J]. Geological Society of America Bulletin, 82(9): 2582-2592.

Li S Q, Li G X. 1987. Characteristics of coast from the Dakouhe River to the Shunjianggou[J]. Marine Geology and Quaternary Geology. 7.

Ogg J G . 2012. Chapter 5-Geomagnetic Polarity Time Scale//The Geologic Time Scale[M]. Amsterdam: Elsevier: 85-113.

Sahu B K. 1964. Depositional mechanisms from the size analysis of clastic sediments[J]. Journal of Sedimentary Research, 34(1): 73-83.